ANHUI MUBEN ZHIWU
SHUZHONG
JIANSUOBIAO

安徽木本植物
属种检索表

主编◎叶书有　宋曰钦
参编◎潘　健　汪小飞　杨雨玲

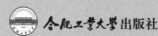

合肥工业大学出版社

前　言

　　《安徽木本植物属种检索表》是一部供安徽高校，或在安徽实习的周边省份高校的林学、园林、植物、生态等专业野外实习参考书。

　　近年来，随着交通、信息的日益开放，国外及周边省份中观赏价值、应用价值较高的树种在安徽也得到了广泛的栽培应用。尤其是栽培温室的普及，引种的范围进一步扩大，原有的资料已不能满足要求。

　　本书按恩格勒系统（1964）排序，共收录木本植物98科、375属、1401种、变种及栽培型。

　　本书不同于《安徽植物志》中检索表的地方主要有以下几点：

　　1. 立足于全国范围对安徽木本植物进行检索分类，从而避免由于周边引种而导致分类检索时出现错误。

　　2. 本书以花、果为主线，以确保检索的准确性；同时考虑到实用性原则，辅之以营养体特征检索。因此相应条目的描述略显繁杂，但更加周密细致。

　　3. 对温室栽培的观赏植物进行了大量的补充。

　　4. 对《安徽植物志》中少数在诸如中文俗名、拉丁学名、系统归属等与《中国植物志》不统一，甚至发生错误的地方，一律按《中国植物志》进行了修订。

　　由于个人阅历的限制，导致本书调查范围不够全面，疏漏之处在所难免，望专家、同行予以指正，以便今后再版时修订。

编　者

2016 年 5 月于黄山

《安徽木本植物属种检索表》编写分工（按姓氏排序）：

潘　健：木兰科、八角茴香科、五味子科、蜡梅科、金粟兰科、樟科、虎耳草科、鼠刺科、绣球科、海桐花科、金缕梅科、杜仲科。

宋曰钦：蔷薇科、含羞草科、苏木科、蝶形花科、杨柳科、杨梅科、胡桃科、桦木科、壳斗科、榆科、桑科、荨麻科、桑寄生科、铁青树科、檀香科、领春木科、连香树科、毛茛科、木通科、防己科、五加科、山茱萸科、杜鹃花科、紫金牛科、禾本科、棕榈科、百合科。

汪小飞：苏铁科、泽米铁科、银杏科、南洋杉科、松科、杉科、柏科、罗汉松科、三尖杉科、红豆杉科。

杨雨玲：柿科、山矾科、安息香科。木犀科、马钱科、夹竹桃科、紫草科、马鞭草科、玄参科、紫葳科、爵床科、茜草科、忍冬科。

叶书有：小檗科、芸香科、苦木科、楝科、远志科、大戟科、虎皮楠科、黄杨科、漆树科、冬青科、卫矛科、省沽油科、槭树科、七叶树科、无患子科、清风藤科、鼠李科、葡萄科、杜英科、椴树科、锦葵科、梧桐科、猕猴桃科、山茶科、藤黄科、柽柳科、大风子科、旌节花科、桃金娘科、野牡丹科、瑞香科、胡颓子科、千屈菜科、蓝果树科、八角枫科、石榴科。

目　　录

苏铁科 CYCADACEAE

苏铁属 *Cycas*

1. 大孢子叶上部的顶片显著扩大，长卵形至宽圆形，边缘深条裂。叶的羽状裂片不再分裂，中部的羽状裂片宽不过 2 厘米。
   2. 大孢子叶上部的顶片长较宽为大或近相等，叶的羽状裂片之边缘向下反卷，上面中央微凹，有微隆起的中脉，下面中脉显著隆起；大孢子叶成熟后绒毛宿存，上部顶片的顶生裂片钻形，其形与侧裂相似。
   ··· 苏铁 *Cycas revoluta*
   2. 大孢子叶上部的顶片宽较长为大，斜方状宽圆形或宽圆形；叶脉两面显著隆起，在上面叶脉的中央常有一条凹槽。 ································
   ··· 篦齿苏铁 *Cycas pectinata*
1. 大孢子叶上部的顶片微扩大，三角状窄匙形，边缘具细短的三角状齿。
   ··· 华南苏铁 *Cycas rumphii*

泽米铁科 ZAMIACEAE

1. 小羽叶可见大量二叉分枝的平行脉，无明显中脉，常具刺、边缘具齿或浅裂齿。 ······························· 非洲铁属 *Encephalartos*
1. 小羽叶不可见二叉脉，有明显中脉，无刺及浅裂齿。
   2. 球花单生或几个族生，不集生于一个总梗上。
   ··· 角状泽米属 *Ceratozamia*
   2. 球花数个集生于掌状分枝的总梗上。 ··············· 泽米 *Zamia*

泽米属 *Zamia*

鳞叶存在，托叶无或存在，但无维管束，幼叶直或内折，羽片平，相互交迭；球花顶生或侧生；雌球花球果状，具中轴，每个大孢子叶着生 1 - 2 枚胚珠。
··· 鳞秕泽米 *Zamia furfuracea*

南美苏铁属 *Ceratozamia*

叶羽状分裂，内向折叠，基部羽片变成刺状；雌雄异株，花单性，二形，花序由 1 个佛焰苞完全包着；心皮离生。

·· 墨西哥苏铁 *Ceratozamia mexicana*

非洲铁属 *Encephalartos*

1. 具较大、埋藏于地下的茎。雄球花绿色。

·· 亮绿大头苏铁 *Encephalartos villosus*

1. 地上茎，雄球花桔红色。·············· 鳟红大头苏铁 *Encephalartos ferox*

银杏科 GINKGOACEAE

落叶乔木，枝分长枝与短枝。叶扇形，有长柄，具多数叉状并列细脉，在长枝上螺旋状排列散生，在短枝上成簇生状。球花单性，雌雄异株，生于短枝顶部的鳞片状叶的腋内，呈簇生状；雄球花具梗，葇荑花序状；雌球花具长梗，梗端常分 2 叉，稀不分叉或分成 3-5 叉。种子核果状，具长梗，下垂，外种皮肉质，中种皮骨质，内种皮膜质。·· 银杏 *Ginkgo biloba*

南洋杉科 ARAUCARIACEAE

南洋杉属 *Araucaria*

种子同苞鳞合生，苞鳞的先端有急尖的长尾状尖头，尖头显著地向后反曲；叶卵形、三角状卵形或三角状钻形，上下扁或背部具纵脊；雄球花生于枝顶；球果的苞鳞两侧具薄翅。·· 南洋杉 *Araucaria cunninghamii*

松科 PINACEAE

1. 叶条形或针形，条形叶扁平或具四棱，螺旋状着生，或在短枝上端成簇生状，均不成束。
  2. 叶条形扁平或具四棱，质硬；枝仅一种类型；球果当年成熟。
    3. 球果成熟后（或干后）种鳞自宿存的中轴上脱落，生叶腋，直立；叶扁平，上面中脉凹下，稀隆起，横切面呈四棱形；枝上无隆起的叶枕，具圆形、微凹的叶痕。·· 冷杉属 *Abies*
    3. 球果成熟后（或干后）种鳞宿存。
      4. 球果生于枝顶；小枝节间生长均匀，上下等粗，叶在枝节间均匀着生。

5. 球果直立，形大；种子连同种翅几与种鳞等长；叶扁平，上面中脉隆起；雄球花簇生枝顶。 …………………… **油杉属 *Keteleeria***

5. 球果通常下垂，稀直立、形小；种子连同种翅较种鳞为短；叶扁平，上面中脉凹下或微凹，稀平或微隆起，间或四棱状条形或扁菱状条形；雄球花单生叶腋。

    6. 小枝有微隆起的叶枕或叶枕不明显；叶扁平，有短柄，上面中脉凹下或微凹，稀平或微隆起，仅下面有气孔线，稀上面有气孔线。

        7. 果较大，苞鳞伸出于种鳞之外，先端 3 裂；叶内具两个边生树脂道；小枝不具或微具叶枕。 …………………………………… **黄杉属 *Pseudotsuga***

        7. 球果较小，苞鳞不露出，稀微露出，先端不裂或 2 裂；叶内维管束鞘下有一树脂道；小枝有隆起或微隆起的叶枕。 …………………………………… **铁杉属 *Tsuga***

    6. 小枝有显著隆起的叶枕；叶四棱状或扁棱状条形，或条形扁平，无柄，四面有气孔线，或仅上面有气孔线。 …………………………………………………… **云杉属 *Picea***

  4. 球果生于叶腋，初直立后下垂，苞鳞短，不露出；小枝节间的上端生长缓慢、较粗，叶在枝节间的上端排列紧密，呈簇生状，在其之下则排列疏散；叶条形扁平，上面中脉凹下。 …………………………………………………… **银杉属 *Cathaya***

2. 叶条形扁平、柔软，或针状、坚硬；枝分长枝与短枝，叶在长枝上螺旋状散生，在短枝上端成簇生状；球果当年成熟或第二年成熟。

  8. 叶扁平，柔软，倒披针状条形或条形，落叶性；球果当年成熟。

    9. 雄球花单生于短枝顶端；种鳞革质，成熟后（或干后）不脱落；芽鳞先端钝；叶较窄，宽约 1.8 毫米。 ………… **落叶松属 *Larix***

    9. 雄球花数个簇生于短枝顶端；种鳞木质，成熟后（或干后）种鳞脱落；芽鳞先端尖；叶较宽，通常 2-4 毫米。 ………………………………………………… **金钱松属 *Pseudolarix***

  8. 叶针状、坚硬，常具三棱，或背腹明显而呈四棱状针形，常绿性；球果第二年成熟，熟后种鳞自宿存的中轴上脱落。 ……………………………………………………… **雪松属 *Cedrus***

1. 叶针形，通常 2、3、5 针一束，稀多至 7-8 针一束，生于苞片状鳞叶的腋部，着生于极度退化的短枝顶端，基部包有叶鞘（脱落或宿存），常绿性；球果第二年成熟，种鳞宿存，背面上方具鳞盾与鳞脐。 …………………………………………………………………… **松属** *Pinus*

冷杉属 *Abies*

1. 叶的树脂道中生兼有边生树脂道（2个中生、2个边生）。球果的苞鳞上端露出或仅先端的尖头露出。果枝之叶的树脂道4个或仅有2个中生或边生树脂道；一年生枝淡灰黄色，无毛或凹槽内有毛；球果成熟前黄绿色；苞鳞先端具三角状尖头，尖头长约3毫米。 …… **日本冷杉** *Abies firma*
1. 叶的树脂道近边生（树脂道生于两端叶肉薄壁组织中）。球果的苞鳞上端露出或仅先端的尖头露出。雌球花的苞鳞反曲；球果熟时淡褐黄色或淡褐色，苞鳞上端露出，反曲，尖头长1毫米以内；叶之边缘不反卷，树脂道边生或生于叶肉组织内。 ……… **百山祖冷杉** *Abies beshanzuensis*

油杉属 *Keteleeria*

注：下列种具有以下共同特征。一至二年生枝无乳头状突起点，叶条形，长1.2–6.5厘米，宽2–4.5毫米，先端尖、急尖、钝或微凹。

1. 种鳞卵形或近斜方状卵形，上部圆或窄而反曲，边缘向外反曲。冬芽卵圆形，一年生枝干后呈淡黄灰色、淡黄色或淡灰色。 ……………………………………………………………… **铁坚油杉** *Keteleeria davidiana*
1. 种鳞宽圆形、斜方形或斜方状圆形，上部边缘微向内曲。种鳞斜方形或斜方状圆形，上部通常宽圆而窄，稀宽圆形；一年生枝有或多或少之毛，稀无毛，干后呈红褐色、褐色或紫褐色；叶较宽薄，边缘常向下反曲，上面通常无气孔线，或沿中脉两侧有1–5条气孔线，或仅先端或中上部有少数气孔线，先端圆或微凹；种翅通常中部或中下部较宽。 …………………………………………………………… **江南油杉** *Keteleeria cyclolepis*

铁杉属 *Tsuga*

注：下列种具有以下共同特征。叶排列成不规则两列，仅下面有气孔线，上面中脉凹下，表皮细胞膜无斑点，叶肉薄壁组织中无石细胞；叶先端钝有凹缺。

1. 球果中部的种鳞五边状圆形、近圆形或近方形，稀微呈短矩圆形；叶背气孔带常无白粉。 …………………………… **铁杉** *Tsuga chinensis*
1. 球果中部的种鳞常呈圆楔形、方楔形、楔状短矩圆形；叶背气孔带有白粉。
·················· **南方铁杉** *Tsuga chinensis* var. *tchekiangensis*

黄杉属 *Pseudotsuga*

1. 叶先端有凹缺，叶通常长 2-3 厘米。球果中部的种鳞扇状斜方形、肾形或横椭圆状斜方形；苞鳞的中裂长 2-5 毫米，侧裂先端钝圆或钝尖；种子连翅长过种鳞的一半或接近种鳞上部边缘。
  2. 球果中部的种鳞扇状斜方形，基部两侧有凹缺，鳞背露出部分有毛；种翅通常长于种子。 ·················· **黄杉** *Pseudotsuga sinensis*
  2. 球果中部的种鳞肾形或横椭圆状肾形，鳞背露出部分无毛或近于无毛；种翅与种子近等长。叶下面气孔带白色，具明显的绿色边带；种鳞基部两侧无凹缺。 ·················· **华东黄杉** *Pseudotsuga gaussenii*
1. 叶先端钝或尖，无凹缺。叶下面气孔带灰绿色，无明显的绿色边带；球果长约 8 厘米；种鳞长大于宽，近斜方形；苞鳞长于种鳞，中裂长尖。
·················· **花旗松** *Pseudotsuga menziesii*

云杉属 *Picea*

注：下列种具有以下共同特征。叶四面的气孔线条数相等或近相等，或下面的气孔线较上（腹）面稍少；横切面方形或菱形，高宽相等或宽大于高，稀高大于宽。

1. 一年生枝有或疏或密之毛（但非腺头毛），稀无毛。小枝基部宿存芽鳞通常或多或少向外反曲。
  2. 叶先端尖或锐尖。冬芽的芽鳞显著反卷；一年生枝红褐色或橘红色，无毛或有疏生微毛。 ·················· **欧洲云杉** *Picea abies*
  2. 叶先端微钝或钝。球果成熟前绿色；二年生枝黄褐色或褐色，无白粉。
·················· **白扦** *Picea meyeri*
1. 一年生枝无毛偶而有疏生短毛，叶长 0.8-1.8 厘米，宽约 1 毫米，横切面四方形或扁菱形；球果长 5-8 厘米，径 2.5-4 厘米；种鳞倒卵形，长 1.4-1.7 厘米，宽 1-1.4 厘米。 ·················· **青扦** *Picea wilsonii*

银杉属 *Cathaya*

特征同属。 ·················· **银杉** *Cathaya argyrophylla*

落叶松属 *Larix*

注：下列种具有以下共同特征。球果卵圆形或长卵圆形，苞鳞较种鳞为短，不露出或微露出；小枝不下垂。

1. 球果种鳞的上部边缘不向外反曲或微反曲；一年生长枝淡黄色、黄色、淡黄灰色、淡褐黄色或淡褐色，无白粉。
   2. 球果中部的种鳞长大于宽，一年生长枝较细，径约 1 毫米；短枝径粗 2-3 毫米；球果成熟时上端的种鳞张开，中部的种鳞五角状卵形，先端截形或微凹，背面无毛，有光泽；短枝顶端的叶枕之间有黄白色长柔毛。
   ·· **落叶松 *Larix gmelinii***
   2. 球果中部的种鳞长宽近于相等，或长稍大于宽或宽稍大于长，一年生长枝淡黄色或淡灰黄色，无毛；球果常具种鳞 40-50 枚，中部种鳞近圆形，苞鳞先端的尖头微露出。·········· **欧洲落叶松 *Larix decidua***
1. 球果种鳞的上部边缘显著地向外反曲，种鳞卵状矩圆形或卵方形，背面有褐色细小疣状突起和短粗毛；一年生长枝淡黄色或淡红褐色，有白粉。
   ·· **日本落叶松 *Larix kaempferi***

金钱松属 *Pseudolarix*

特征同属。·· **金钱松 *Pseudolarix amabilis***

雪松属 *Cedrus*

1. 大枝顶部与小枝通常微下垂；叶长 2.5-5 厘米，横切面常三角形；球果较大，长 7-12 厘米，径 5-9 厘米（普遍栽培）。·························
   ·· **雪松 *Cedrus deodara***
1. 大枝顶部硬直，向上伸展，小枝常不下垂；叶长 1.5-3.5 厘米，横切面常四方形；球果较小，长约 7 厘米，径约 4 厘米。·························
   ·· **北非雪松 *Cedrus atlantica***

松属 *Pinus*

1. 叶鞘早落，针叶基部的鳞叶不下延，叶内具 1 条维管束。
   2. 种鳞的鳞脐顶生，无刺状尖头；针叶常 5 针一束。
      3. 种子无翅或具极短之翅。
         4. 球果成熟时种鳞不张开，种子不脱落；小枝有密毛。小枝被黄褐色或红褐色毛；叶之气孔线明显；球果长 9-14 厘米，种鳞上端渐

窄，向外反曲。 ……………………… **红松** *Pinus koraiensis*

4. 球果成熟时种鳞张开，种子脱落；小枝无毛。

 5. 种鳞之鳞盾边缘不反卷或微反曲，种子倒卵圆形，种皮厚。小枝绿色或灰绿色，干后褐色；种鳞的鳞盾斜方形，上部不反曲或仅鳞脐反曲，熟时黄色或褐黄色。………………………
…………………………………… **华山松** *Pinus armandii*

 5. 球果种鳞之鳞盾边缘明显向外反卷，鳞脐凹陷，种子倒卵状椭圆形，稀倒卵圆形，种皮薄。

  6. 针叶长 5–14 厘米；球果圆柱状椭圆形，长约 14 厘米，种子淡褐色，具极短的木质翅。 ………………………

  …………………… **大别山五针松** *Pinus dabeshanensis*

  6. 针叶长 10–18 厘米；球果长卵圆形或卵状椭圆形，长 6–9 厘米，种子栗褐色，种翅长 2–4 毫米。 ……………………

  …………………………… **海南五针松** *Pinus fenzeliana*

3. 种子具结合而生的长翅。

 7. 针叶细长，长 7–20 厘米；球果圆柱形或窄圆柱形，长 8–25 厘米。幼枝被毛，后即脱落，无白粉；针叶长 7–14 厘米，不下垂。 …

 ………………………………… **北美乔松** *Pinus strobus*

 7. 针叶长不及 8 厘米；球果较小，卵圆形、卵状椭圆形或椭圆状圆柱形，通常长不及 10 厘米。

  8. 针叶细，径不及 1 毫米。

   9. 小枝有密毛；针叶长 3.5–5.5 厘米；球果无梗，种子具宽翅，种翅与种子近等长。 …………… **日本五针松** *Pinus parviflora*

   9. 小枝无毛或有疏毛；针叶长 4–8 厘米；球果具短梗，种子具窄翅，种翅长为种子的二倍（台湾）。 ………………

   …………………………… **台湾五针松** *Pinus morrisonicola*

  8. 针叶较粗，径 1–1.5 毫米，球果具明显的果梗。

   10. 小枝有密毛，叶内树脂道 3，中生。

   …………………………… **毛枝五针松** *Pinus wangii*

   10. 小枝无毛，极少有疏毛，叶内树脂道 2–3，背面 2 个边生，腹面 1 个中生或缺。 …………………

   ………………… **华南五针松** *Pinus kwangtungensis*

2. 种鳞的鳞脐背生，种子具有关节的短翅；针叶 3 针一束，叶内树脂道边生，边缘有细齿，背腹面均有气孔线；树皮白色、平滑，裂成不规则的薄片剥落。球果长 5–7 厘米，鳞脐有刺，种子卵圆形，长约 1 厘米；一年生小枝近平滑，叶枕不明显隆起。 ……………………………

……………………………………………………………… 白皮松 *Pinus bungeana*

1. 叶鞘宿存，稀脱落，针叶基部的鳞叶下延，叶内具 2 条维管束；种鳞的鳞脐背生，种子上部具长翅。种翅基部有关节，易与种子分离。

11. 枝条每年生一轮，一年生小球果生于近枝顶。

12. 针叶 2 针一束，稀 3 针一束。

13. 叶内树脂道边生。

14. 一年生枝有白粉或微有白粉。一年生小球果直立或近直立，成熟球果暗黄褐色或淡褐黄色，鳞盾平坦稀横脊微隆起；树干上部树皮红褐色。 ……………… 赤松 *Pinus densiflora*

14. 一年生枝无白粉（马尾松偶有白粉，但针叶细长、柔软，鳞脐无刺），球果成熟后种鳞张开，乔木。

15. 种鳞的鳞盾显著隆起，有锐脊，斜方形或多角形，上部凸尖；针叶短，长 3–9 厘米，种鳞的鳞盾暗黄褐色。 ………

……………………………………………… 欧洲赤松 *Pinus sylvestris*

15. 种鳞的鳞盾肥厚隆起或微隆起，横脊较钝，扁菱形或菱状多角形。

16. 针叶粗硬，径 1–1.5 毫米；鳞盾肥厚隆起，鳞脐有短刺。树皮灰褐色或褐灰色，树干上部之皮红褐色，内皮淡褐色。

……………………………………………… 油松 *Pinus tabulaeformis*

16. 针叶细柔，径 1 毫米或不足 1 毫米；鳞盾平或微隆起，鳞脐无刺。球果卵圆形；枝条斜展，小枝微下垂；下部树皮灰褐色，裂片较厚。 ………… 马尾松 *Pinus massoniana*

13. 针叶内树脂道中生，稀中生与边生并存。

17. 球果较小，长 10 厘米以内，成熟后种鳞张开。

18. 冬芽褐色、红褐色或栗褐色。针叶长 7–10 （–13）厘米；球果长 3–5 厘米，鳞盾微隆起。叶内树脂道全为中生。 ……

……………………………………………… 黄山松 *Pinus taiwanensis*

18. 冬芽银白色；针叶粗硬；球果长 4–6 厘米。

……………………………………………… 黑松 *Pinus thunbergii*

17. 球果较大，长 9–18 厘米，卵状圆锥形，成熟后种鳞迟张开，鳞盾强隆起，鳞脐具凸起之刺；针叶长 10–25 厘米，刚硬。

……………………………………………… 海岸松 *Pinus pinaster*

12. 针叶 3、2 针并存。鳞脐无刺，鳞盾平或微隆起；针叶细柔，径约 1 毫米。 ………………………… **马尾松 *Pinus massoniana***

11. 枝条每年生长 2 至数轮，一年生小球果生于小枝侧面。

19. 针叶 3 针一束，或 3、2 针并存，稀 2 针或 4-5 针一束。

20. 针叶较长，长 12-30 厘米；球果较大，长 6-13 厘米；主干上无不定芽。

21. 针叶 3 针一束，稀 2 针一束，径 0.7-1.5 毫米；球果熟后种鳞张开迟缓。针叶较粗硬，径 1.5 毫米，树脂道通常 2 个（稀至 4 个），中生，稀 1 个内生；球果卵状圆柱形或窄圆锥形，长 5-15 厘米，无梗，鳞盾沿横脊强隆起，鳞脐宽 5-6 毫米，具渐尖的锐尖之刺。 ………………… **火炬松 *Pinus taeda***

21. 针叶 3、2 针并存或 3 针一束，稀 4-5 针或 2 针一束，径 1.5-2 毫米；球果熟时种鳞张开。

22. 针叶 3、2 针并存，长 18-30 厘米，树脂道 2-10 个，内生，有时 1-2 个中生；球果卵状圆锥形或圆柱状圆锥形，长 7.5-15 厘米，光褐色，种鳞的鳞盾肥厚，鳞脐瘤状，宽 5-6 毫米，急尖头长不及 1 毫米；种鳞黑色有灰色斑点，种翅易脱落；苗木的新叶深绿色。 ………… **湿地松 *Pinus elliottii***

22. 针叶 3 针一束，稀 2 针或 4-5 针一束，树脂道 2-9 个，内生；球果圆柱状圆锥形，种鳞的鳞盾上部肥厚，鳞脐宽 4 (-5) 毫米，先端有锐尖头；种子色淡、有灰色或淡褐色斑点，种翅基部不易脱落、残存于种子上，或种翅易脱落；苗木的新叶灰绿色或苍绿色。 …… **加勒比松 *Pinus caribaea***

20. 针叶较短，长 5-16 厘米，稀长至 20-25 厘米（晚松）；球果较小，长 3-7 厘米；主干上常有不定芽。

23. 新枝红褐色或淡黄褐色，无白粉；针叶 3 针一束，较粗，径约 2 毫米；球果成熟后不张开或迟张开。针叶较短，长 7-16 厘米；球果成熟后种鳞迟张开，鳞盾强隆起，鳞脐微凸起，先端有刺尖。 ………………… **晚松 *Pinus rigida* var. *serotina***

23. 新枝深红褐色，初被白粉；针叶 2 针或 3 针一束，较细短，径微有及 1 毫米，长 5-12 厘米；球果成熟后鳞张开，鳞盾平或微隆起，鳞脐有极短之刺。 ………… **萌芽松 *Pinus echinata***

19. 针叶 2 针一束。

24. 针叶刚硬，径约 2 毫米，明显扭曲，树脂道中生或内生；球果大，长 9–18 厘米，鳞盾强隆起，鳞脐有刺。 ……………………………
………………………………………… 海岸松 *Pinus pinaster*

24. 针叶细，径约 1 毫米，微扭或不扭曲，树脂道边生；球果较小，长 4–7 厘米，鳞盾平或微隆起，沿横脊微隆起，鳞脐无刺。 …
……………………………………… 马尾松 *Pinus massoniana*

杉科 TAXODIACEAE

1. 叶由二叶合生而成，两面中央有一条纵槽，长 5–15 厘米，生于鳞状叶的腋部，着生于不发育的短枝顶端，辐射开展，在枝端呈伞形；球果的种鳞木质，种子 5–9 粒。 ……………………… 金松属 *Sciadopitys*
1. 叶为单生，在枝上螺旋状散生，稀对生。
  2. 叶和种鳞均为螺旋状着生。
    3. 球果的种鳞（或苞鳞）扁平。
      4. 常绿；种鳞或苞鳞革质；种子两侧有翅。
        5. 叶条状披针形，有锯齿；球果的苞鳞大，有锯齿，种鳞小，生于苞鳞腹面下部，能育种鳞有 3 粒种子。 …………………
……………………………………… 杉木属 *Cunninghamia*
        5. 叶鳞状钻形或钻形，全缘；球果的苞鳞退化，种鳞近全缘，能育种鳞有 2 粒种子。 ……………………… 台湾杉属 *Taiwania*
      4. 半常绿，有条形叶的侧生小枝冬季脱落，有鳞形叶的小枝不脱落；叶鳞形、条形或条状钻形；种鳞木质，先端有 6–10 裂齿，能育种鳞有 2 粒种子；种子下端有长翅。 ……… 水松属 *Glyptostrobus*
    3. 球果的种鳞盾形，木质。
      6. 常绿；雄球花单生或集生枝顶；能育种鳞有 2–9 粒种子；种子扁平，周围有翅或两仅归育翅。
        7. 叶钻形；球果近于无柄，直立，种鳞上部有 3–7 裂齿。
……………………………………… 柳杉属 *Cryptomeria*
        7. 叶条形或鳞状钻形；球果有柄，下垂；种鳞无裂齿，顶部有横凹槽。
          8. 叶鳞状钻形，辐射伸展；冬芽裸露；球果有种鳞 25–40，翌年成熟。 ……… 巨杉属 *Sequoiadendron*
          8. 叶条形，在侧枝上排列成二列；冬芽有芽鳞；球果有种鳞 15–20，当年成熟。 …………… 北美红杉属 *Sequoia*

6. 落叶或半常绿，侧生小枝冬季脱落；叶条形或钻形；雄球花排列成圆锥花序状；能育种鳞有2粒种子，种子三棱形，棱脊上有厚翅。

·························· 落羽杉属（落羽松属）*Taxodium*

2. 叶和种鳞均对生；叶条形，排列成两列，侧生小枝连叶于冬季脱落；球果的种鳞盾形，木质，能育种鳞有5-9粒种子；种子扁平，周围有翅。

·························· 水杉属 *Metasequoia*

日本金松属 *Sciadopitys*

特征同属。·························· 金松 *Sciadopitys verticillata*

杉木属 *Cunninghamia*

1. 叶长2-6厘米，宽3-5毫米；球果长2.5-5厘米。

2. 叶厚革质，坚硬，先端锐尖，侧枝之叶基部扭转成二列。

3. 叶绿色，上面无明显的白粉，仅下面有二条白粉气孔带。

·························· 杉木 *Cunninghamia lanceolata*

3. 叶灰绿色或蓝绿色，两面均有明显的白粉。

·························· 灰叶杉木 *Cunninghamia lanceolata* cv. *Glauca*

2. 叶质地薄，柔软，先端不尖。

·························· 软叶杉木 *Cunninghamia lanceolata* cv. *Mollifolia*

1. 叶长1.5-2厘米，宽1.5-2.5毫米，革质较柔软，先端钝尖，辐射伸展，两面各有二条白粉气孔带；球果长2-2.5厘米（台湾）。··················

·························· 台湾杉木 *Cunninghamia konishii*

台湾杉属 *Taiwania*

特征同属。·························· 台湾杉 *Taiwania cryptomerioides*

水松属 *Glyptostrobus*

特征同属。·························· 水松 *Glyptostrobus pensilis*

柳杉属 *Cryptomeria*

1. 叶先端向内弯曲；种鳞较少，20片左右，苞鳞的尖头和种鳞先端的裂齿较短，裂齿长2-4毫米，每种鳞有2粒种子。··················

·························· 柳杉 *Cryptomeria fortunei*

1. 叶直伸，先端通常不内曲；种鳞20-30片，苞鳞的尖头和种鳞先端的裂齿较长，裂齿长 6-7 毫米，每种鳞有 2-5 粒种子。………………………
………………………………………………… 日本柳杉 *Cryptomeria japonica*

巨杉属 *Sequoiadendron*

特征同属。………………………… 巨杉 *Sequoiadendron giganteum*

红杉属 *Sequoia*

特征同属。………………………… 北美红杉 *Sequoia sempervirens*

落羽杉属 *Taxodium*

1. 叶条形，扁平，排列成二列，呈羽状；大枝水平开展。
   2. 落叶性；叶长 1-1.5 厘米，排列较疏，侧生小枝排列成二列。
   ………………………………………… 落羽杉 *Taxodium distichum*
   2. 半常绿性或常绿性；叶长约 1 厘米，排列紧密，侧生小枝螺旋状散生，
   不为二列。 ……………… 墨西哥落羽杉 *Taxodium mucronatum*
1. 叶钻形，不成二列；大枝向上伸展。 ……… 池杉 *Taxodium ascendens*

水杉属 *Metasequoia*

特征同属。……………… 水杉 *Metasequoia glyptostroboides*

柏科 CUPRESSACEAE

1. 球果的种鳞木质或近革质，熟时张开，种子通常有翅，稀无翅。
   2. 种鳞扁平或鳞背隆起，薄或较厚，但不为盾形；球果当年成熟。
      3. 鳞叶较大，两侧的鳞叶长 4-7 毫米，下面有明显的宽白粉带；球果
      近球形，发育的种鳞各具 3-5 粒种子；种子两侧具翅。……………
      ………………………………………… 罗汉柏属 *Thujopsis*
      3. 鳞叶较小，长 4 毫米以内，下面无明显的白粉带；球果卵圆形或卵状
      矩圆形，发育的种鳞各具 2 粒种子。
         4. 生鳞叶的小枝平展或近平展；种鳞 4-6 对，薄，鳞背无尖头；种
         子两侧有窄翅。………………………………… 崖柏属 *Thuja*
         4. 生鳞叶的小枝直展或斜展；种鳞 4 对，厚，鳞背有一尖头；种子
         无翅。 ……………………………………… 侧柏属 *Platycladus*
      2. 种鳞盾形；球果第二年或当年成熟。

5. 鳞叶小，长 2 毫米以内；球果具 4-8 对种鳞；种子两侧具窄翅。

  6. 生鳞叶的小枝不排列成平面，或很少排列成平面；球果第二年成熟；发育的种鳞各有 5 至多粒种子。 ·········· **柏木属** *Cupressus*

  6. 生鳞叶的小枝平展，排列成平面，或某些栽培变种不排列成平面；球果当年成熟；发育种鳞各具 2-5（通常 3）粒种子。 ············

············ **扁柏属** *Chamaecyparis*

5. 鳞叶较大，两侧的鳞叶长 3-6（-10）毫米；球果具 6-8 对种鳞；种子上部具两个大小不等的翅。 ···················· **福建柏属** *Fokienia*

1. 球果肉质，球形或卵圆形，由 3-8 片种鳞结合而成，熟时不张开，或仅顶端微张开，每球果具 1-12 粒无翅的种子。

  7. 叶全为刺叶或鳞叶，或同一树上刺叶鳞叶兼有，刺叶基部无关节，下延生长；冬芽不显著；球花单生枝顶，雌球花具 3-8 片轮生或交叉对生的珠鳞，胚珠生于珠鳞腹面的基部。 ················ **圆柏属** *Sabina*

  7. 叶全为刺叶，基部有关节，不下延生长；冬芽显著；球花单生叶腋；雌球花具 3 片轮生的珠鳞，胚珠生于珠鳞之间。 ··· **刺柏属** *Juniperus*

罗汉柏属 *Thujopsis*

特征同属。 ····························· **罗汉柏** *Thujopsis dolabrata*

崖柏属 *Thuja*

注：下列种具有以下共同特征。鳞叶先端尖或钝尖，两侧鳞叶较中央之鳞叶稍短或等长，尖头内弯。

1. 中央鳞叶尖头下方有明显的透明腺点。 ····· **北美香柏** *Thuja occidentalis*

1. 中央鳞叶尖头下方无腺点。 ···················· **日本香柏** *Thuja standishii*

侧柏属 *Platycladus*

1. 特征同属。 ··························· **侧柏** *Platycladus orientalis*

树冠塔形，叶金黄色。 ····· **金塔柏** *Platycladus orientalis* cv. *Beverleyensis*

矮型灌木，树冠球形，叶全年为金黄色。

············ **金黄球柏** *Platycladus orientalis* cv. *Semperaurescens*

丛生灌木，无主干；枝密，上伸；树冠卵圆形或球形。

············ **千头柏** *Platycladus orientalis* cv. *Sieboldii*

树冠窄，枝向上伸展或微斜上伸展，叶光绿色。

············ **窄冠侧柏** *Platycladus orientalis* cv. *Zhaiguancebai*

柏木属 *Cupressus*

1. 生鳞叶的小枝圆或四棱形；球果通常较大，径 1–3 厘米；每种鳞具多数种子。生鳞叶的小枝四棱形。

  2. 鳞叶背部无明显的腺点。

    3. 鳞叶蓝绿色或灰绿色，有蜡质白粉。

      4. 生鳞叶的小枝不下垂，鳞叶先端微钝或稍尖，球果大，径 1.6–3 厘米，种鳞 4–5 对 ·················· **干香柏** *Cupressus duclouxiana*

      4. 生鳞叶的小枝下垂，鳞叶先端尖；球果较小，径 1–1.5 厘米，种鳞 3–4 对。·················· **墨西哥柏木** *Cupressus lusitanica*

    3. 鳞叶绿色，无白粉；球果无白粉。鳞叶先端钝或钝尖；球果较大，径 2–3 厘米，种鳞 4–7 对。·················· ·················· **地中海柏木** *Cupressus sempervirens*

  2. 鳞叶背部有明显的腺点，先端锐尖，蓝绿色，微被白粉；球果圆球形或矩圆球形。·················· **绿干柏** *Cupressus arizonica*

1. 生鳞叶的小枝扁，排成平面，下垂；球果小，径 0.8–1.2 厘米，每种鳞具 5–6 粒种子。·················· **柏木** *Cupressus funebris*

扁柏属 *Chamaecyparis*

1. 小枝下面之鳞叶无白粉或有很少的白粉。

  2. 鳞叶先端锐尖，小枝下面之鳞叶无白粉；雄球花暗褐色；球果径约 6 毫米，发育种鳞具 1–2 粒种子。·················· ·················· **美国尖叶扁柏** *Chamaecyparis thyoides*

  2. 鳞叶先端钝尖或微钝，小枝下面之叶微有白粉；雄球花深红色；球果径约 8 毫米，发育种鳞具 2–4 粒种子。·················· ·················· **美国扁柏** *Chamaecyparis lawsoniana*

1. 小枝下面之鳞叶有显著的白粉。

  3. 鳞叶先端锐尖。球果圆球形，径约 6 毫米，种鳞 5 对。·················· **日本花柏** *Chamaecyparis pisifera*

  3. 鳞叶先端钝或钝尖。

    4. 鳞叶先端钝，肥厚；球果径 8–10 毫米，种鳞 4 对。·················· **日本扁柏** *Chamaecyparis obtusa*

    4. 鳞叶先端通常钝尖，较薄；球果径 10–11 毫米，种鳞 4–5 对。·················· **台湾扁柏** *Chamaecyparis obtusa* var. *formosana*

福建柏属 *Fokienia*

1. 特征同属。 ………………………………………… 福建柏 *Fokienia hodginsii*

圆柏属 *Sabina*

1. 叶全为刺形，三叶交叉轮生，稀交叉对生；球果具 1 粒种子，稀 2-3 粒种子。
  2. 小枝上部与下部的叶近等长，叶三枚交叉轮生。
    3. 球果具 1 粒种子。小枝不下垂；叶背面具钝脊，沿脊有细纵槽，叶长 5-10 毫米，常斜伸或平展。 ……… 高山柏 *Sabina squamata*
    3. 球果具 2-3 粒种子，匍匐灌木。……… 铺地柏 *Sabina procumbens*
  2. 小枝下部的叶较短、交叉对生或三叶交叉轮生，上部的叶较长、三叶交叉轮生；球果具 1-3 粒种子。………… 昆明柏 *Sabina gaussenii*
1. 叶全为鳞形或兼有鳞叶与刺叶，或仅幼龄植株全为刺叶。
  4. 球果常呈倒三角状或叉状球形，顶端平截，宽圆或叉状，部分球果呈卵圆形或近圆球形；鳞叶背面的腺体位于中部，刺叶交叉对生。刺叶仅出现在幼龄植株上，壮龄植株几乎全为鳞叶，刺叶较宽，近直伸或微斜展。鳞叶枝排列较密，较细，径约 0.8 毫米；球果熟时淡褐绿色，常具 2 粒种子，稀 1 粒种子。 ………………………
      ……………… 松潘叉子圆柏 *Sabina vulgaris* var. *erectopatens*
  4. 球果卵圆形或近球形，稀倒卵圆形；刺叶三叶交叉轮生或交叉对生，鳞叶背面的腺体位于中部、中下部或近基部。
    5. 鳞叶先端急尖或渐尖，腺体位于叶背的中下部或近中部，生鳞叶的小枝常呈四棱形；幼树上的刺叶交叉对生，不等长；球果具 1-2 粒种子。 ………………………… 北美圆柏 *Sabina virginiana*
    5. 鳞叶先端钝，腺体位于叶背的中部，生鳞叶的小枝圆柱形或微呈四棱形；刺叶三枚交互轮生或交互对生，等长；球果具 1-4 粒种子。
      6. 乔木；有刺叶者则三枚交互轮生，长 8-12 毫米，排列疏松，近开展或斜展。
        7. 小枝不下垂 ………………………… 圆柏 *Sabina chinensis*
*直立灌木，鳞叶初为深金黄色，后渐变为绿色。
………………………………………… 金叶桧 *Sabina chinensis* cv. Aurea
*树形与球桧相同，但幼枝绿叶中有金黄色枝叶。
………………………………… 金球桧 *Sabina chinensis* cv. Aureoglobosa

* 矮型丛生圆球形灌木，枝密生，叶鳞形，间有刺叶。

··· 球柏 *Sabina chinensis* cv. Globosa

* 树冠圆柱状或柱状塔形；枝条向上直展，常有扭转上升之势。

·· 龙柏 *Sabina chinensis* cv. Kaizuca

* 植株无直立主干，枝就地平展。

···························· 匍地龙柏 *Sabina chinensis* cv. Kaizuca Procumbens

* 丛生灌木，千枝自地面向四周斜上伸展。

····························· 鹿角桧 *Sabina chinensis* cv. Pfitzeriana

* 枝向上直展，密生，树冠圆柱状或圆柱状尖塔形；叶多为刺形稀间有鳞叶。

····························· 塔柏 *Sabina chinensis* cv. Pyramidalis

* 乔木，高达 20 米，胸径达 3.5 米；树皮深灰色，纵裂，成条片开裂。

··· 圆柏 *Sabina chinensis*

    7. 小枝长而下垂。 ··········· 垂枝圆柏 *Sabina chinensis* f. *pendula*

   6. 匍匐灌木；有刺叶者则通常交叉对生，长 3-6 毫米，排列较密，微斜展。 ························· 偃柏 *Sabina chinensis* var. *sargentii*

刺柏属 *Juniperus*

1. 叶上（腹）面中脉绿色，两侧各有一条白色、稀紫色或淡绿色的气孔带；球果圆球形或宽卵圆形、熟时淡红色或淡红褐色；乔木。 ··················

··· 刺柏 *Juniperus formosana*

1. 叶上（腹）面有一条白粉带，无绿色中脉。

  2. 叶质厚，坚硬，上面凹下成深槽，白粉带较绿色边带为窄，位于凹槽之中，横切面呈"V"状；球果圆球形，淡褐黑色，有白粉。

··· 杜松 *Juniperus rigida*

  2. 叶质较薄，微凹，不成深槽，横切面扁平，白粉带常较绿色边带为宽。叶条状披针形，先端渐尖，长 8-16 毫米，直而不弯；球果圆球形或宽卵圆形，熟时蓝黑色；乔木或直立灌木。

··· 欧洲刺柏 *Juniperus communis*

罗汉松科 PODOCARPACEAE

雌球花生于叶腋或苞腋。稀顶生，套被与珠被合生；种子核果状，全部为肉质假种皮所包，常着生于肉质肥厚或微肥厚的种托上，稀苞片不发育成肉质种托，常有梗。

罗汉松属 *Podocarpus*

注：下列种具有以下共同特征。种子腋生，有梗，种托肥厚肉质或不发育；叶大，同型，不为鳞形、钻形或钻状条形。

1. 叶无中脉，有多数并行的细脉，对生或近对生，树脂道多数；种托不发育。叶卵形、卵状披针形或披针状卵圆形，长 5-9 厘米，宽 1.5-2.5 厘米，先端尖；雄球花穗状圆柱形，单生常成分枝状。
   ·· 竹柏 *Podocarpus nagil.*

1. 叶有明显的中脉，螺旋状排列，稀近对生，仅下面有气孔线，树脂道 1-5 个；种托肉质。
   2. 叶先端渐尖或钝尖。
      3. 叶长 6-10 厘米，宽 7-12 毫米。种子先端钝圆，种托圆柱形。
         ·· 罗汉松 *Podocarpus macrophyllus*
      3. 叶长 2.5-7 厘米，宽 3-7 毫米。
         ······························· 短叶罗汉松 *Podocarpus macrophyllus* var. *maki*
   2. 叶先端钝或钝圆，稀幼叶先端尖，常在枝顶集生。叶无白粉，下面淡绿色；雄球花单生，稀 2-3 个簇生。叶倒披针形或条状倒披针形，上部微窄（盆景栽培）。 ················ 兰屿罗汉松 *Podocarpus costalis*

三尖杉科 CEPHALOTAXACEAE

三尖杉属 *Cephalotaxus*

1. 叶长 4-13 厘米，先端渐尖成长尖头。叶披针状条形或条形，质地较厚，宽 3-4.5 毫米，基部楔形或宽楔形；种子长约 2.5 厘米。叶下面的气孔带被白粉。叶宽 3.5-4.5 毫米；雄球花有明显的总梗，梗通常长 6-8 毫米。
   ·· 三尖杉 *Cephalotaxus fortunei*

1. 叶较短，长 1.5-5 厘米，先端微急尖、急尖或渐尖。叶排成两列，枝条斜伸或开展，树冠不呈柱形。叶上面平、中脉明显，排列较疏或稍密。叶下面有明显的白粉气孔带；雄球花的总梗粗短，径约 1 毫米，长约 3 毫米。叶的基部圆形或圆截形。叶质地较厚；种子卵圆形、椭圆状卵圆形或近球形；灌木或小乔木。小枝较细，叶较窄，边缘不向下反曲，先端渐尖或微急尖。·················· 粗榧 *Cephalotaxus sinensis*

红豆杉科 TAXACEAE

1. 叶上面有明显的中脉；雌球花单生叶腋或苞腋；种子生于杯状或囊状假种皮中，上部或顶端尖头露出。叶螺旋状着生，叶内无树脂道；雄球花单生叶腋，不组成穗状球花序，雄蕊的花药辐射排列；雌球花单生叶腋，有短梗或几无梗；种子生于杯状假种皮中，上部露出。小枝不规则互生；叶下面有两条淡黄色或淡灰绿色的气孔带；种子成熟时肉质假种皮红色。
……………………………………………………… 红豆杉属 *Taxus*

1. 叶上面中脉不明显或微明显，叶内有树脂道；雄球花单生叶腋，雄蕊的花药向外一边排列有背腹面区别；雌球花两个成对生于叶腋，无梗；种子全部包于肉质假种皮中。
   4. 榧树属 *Torreya* Arn. ……………………………………… 榧树属 *Torreya*

榧树属 *Torreya*

种子的胚乳周围向内微皱。叶先端有凸起的刺状短尖头，基部圆或微圆，长1.1–2.5 厘米；二三年生枝暗绿黄色或灰褐色，稀微带紫色。
……………………………………………………… 榧树 *Torreya grandis*

红豆杉属 *Taxus*

1. 叶排列较密，不规则两列，常呈 'y' 形开展，条形，通常较直或微呈镰状，上下几等宽，先端急尖，基部两侧对称或微歪斜；小枝基部常有宿存芽鳞。下面中脉带上无角质的乳头状突起点；种子卵圆形或三角状卵圆形，通常上部具 3–4 条钝纵棱脊，种脐常呈三角状或四方形，间或微扁，稀近圆形或椭圆形，上部具两条钝脊。……………………………
…………………………………………………… 东北红豆杉 *Taxus cuspidata*

1. 叶排列较疏，排成二列，常呈条形、披针形或条状披针形，多呈镰形，稀较直，上部通常渐窄或微渐窄，先端渐尖或微急尖，基部两侧歪斜；芽鳞脱落或部分宿存于小枝基部。
   2. 叶质地稍厚，边缘不卷曲或微卷曲。
      3. 叶较短，条形，微呈镰状或较直，通常长 1.5–3.2 厘米，宽 2–4 毫米，上部微渐窄，先端具微急尖或急尖头，边缘微卷曲或不卷曲，下面中脉带上密生均匀而微小圆形角质乳头状突起点，其色泽常与气孔带相同；种子多呈卵圆形，稀倒卵圆形。

·· 红豆杉 *Taxus chinensis*

3. 叶较宽长，披针状条形或条形，常呈弯镰状，通常长 2–3.5 厘米，宽 3–4.5 毫米，上部渐窄或微窄，先端通常渐尖，边缘不卷曲，下面中脉带的色泽与气孔带不同，其上无角质乳头状突起点，或与气孔带相邻的中脉带两边有 1 至数行或成片状分布的角质乳头状突起点；种子多呈倒卵圆形，稀柱状矩圆形。·······································

······························· 南方红豆杉 *Taxus chinensis* var. *mairei*

杨柳科 SALICACEAE

1. 萌枝髓心五角状，有顶芽，芽鳞多数；雌、雄花序下垂，苞片先端分裂，花盘杯状；叶片通常宽大，柄较长。························· 杨属 *Populus*

1. 萌枝髓心圆形，无顶芽，芽鳞 1 枚，雌花序直立或斜展，苞片全缘，无杯状花盘。叶片通常狭长，柄短。雄花序直立，花有腺体，花丝与苞片离生。·· 柳属 *Salix*

杨属 *Populus*

注：下列种具有以下共同特征。叶两面不为灰蓝色；花盘不为膜质，宿存；萌枝叶分裂或为锯齿缘。

1. 叶缘具裂片、缺刻或波状齿，若为锯齿（响叶杨）时，则叶柄先端具 2 大腺点，而叶缘无半透明边 3 包片边缘具长毛。

2. 长枝与萌枝叶常为 3–5 掌状分裂，下面、叶柄与短枝叶下面密被白绒毛。叶基部阔楔形或圆形，稀微心形或截形，长枝叶浅裂，裂片不对称，先端钝尖；树皮灰白色；枝条斜展，树冠宽大。

··· 银白杨 *Populus alba*

2. 长枝与萌枝叶不为 3–5 掌状分裂，上、下面、叶柄与短枝叶下面无毛或被灰色绒毛。

3. 叶缘为缺刻状或深波状齿；芽被毛。叶先端渐尖，枝叶常为三角状卵形，较大，长 7–11（18）厘米，宽 6.5–10.5（15）厘米。

··· 毛白杨 *Populus tomentosa*

3. 叶缘为浅波状齿，若为锯齿时，则叶柄先端具 2 腺点；芽常无毛或仅芽鳞边缘或基部具毛。叶通常卵形至宽卵形；短枝叶柄先端具 2 大腺点。

4. 叶先端长渐尖或尾状尖；叶柄先端腺点明显突起，似具柄状。
 ……………………………………… **响叶杨 *Populus adenopoda***

4. 叶先端不为长渐尖或尾状尖；叶柄先端腺点较平或不明显突起。
 短枝叶卵圆形，长达9厘米，边缘有粗齿或细锯齿。 …………
 ……………………………… **响毛杨 *Populus pseudotomentosa***

1. 叶缘具锯齿（玉泉杨有时为全缘叶，帕米杨为浅波状齿）；苞片边缘无
 长毛。

5. 叶缘无半透明边。叶柄先端常具腺点；叶下面淡绿色或灰绿色，若苍
 白色时，则叶下面具密绒毛或柔毛，而且蒴果密被毛；若叶柄先端有
 时无腺点，则叶柄长为叶片的4/5；花盘深裂或波状。芽、叶柄与蒴果
 被毛；叶柄长不足叶片的 1/3–1/2；叶通常为卵形，叶下面通常被
 绒毛。

6. 叶较大，长达30厘米，先端渐尖，基部深心形，常成耳状；蒴果卵
 形，长 1–1.7厘米。 ………………………… **大叶杨 *Populus lasiocarpa***

6. 叶较小，最长的叶在20厘米以内，先端急尖或短渐尖，基部心形至
 圆形，稀截形；蒴果卵圆形或球形，较小。叶柄圆柱形，叶缘不向
 下面卷曲；叶下面苍白色。叶最宽处在中下部。

7. 叶菱状椭圆形，菱状卵形，稀卵状披针形，叶缘锯齿上下交错，
 不在一平面上。 ………………… **小青杨 *Populus pseudosimonii***

7. 叶不为菱状椭圆形或菱状卵形，叶缘锯齿不上下交错，在一平面
 上，若叶有卵状披针形时，则叶仅上部有疏锯齿。叶柄无毛。芽
 无毛，小枝无棱；叶上面常有 3–5 条明显叶脉，叶较小，长7厘
 米以内。小枝黄绿色或灰黄色；叶侧脉斜上，不向内弯曲，叶先
 端突尖或渐尖。 ………………… **青杨 *Populus cathayana***

5. 叶缘有半透明的狭边。叶柄侧扁，若叶柄先端侧扁时，则蒴果有长的
 细柄。短枝叶卵形、菱形、菱状卵形、稀三角形，叶缘无毛；叶柄先
 端无腺点。小枝淡黄色；长、短枝叶同形或异形，短枝叶菱状卵圆形，
 菱状三角形、菱形。

8. 长短枝叶同形、菱形、菱状卵形或三角形，长 5–10厘米，宽4–8厘
 米；树冠宽大。 …………………………… **黑杨 *Populus nigra***

8. 长、短枝叶异形，长枝叶扁三角形，短枝叶菱状三角形或菱状卵形；
 树冠圆柱形。长、短枝叶宽大于长，短枝叶基部宽楔形至近圆形；
 树皮暗灰色，粗糙，多雄株。 … **钻天杨 *Populus nigra var. italica***

柳属 *Salix*

1. 雄蕊2枚。稀1枚
  2. 雄蕊2枚。花丝分离或全生。
    3. 乔木，叶互生，花丝分离，子房无毛或少毛。
      4. 叶披针形或线状披针形。
        5. 小枝直立或斜展，叶基圆形，叶背面白色。
          ······································· 旱柳 *Salix matsudana*
        5. 小枝细长下垂，叶基楔形，叶背灰绿色。
          ······································· 垂柳 *Salix babylonica*
      4. 叶长椭圆或卵状椭圆形，下面有平伏毛。··············
··· 皂柳 *Salix wallichina*
    3. 丛生灌木，叶互生或近对生，花丝合生或基部合生。
      6. 叶近对生或对生，线状披针形，下面无毛，花丝合生。
        ······································· 杞柳 *Salix sinopurpurea*
      6. 叶互生，狭长椭圆形，叶下密被白色绢毛。··············
··· 银叶柳 *Salix chienii*
  2. 梭蕊1枚，丛生灌木，叶互生，线状披针形。
    ······································· 簸箕柳 *Salix suchowensis*
1. 雄蕊3–5枚。
  7. 叶柄顶端有明显的腺点，叶椭圆形，下面无毛。
    ······································· 腺柳 *Salix chaenomeloides*
  7. 叶柄顶端无腺点。
    8. 叶卵状，托叶早落。·············· 紫柳 *Salix wilsonii*
    8. 叶椭圆状披针形，托叶偏卵形。·············· 南川柳 *Salix rodthornii*

杨梅科 MYRICACEAE

杨梅属 *Myrica*

1. 小枝及叶柄无毛或仅有稀疏柔毛；核果球状，当年2–4月开花，6–7月
果成熟；花序为单一穗状花序或仅基部具不明显分枝。乔木，高达4–15
米以上；叶较大，长6–16厘米；雄花具2–4枚小苞片，雌花具4枚小苞
片。·································· 杨梅 *Myrica rubra*

胡桃科 JUGLANDACEAE

1. 雄花序及两性花序常形成顶生而直立的伞房状花序束，两性花序上端为雄花序（花后脱落），下端为雌花序；果序球果状；果实小形，坚果状，两侧具狭翅，单个生于覆瓦状排列成球果状的各个苞片腋内；枝条髓部不成薄片状分隔而为实心。 ················· **化香树属** *Platycarya*

1. 雄花序下垂，雌花序直立或下垂；果序不成球果状。雌花及雄花的苞片不分裂；果翅不分裂或不具果翅。

    2. 枝条髓部成薄片状分隔。

        3. 果实坚果状，具革质的果翅。

            4. 果实具由 1 水平向的圆形或近圆形的果翅所围绕；雄花序数条成一束，自叶痕腋内生出。 ··············· **青钱柳属** *Cyclocarya*

            4. 果实具 2 展开的果翅；雄花序单独生，自芽鳞腋内或叶痕腋内生出。 ··············· **枫杨属** *Pterocarya*

        3. 果实核果状，无翅；外果皮肉质，干后成纤维质，通常成不规则的 4 瓣破裂。 ··············· **胡桃属** *Juglans*

    2. 枝条髓部不成薄片状分隔而为实心。雄花序常 3 条成一束，生于花序总梗上；外果皮干后革质，常成规则的 4 瓣裂开；小叶具锯齿。 ······
    ··············· **山核桃属** *Carya*

化香属 *Platycarya*

果序卵状椭圆形至长椭圆状圆柱形，长 2.5–5 厘米，直径 2–3 厘米；叶总柄显著较叶轴短；小叶 7–23 枚。 ··············· **化香树** *Platycarya strobilacea*

青钱柳属 *Cyclocarya*

其与枫杨属的区别是：1. 雌花的苞片与 2 小苞片愈合并贴生于子房中部；2. 雄花序常 2–4 条成一束，且数束成一系列自每一叶痕的腋内生出；3. 雄花生于明显的辐射对称的扁平花托上，苞片小而不显著，2 小苞片与花被片形状无区别，雄蕊 20–30 枚；4. 果实具由苞片及 2 小苞片愈合而发育成的水平向的圆形或近圆形的果翅，坚果内具 1 不完全的隔膜。 ······ **青钱柳** *Cyclocarya paliurus*

枫杨属 *Pterocarya*

1. 芽无芽鳞而裸出，常数个重叠生；雄性葇荑花序由去年生枝条顶端的叶痕腋内发出；雌花的苞片长不到 2 毫米，无毛或近无毛果翅狭，条形、阔条形或矩圆状条形，伸向果实斜上方，因而两翅之间构成一夹角；叶由于顶生小叶不育多为偶数羽状复叶，叶轴显著有翅；小叶矩圆形或卵状矩圆形，长达 6-10 厘米，宽 2-3 厘米，顶端圆钝至急尖。………………………………… 枫杨 *Pterocarya stenoptera*

1. 芽具 2-4 枚脱落性大芽鳞，单独生；雄性荑黄花序生于当年生新枝的基部；雌花的苞片长达 3 毫米，密被毡毛，花序轴被稀疏细柔的簇生星芒状毛及单柔毛；果序轴有稀疏毛或近无毛；叶通常具 7-11 （稀 5 或 13）枚小叶；小叶较大，复叶上部者长达 14-20 厘米，宽达 4-7 厘米；果实无毛或仅有稀疏毛，果实较大，包括果翅宽达 3-4 厘米，果翅在果一侧呈椭圆状圆形，长约 1.5 厘米。 ………… 华西枫杨 *Pterocarya insignis*

胡桃属 *Juglans*

1. 叶通常具小叶 5-9 枚，；小叶全缘，除下面侧脉腋内具簇毛外其余近于无毛；花药无毛；雌花序具 1-4 雌花，椭圆状卵形或长椭圆形，顶端钝圆或急尖，侧脉 11-15 对。 ………………… 胡桃 *Juglans regia*

1. 叶具 7-25 枚小叶；小叶有锯齿，小叶长成后下面密被短柔毛及星芒状毛；果序长而下垂，通常具 6-10 个果实。 …………………………
………………………………… 野核桃 *Juglans cathayensis*

山核桃属 *Carya*

1. 芽为裸芽；叶有 5-7 枚小叶；果实及果核倒卵状、卵状或近球状，雄花的苞片、小苞片和花药均有毛；总苞和外果皮通常有 4 条纵棱；冬芽常锈黄色；小叶卵状披针形，顶端渐尖。复叶的叶柄无毛；雄花序束的总梗较短，长 0.7-1.5 厘米；果实及果核倒卵状或卵状，顶端急尖。叶下面中脉仅有稀疏毛或后来脱落近无毛；果核卵状，较小，长 2-2.5 厘米，径 1.5-2 厘米。 ………………………… 山核桃 *Carya cathayensis*

1. 芽为鳞芽，芽鳞镊合状排列；叶有 11-17 枚小叶；果实及果核矩圆状至长椭圆形。………………… 美国山核桃 *Carya illinoinensis*

桦木科 BETULACEAE

1. 雄花单生于每一苞鳞的腋间，无花被；雌花具花被；果为小坚果或坚果，连同果苞排列为总状或头状。

2. 果序簇生呈头状；花粉粒之孔不显著突出，外壁较厚。果为坚果，大部或全部为果苞所包；果苞钟状或管状；雄蕊花药的药室分离，顶端具簇生毛。 ………………………………………………… 榛属 *Corylus*

2. 果序为总状；花粉粒之孔明显突出，外壁较薄。

   3. 果苞叶状，革质或纸质，扁平，三裂或二裂，不完全包裹小坚果。

   ………………………………………………… 鹅耳枥属 *Carpinus*

   3. 果苞囊状，膜质，完全包裹小坚果。 ………………… 铁木属 *Ostrya*

1. 雄花 2–6 朵生于每一苞鳞的腋间，有 4 枚膜质的花被；雌花无花被；果为具翅的小坚果，连同果苞排列为球果状或穗状。

   4. 果苞木质，宿存，具 5 裂片，每 1 果苞内具 2 枚小坚果；果序呈球果状；雄蕊 4 枚；花粉粒通常具 4–5 孔，外壁具明显的带状加厚。………

   ………………………………………………… 桤木属 *Alnus*

   4. 果苞革质，成熟后脱落，具 3 裂片，每 1 果苞内具 3 枚小坚果；果序呈穗状；雄蕊 2 枚；花粉粒通常具 3 孔，外壁无明显带状加厚。………

   ………………………………………………… 桦木属 *Betula*

榛属 *Corylus*

注：下列种具有以下共同特征。果苞钟状，裂片不硬化；花药黄色或红色，小枝、叶柄、叶片背面、果苞均无毛或疏被长柔毛；叶卵形、矩圆形、椭圆形、宽倒卵形，很少近圆形，边缘的中部以上具浅裂或缺刻；叶柄长 1–3 厘米；果苞长于果，极少稍短于果。

1. 叶的顶端凹缺或截形、中央具突尖；花药黄色；果苞裂片的边缘全缘，很少有锯齿。 …………………………… 榛 *Corylus heterophylla*

1. 叶的顶端尾状；花药红色；果苞裂片的边缘有锯齿；很少全缘。

   ………………………………… 川榛 *Corylus heterophylla* var. *sutchuensis*

鹅耳枥属 *Carpinus*

1. 果苞的两侧近于对称，中脉位于近中央，在序轴上呈覆瓦状排列，纸质，果苞内侧的基部具内折的裂片；小坚果长椭圆形或长卵圆形，全部为果苞基部内折的裂片所遮盖；果序长不超过 15 厘米，外侧的基部无。

   2. 小枝初时疏被长柔毛，后渐变无毛。 ……… 千金榆 *Carpinus cordata*

   2. 小枝除疏被长柔毛外、尚密被短柔毛。

   ………………………… 华千金榆 *Carpinus cordata* var. *chinensis*

1. 果苞的两侧不对称，中脉偏向于内缘一侧，在序轴上排列疏松，厚纸质，外侧的基部有或无裂片，内侧的基部具裂片或耳突或仅边缘微内折，中裂片外侧的边缘不内折；小坚果宽卵圆形、三角状卵圆形，较少卵圆形，不为果苞基部的裂片或耳突所遮盖或仅部分被遮盖。

3. 果苞的外侧与内侧的基部均具裂片。叶狭椭圆形、狭矩圆形、狭披针形或狭矩圆状披针形，顶端渐尖、尾状渐尖至长尾状；果苞较小，长 1.5-2 （2.5）毫米，外侧基部的裂片比内侧基部的裂片稍小，有时变为齿裂状；小坚果较小，长约 3 毫米。

  4. 叶柄粗短，长 4-7 毫米，密被短柔毛，很少无毛；小坚果具褐色的树脂腺体，表面有透明的树脂分泌物；果苞的外侧边缘近全缘或有不明显的波状细齿，有时仅于基部具 1-2 疏齿。叶片长 6-12 厘米，宽 2.5-3.5 厘米；果苞的中裂片宽 6-7 毫米。叶的边缘具骤尖重锯齿，基部圆楔形，少于圆形；果苞的中裂片矩圆形或镰状矩圆形，顶端钝或锐尖。 ·················· **短尾鹅耳枥** *Carpinus londoniana*

  4. 叶柄细长，长（10-）15-30 毫米，无毛，很少疏被长柔毛或短柔毛；小坚果无或仅上部疏生树脂腺体，表面无树脂分泌物；果苞的外侧边缘通常具明显的粗锯齿，较少具不明显的波状齿。叶缘具规则或不规则的锐尖重锯齿，顶端锐尖、渐尖、尾状至长尾状。 ··················
·················· **雷公鹅耳枥** *Carpinus viminea*

3. 果苞外侧的基部无裂片，内侧的基部具裂片或耳突或仅边缘微内折。

  5. 果苞内侧的基部具明显的裂片，果苞较小，长 7-20 毫米，宽 4-10 毫米，顶端锐尖、渐尖或钝；小坚果也较小，长 3-4 毫米。小坚果通常无树脂腺体，无毛，极少于上部疏生腺体或疏被毛；叶卵形、菱卵形、较少椭圆形或宽卵形，长 2-5.5 厘米，宽 1.5-3.5 厘米，顶端锐尖或渐尖，侧脉 8-12 对。叶片边缘具规则或不规则的重锯齿。
··················· **鹅耳枥** *Carpinus turczaninowii*

  5. 果苞内侧的基部无明显的裂片，仅具耳突或仅边缘微内折。

    6. 叶缘具规则或不规则的重锯齿。小坚果被或疏或密的短柔毛或绒毛，其上部尚有长柔毛，通常无树脂腺体，有时疏生树脂腺体；叶的背面及果苞通常具明显的疣状突起。小坚果通常无毛或仅顶部疏被长柔毛，无树脂腺体。

      7. 叶背面和果苞通常无疣状突起。叶片卵状披针形、卵状椭圆形、椭圆形、矩圆形，长 2.5-6.5 厘米，宽 2-2.5 厘米。···········
··················· **川陕鹅耳枥** *Carpinus fargesiana*

      7. 叶背面和果苞通常有疣状突起，叶缘具重锯齿，叶片卵状披针形、卵状椭圆形、长椭圆形，长 8-10 厘米，宽 2.5-4.5 厘米。
·························· **湖北鹅耳枥** *Carpinus hupeana*

6. 叶缘具规则或不规则的刺毛状重锯齿或单齿。

8. 果苞大，长 2.5-3.5 厘米；小坚果较木，长约 5 毫米，无毛；叶具侧脉 14-16 对；叶椭圆形、矩圆形、卵状披针形，长 5-12 厘米，宽 2.5-5 厘米。果苞直间或微弯。··············

·························· **昌化鹅耳枥** *Carpinus tschonoskii*

8. 果苞小，长 8-15 毫米；小坚果长不超过 3.5 毫米，被或疏或密的短柔毛或长柔毛，叶下面疏被白色长柔毛或仅沿脉疏被长柔毛；叶披针形、卵状披针形或狭披针形，侧脉 16-20 对；小坚果被或疏或密的短柔毛。······ **多脉鹅耳枥** *Carpinus polyneura*

铁木属 *Ostrya*

果苞基部不缢缩，矩圆状卵形、倒卵状矩圆形或椭圆形，长不及 2 厘米；果在果序轴上排成密集的总状。叶具侧脉 11-15 （-17） 对，脉间相距较宽 （约 5-10 毫米）；果苞倒卵状矩圆形或椭圆形。·············· **铁木** *Ostrya japonica*

桤木属 *Alnus*

1. 果序 2 枚至多枚呈总状或圆锥状排列，顶生或腋生；序梗通常较短或几无梗，较少长可及 1-3 厘米：雄花序春季开放，果序 2-5 枚排成总状。芽有柄；短枝上和长枝上的叶一般均为倒卵状矩圆形、倒披针状矩圆形、矩圆形，基部近圆形或近心形，很少楔形，顶端短尾状或骤尖。·········

·························· **江南桤木** *Alnus trabeculosa*

1. 果序单生，通常具较长的果序梗；雄花序通常单生，很少 2 枚以上并生。果序梗长 4-8 厘米，细瘦而下垂；叶的下面、叶柄、枝、果序梗等于幼时无毛，很少疏被白色短柔毛。·········· **桤木** *Alnus cremastogyne*

桦木属 *Betula*

果苞之侧裂片不明显或有时不发育，成熟后基部渐变为海绵质；小坚果之翅较宽，大部分露出果苞之外；果序长圆柱形，下垂；叶的边缘具不规则的刺毛状重锯齿，果序大部分单生，间或在一个短枝上出现两枚单生于叶腋的果序，极少有两枚果序成对着生者，叶顶端骤尖或呈细尾状。··· **亮叶桦** *Betula luminifera*

壳斗科 FAGACEAE

1. 雄花序球状或头状,下垂;花药长 1.5-2 毫米;雌花(1)2 朵,偶有 3 朵;坚果有 3 脊棱;冬季落叶乔木。 ·························· 水青冈属 *Fagus*
1. 雄花序穗状或圆锥状,直立或下垂;雌花单朵或多朵聚生成簇,分散于花序轴上。
   2. 雄花序直立,雄花有退化雌蕊;花药长约 0.25 毫米;雌花的柱头细窝点状,颜色几与花相同。
      3. 冬季落叶;子房 6 室;无顶芽。 ·························· 栗属 *Castanea*
      3. 常绿;子房 3 室;有顶芽。
         4. 叶通常二列;壳斗常有刺,大部全包坚果,若壳斗杯状,则其小苞片呈鱼鳞片状或多少横向连生成圆环。 ····· 锥属 *Castanopsis*
         4. 叶非二列;壳斗无刺,通常杯状,若全包坚果,则壳斗有刺或线状体或有环状肋纹。 ·························· 柯属 *Lithocarpus*
   2. 雄花序下垂,雄花无退化雌蕊;花药长 0.5-1 毫米;雌花的柱头面长过于宽,颜色与花柱不同。壳斗不瓣裂;坚果无脊棱。
      5. 壳斗的小苞片鱼鳞片状,或线状而近于木质,或狭披针形,膜或纸质,常绿或冬季落叶。 ·························· 栎属 *Quercus*
      5. 壳斗的小苞片连生成圆环;坚果的顶部通常有环圈;常绿乔木。
         ·························· 青冈属 *Cyclobalanopsis*

水青冈属 *Fagus*

1. 壳斗外壁的小苞片形状与颜色均异型,位于壳壁基部的为细小的叶状,绿色,有网状脉,无毛,位于壳壁上部的为线形,淡褐色,质地枯干,被毛;叶的侧脉在叶缘附近急向上弯与上一侧脉连结。 ·····················
   ·························· 米心水青冈 *Fagus engleriana*
1. 壳斗外壁的小苞片呈弯钩的线状或鸡爪状或短而伏贴于壳壁的钻尖状,均褐色且被毛;叶缘有裂齿,侧脉直达齿端。
   2. 壳斗的裂瓣长 15 毫米以上。壳斗的总梗长 25 毫米以上。
      ·························· 水青冈 *Fagus longipetiolata*
   2. 壳斗的裂瓣长稀达 12 毫米,总梗长稀达 15 毫米。小苞片为伏贴壳壁的钻尖状或其上部稍向上斜展,钻尖状,稀斜向上扩展。 ·····················
      ·························· 光叶水青冈 *Fagus lucida*

板栗属 *Castanea*

1. 每壳斗有坚果 3-1 个；叶片顶部短尖或渐尖。
    2. 叶背无鳞腺，有星芒状伏贴绒毛，或因毛脱落变为几无毛。
        ⋯⋯⋯⋯⋯⋯⋯⋯⋯⋯⋯⋯⋯⋯⋯⋯⋯⋯ 栗 *Castanea mollissima*
    2. 叶背有扁圆形、黄或灰色、半透明或不透明、仅在扩大镜下可见的鳞腺。叶背无毛，或仅嫩叶背面叶脉有稀疏单毛。⋯⋯⋯⋯⋯⋯⋯
        ⋯⋯⋯⋯⋯⋯⋯⋯⋯⋯⋯⋯⋯⋯⋯⋯⋯⋯ 茅栗 *Castanea seguinii*
1. 每壳斗有坚果 1 个；叶片顶部长渐尖至尾状长尖。嫩叶背面中脉有稀疏单毛及黄色鳞腺；雄花簇有花 1-3 朵；每壳斗有雌花 1 朵。⋯⋯⋯⋯⋯⋯
    ⋯⋯⋯⋯⋯⋯⋯⋯⋯⋯⋯⋯⋯⋯⋯⋯⋯⋯ 锥栗 *Castanea henryi*

栲属 *Castanopsis*

1. 每壳斗有雌花 1 朵，稀偶有 2 或 3 朵，即成熟壳斗有坚果 1 个，稀偶有 2 或 3 个。
    2. 壳斗外壁的小苞片鳞片状，或大部分退化，仅基部横向连生成圆环状肋纹；坚果当年（少有次年）成熟，脱落时壳斗仍宿存于果序轴上；子叶有涩味；叶于枝上螺旋排列。
        3. 子叶脑叶状皱褶，嫩叶背面有红褐色可抹落的粉末状蜡鳞层，二年生叶的叶背棕灰或黄灰色。壳斗基部无柄；嫩枝及叶背无毛。壳斗圆球形或椭圆形，全包或包着坚果的大部分，高 15-22 毫米，横径 12-20 毫米。⋯⋯⋯⋯⋯⋯⋯⋯ 黧蒴锥 *Castanopsis fissa*
        3. 子叶平凸，叶背有近似蜡质的紧实蜡鳞层，或无蜡鳞层。壳斗近圆球形，稀为半球形，全包或包着坚果大部分，小苞片退化并横向连生成脊肋状圆环，果脐口径较大。⋯⋯⋯⋯⋯⋯⋯⋯⋯⋯
            ⋯⋯⋯⋯⋯⋯⋯⋯⋯⋯⋯⋯⋯⋯ 苦槠 *Castanopsis sclerophylla*
    2. 壳斗外壁的小苞片变态成刺，稀为疣状体，全包坚果，成熟时与坚果一起脱落；子叶平凸或略呈镶嵌状，无涩味，果次年成熟；叶通常二列。
        4. 壳斗辐射对称，整齐的 4（-5）瓣开裂，外壁为密生的刺完全遮蔽，叶宽 5-10 厘米，嫩叶叶背有红褐色或黄棕色较松散的蜡鳞层，成长叶背面淡银灰色或带苍灰色；壳斗连刺直径 60-70 毫米。⋯⋯⋯⋯⋯
            ⋯⋯⋯⋯⋯⋯⋯⋯⋯⋯⋯⋯⋯ 钩（大叶）锥 *Castanopsis tibetana*
        4. 壳斗两侧对称，稀辐射对称，通常长稍过于宽，或壳斗基部收窄呈短柄状，下部或近轴面无刺或少刺，壳斗外壁可见，若刺将壳壁完全遮蔽，则壳斗连刺径很少达40毫米，或刺横向连生成鸡冠状刺环。果脐位于坚果的底部或占坚果面积的1/3。成熟坚果无毛或仅在坚果顶部四周有稀疏伏毛，果序轴横切面径不超过4毫米。

5. 壳斗连刺径20-40毫米，刺长（4-）5-12毫米，颇密生，几将壳斗外壁完全遮蔽，若壳斗近基部的刺较短且疏少，则刺常横向连生并排列成不连续的刺环，其叶片硬革质或中脉在叶面至少下半段微凸起。

　　6. 一年生叶两面同色，或叶面深绿，叶背淡绿，中脉在叶面至少下半段稍凸起或平坦；壳斗的刺密生。叶面中脉的下半段微凸起，中段以上平坦，叶柄长7-10毫米；雌花序无毛；全熟壳斗的外壁及刺密被灰白色微柔毛。……… 甜槠 *Castanopsis eyrei*

　　6. 一年生叶的叶背有红棕色或棕黄色蜡鳞层，二年生叶背面带灰白色。

　　　7. 叶片全缘或兼有少数具疏裂齿的叶。中脉在叶面凹陷，叶背面有粉末状或细片状易抹落或刮落的蜡鳞层，壳斗连刺横径25-30毫米。蜡鳞褐红色或淡棕黄色，叶背及当年生枝及花序轴均无毛，叶柄长1-2厘米。 …… 栲 *Castanopsis fargesii*

　　　7. 叶边缘有裂齿或有时兼有少数全缘叶，壳斗连刺横径15-35毫米。

　　　　8. 叶片最宽处在中段以下（披针形）或在中段（长椭圆形等），一年生叶的叶背有红褐色或棕黄色蜡鳞层，蜡鳞松散，易抹落，叶柄长10-20毫米。…………………………………………………… 栲 *Castanopsis fargesii*

　　　　8. 叶片最宽处在中段，通常兼有最宽处在中段以上的叶（倒卵形，倒卵状椭圆形等），二年生叶的叶背常白灰色。叶片宽4-7厘米，芽鳞、当年生枝及叶柄有红棕色稍松散的蜡鳞，叶柄长10-20毫米，壳斗连刺径25-30毫米。 ……………… 秀丽（东南、乌楣）锥 *Castanopsis jucunda*

5. 壳斗连刺径10-20毫米，一年生叶，叶背有红棕色或棕黄色蜡鳞层，中脉在叶面（压干后的叶片）凹陷，或在鲜叶时为平坦，侧脉每边8-13条，叶片最宽处在中部或下部。叶两侧对称或基部一侧稍短或略偏斜。壳壁仅有疣状体，或壳斗的上半部有稀少短刺，下半部无刺或有甚短的刺，壳斗通常爆裂。………………………
………………………… 米槠 *Castanopsis carlesii* var. *carlesii*

1. 每壳斗有雌花3（–5）朵，很少在同一花序上同时兼有单花，成熟壳斗
有坚果1–3个。刺长若稍超过10毫米，则刺或刺束粗壮，呈鹿角状分
枝，中脉在叶面凹陷，或上半段平坦，下半段微凸起。枝、叶均无毛，
或仅在嫩枝顶部及嫩叶叶背沿中脉两侧被稀疏粗毛。坚果无毛，或幼嫩
时在顶部柱座四周有稀疏短伏毛。 ………… 罗浮锥 *Castanopsis faberi*

石栎属 *Lithocarpus*

1. 果脐凸起，果脐占坚果面积的2/3以上，壳斗包着坚果大部分，坚果被
毛。叶无毛，叶背有紧实的蜡鳞层。叶的侧脉每边8–12条，二及三年生
枝有灰黄色或白灰色薄片状的蜡鳞层。 ………………………
………………………………………… 包果柯 *Lithocarpus cleistocarpus*

1. 果脐凹陷，至少果脐的四周边缘明显凹陷。壳斗包着坚果底部或最多达
1/3，极少有个别将近一半。叶背无粉末状可抹落的鳞秕，但有紧实的蜡
鳞层，或小滴状甚细小的鳞腺。
  2. 当年生枝、花序轴及叶背均被毛，叶背的毛常早落。叶背无星状毛。
  叶片宽3厘米以上，或有时兼有较窄的，叶柄长1厘米以上。坚果为长
  过于宽的椭圆形或卵形，叶片通常中部以上最宽，有时兼有在中部最
  宽的叶，近顶部边缘常有少数浅裂齿。 ……… 柯 *Lithocarpus glaber*
  2. 当年生枝及叶背均无毛。叶全缘。叶片最宽处在中部或稍下，叶背带
  灰色（成长叶）或干后油润（嫩叶），支脉不明显或甚纤细。坚果宽
  15–24毫米，果脐口径10–15毫米，叶的侧脉每边11–15条。………
  ………………………………………… 灰柯 *Lithocarpus henryi*

麻栎属 *Quercus*

1. 叶冬季脱落或枯干而不落，乔木，稀灌木状。
  2. 叶片长椭圆状披针形或卵状披针形，叶缘有刺芒状锯齿；壳斗小苞片
  钻形、扁条形或线形，常反曲。
   3. 成长叶两面无毛或仅叶背脉上有柔毛；树皮木栓层不发达；幼枝
   被毛。
    4. 壳斗连小苞片直径2–4厘米；小苞片钻形或扁条形，反曲；坚果
    卵形或椭圆形，直径1.5–2厘米；叶片通常宽2–6厘米。………
    ………………………………… 麻栎 *Quercus acutissima*

4. 壳斗连小苞片直径 1.5 厘米；壳斗上部小苞片线形，直伸或反曲，中下部小苞片三角形，紧贴壳斗壁；坚果椭圆形，直径 1.3－1.5 厘米；叶片宽 2－3.5 厘米。……………………………… **小叶栎** *Quercus chenii*

3. 成长叶背面密被灰白色星状毛；树皮木栓层发达；小枝无毛；壳斗连小苞片直 2.5－4 厘米，小苞片钻形，反曲；坚果近球形，直径约 1.5 厘米。………………………… **栓皮栎** *Quercus variabilis*

2. 叶片椭圆状倒卵形，长倒卵形或椭圆形，叶缘粗锯齿或波状齿；壳斗小苞片窄披针形、三角形或瘤状。

5. 壳斗小苞片窄披针形，直立或反曲；叶片倒卵形或长倒卵形。

6. 成长叶背面密被星状毛。壳斗小苞片长约 1 厘米，红棕色，反曲或直立，背面无毛。………………… **槲树** *Quercus dentata*

6. 成长叶背面无毛或有疏毛。老时叶背中脉有星状毛，侧脉每边 10－16 条，叶柄长不足 1 厘米；坚果近球形。…………………
…………………………………… **黄山栎** *Quercus stewardii*

5. 壳斗小苞片三角形，长三角形、长卵形或卵状披针形，长不超过 4 毫米，紧贴壳斗壁。

7. 成长叶背被星状毛或兼有单毛。

8. 小枝、叶背被灰褐色或灰黄色星状毛；叶缘具波状锯齿或粗钝锯齿；侧脉每边 8－12 条。叶背支脉明显。…………………
…………………………………………… **白栎** *Quercus fabrei*

8. 小枝无毛或微有毛，叶柄无毛，壳斗小苞片灰白色。叶片长椭圆状倒卵形至倒卵形，叶面中脉、侧脉不凹陷；壳斗小苞片卵状披针形。…………………… **槲栎** *Quercus aliena*

7. 成长叶背无毛或有极少毛。

9. 叶缘有腺状锯齿，成长叶背面无毛或被伏贴单毛或在变种中有星状毛。………………… **枹栎** *Quercus serrata*

9. 叶缘锯齿无腺。叶缘具波状齿。叶柄长 1－3 厘米。
…………………………………………… **槲栎** *Quercus aliena*

1. 叶常绿或半常绿，乔木或灌木状。叶片顶端尖，基部楔形、圆形或浅耳垂形，叶缘锯齿不成硬刺状，稀全缘，中脉自基部至顶端成直线延伸；若叶片顶端钝，则叶片为倒匙形。

10. 壳斗小苞片线状披针形。叶片卵状披针形或长椭圆形。叶片长 5－12 厘米，宽 2－6 厘米，成长叶片背面被星状毛；壳斗连小苞片直径 1.8－

2.5厘米；坚果长椭圆形，高2-2.5厘米。…………………………………
………………………………………… **尖叶栎** *Quercus oxyphylla*

10. 壳斗小苞片三角形紧贴壳斗壁。叶柄很短，长2-8毫米，稀达10毫米。叶片革质，侧脉每边8-13条，锯齿尖端不呈刺芒状；壳斗杯形包着坚果1/2-2/3，壳斗高6-8毫米，坚果长椭圆形，高1.5-1.8厘米；叶柄长3-5毫米。………… **乌冈栎** *Quercus phillyraeoides*

青冈栎属 *Cyclobalanopsis*

注：下列种具有以下共同特征。叶缘有尖锐锯齿，至少叶片近顶端有锯齿。叶片长14厘米以下，宽5厘米以下，稀较长或较宽。

1. 叶片披针形、倒披针形或窄长椭圆形，长约为宽的3倍以上。

2. 叶缘有锯齿，至少叶缘1/3以上有锯齿。成长叶背被单毛，叶片长椭圆形或披针形。

3. 叶片宽1-3.5厘米。叶柄长1-1.5厘米。壳斗直径1-1.3厘米，外壁被伏贴灰白色柔毛。………… **细叶青冈** *Cyclobalanopsis gracilis*

3. 叶片宽（2-）3-6厘米。侧脉每边有9-13条；芽近无毛；果当年成熟。……………………………… **青冈** *Cyclobalanopsis glauca*

2. 叶缘中部以上或近顶端有锯齿。叶片披针形或窄椭圆形，中部或中部以下最宽。

4. 侧脉每边7-10条。叶片干后带褐色，叶片椭圆状披针形或长椭圆形，宽2-4厘米；壳斗环带5-9条，排列松弛。…………………
………………………………… **褐叶青冈** *Cyclobalanopsis stewardiana*

4. 侧脉每边8-14条。叶背有白粉，侧脉不明显。叶背无毛；壳斗环带不愈合。……………… **小叶青冈** *Cyclobalanopsis myrsinifolia*

1. 叶片卵形、倒卵形、宽椭圆形，长为宽的2倍以下，至多不超过2.5倍。叶背被单毛或无毛。

5. 叶背被黄色或白色弯曲毛或平伏毛。

6. 叶片宽1-3厘米，叶缘有细尖锯齿；壳斗环带常有裂齿。
………………………………… **细叶青冈** *Cyclobalanopsis gracilis*

6. 叶片宽3-6厘米。侧脉每边9-13条；芽无毛；壳斗有5-7条环带。环带近全缘或边缘有细裂齿；坚果直径0.9-1.4厘米。坚果当年成熟。
………………………………… **青冈** *Cyclobalanopsis glauca*

5. 仅幼叶有毛成长叶无毛。侧脉每边9-13条，叶背常有白粉，幼时有毛；壳斗直径1-2.5厘米，壳斗的环带不与壳斗壁愈合。坚果被白粉霜。壳斗有 5-7 条环带。·············· **青冈** *Cyclobalanopsis glauca*

榆科 ULMACEAE

1. 果为周围有翅的翅果，或为周围具翅或上半部具鸡头状窄翅的小坚果。
    2. 叶具羽状脉，侧脉直，脉端伸入锯齿；花两性或杂性，花药先端无毛。
        3. 翅果周围有翅；花两性，常多数在去年生枝（稀当年生枝）上的叶
            腋排成簇状聚伞花序，或花序轴短缩而成簇生状，稀为短聚伞花序
            或总状聚伞花序，或散生于当年生枝的基部或近基部，花通常先叶
            开放，稀与叶同时开放或秋冬季开放；小枝无刺；叶的基部常多少
            偏斜，边缘具重锯齿或单锯齿。·············· **榆属** *Ulmus*
        3. 小坚果偏斜，在上半部具鸡头状的窄翅；花杂性，单生或 2-4 朵簇
            生于当年生枝的叶腋，与叶同时开放；小枝具坚硬的棘刺；叶的基
            部不偏斜，边缘具单锯齿。·············· **刺榆属** *Hemiptelea*
    2. 叶基部 3 出脉，基出的 1 对侧脉近直、伸达叶的上部，侧脉先端在未达
        叶缘前弧曲，不伸入锯齿；花单性同株，雄花数朵簇生于当年生枝的
        下部叶腋，花药先端有毛，雌花单生于当年生枝的上部叶腋；小坚果
        周围有翅，具长梗。·············· **青檀属** *Pteroceltis*
1. 果为核果。
    4. 叶具羽状脉。叶缘有锯齿，侧脉直，先端伸入锯齿；托叶小，离生；
        花杂性，雄花数朵簇生于幼枝的下部叶腋，雌花或两性花单生（稀 2-
        4 朵簇生）于幼枝的上部叶腋；果的上部偏斜或近于偏斜，宿存柱头偏
        生，喙状，几无梗或有短梗。·············· **榉属** *Zelkova*
    4. 叶基部 3 出脉（即疏生羽状脉之基生的 1 对侧脉比较强壮），稀基部 5
        出脉、掌状 3 出脉或羽状脉。
        5. 叶的侧脉直，先端伸入锯齿；花单性，雄花成密集的聚伞花序、腋
            生，雌花单生叶腋；果端宿存柱头 2，条形，弯曲。·············
            ·············· **糙叶树属** *Aphananthe*
        5. 叶的侧脉先端在未达叶缘前弧曲，不伸入锯齿。
            6. 花单性或杂性，具短梗，多数密集成聚伞花序而成对生于叶腋；
                果较小，直径 1.5-4 毫米，具宿存花被片和柱头，果梗极短；叶
                基部 3 出脉，稀基部 5 出脉或羽状脉，基部近对称或微偏斜，边缘
                具细锯齿。·············· **山黄麻属** *Trema*
            6. 花杂性，具长梗，少数至 10 余朵集成小聚伞花序或因总梗短缩而

似簇生状，或因退化而花序仅具 1 花，幼枝下部无叶部分生雄花序，上部叶腋的花序为杂性，雌花或两性花多生于花序分枝顶端；果较大，直径 5–15 毫米，无宿存花被片和柱头，无宿存花被片和柱头，果梗较长；叶基部 3 出脉，稀掌状 3 出脉，基部常偏斜，边缘全缘或近基部或中下部通常全缘，其上常有较粗或较疏的锯齿。

⋯⋯⋯⋯⋯⋯⋯⋯⋯⋯⋯⋯⋯⋯⋯⋯⋯⋯⋯⋯⋯⋯ 朴属 *Celtis*

糙叶树属 *Aphananthe*

1. 叶纸质，卵形或卵状椭圆形，边缘有锐锯齿，两面有伏毛，粗糙，基部 3 出脉，其侧生的一对直伸达叶的中部边缘，羽状侧脉直达齿尖；果连喙长 8–13 毫米，被细伏毛。 ⋯⋯⋯⋯⋯⋯⋯⋯⋯ 糙叶树 *Aphananthe aspera*

朴树属 *Celtis*

注：下列种具有以下共同特征。托叶全部早落，顶芽败育。在枝端萎缩成一小距状残迹，其下的腋芽貌似顶芽。成熟果的顶端无宿存的花柱基，果 1–2（少有 3）个生于一总梗或果梗上。
 1. 冬芽的内层芽鳞密被较长的柔毛。
  2. 果较小，直径约 5 毫米，幼时被疏或密的柔毛，成熟后脱净；总梗常短缩，因此很像果梗双生于叶腋，总梗连同果梗共长 1–2 厘米。⋯⋯
⋯⋯⋯⋯⋯⋯⋯⋯⋯⋯⋯⋯⋯⋯⋯⋯⋯⋯ 紫弹树 *Celtis biondii*
  2. 果较大，长 10–17 毫米，幼时无毛；果梗常单生叶腋，长（1–）1.5–3.5 厘米。
   3. 当年生小枝和叶下面密生短柔毛。 ⋯⋯⋯⋯⋯ 珊瑚朴 *Celtis julianae*
   3. 当年生小枝和叶下面无毛。 ⋯⋯⋯⋯⋯ 西川朴 *Celtis vandervoetiana*
 1. 冬芽的内层芽鳞无毛或仅被微毛。
  4. 叶先端近平截而具粗锯齿，中间的齿常呈尾状长尖。
⋯⋯⋯⋯⋯⋯⋯⋯⋯⋯⋯⋯⋯⋯⋯⋯⋯⋯ 大叶朴 *Celtis koraiensis*
  4. 叶的先端非上述情况。
   5. 果梗短于至 1.5（–2）倍长于其邻近的叶柄。叶基部不偏斜或稍偏斜，先端尖至渐尖。果较小，直径 5–7 毫米。⋯⋯⋯⋯⋯⋯
⋯⋯⋯⋯⋯⋯⋯⋯⋯⋯⋯⋯⋯⋯⋯⋯⋯⋯ 朴树 *Celtis sinensis*
   5. 果梗（1.5）2–4 倍长于其邻近的叶柄。果较小，直径 6–8 毫米。
    6. 果蓝黑色，果梗常单生叶腋；一年生果枝无毛。
⋯⋯⋯⋯⋯⋯⋯⋯⋯⋯⋯⋯⋯⋯⋯⋯⋯⋯ 黑弹树 *Celtis bungeana*

6. 果红褐色，果梗生于上部叶腋者单生而在下部叶腋者常 2–3 枚簇
生。 ·························· **天目朴树** *Celtis chekiangensis*

刺榆属 *Hemiptelea*

特征同属。 ··· **刺榆** *Hemiptelea davidii*

青檀属 *Pteroceltis*

特征同属。 ····················· **青檀** *Pteroceltis tatarinowii*

山黄麻属 *Trema*

叶为多少明显的基出三脉；叶面被糙毛，后渐脱落，粗糙，叶背被柔毛，在
脉上有粗毛；叶薄纸质或近膜质，下面光滑或被柔毛；小枝被斜伸的粗毛；雄花
多少具梗。花被在果时宿存。聚伞花序一般长过叶柄；花被片外面被细糙毛和紫
色斑点，花药外面常有紫色斑点。 ····· **山油麻** *Trema cannabina* var. *dielsiana*

榆属 *Ulmus*

1. 花春季开放，花自花芽抽出，排成簇状聚伞花序、短聚伞花序或总状聚
   伞花序，生于去年生枝或当年生枝上的叶腋，或花自混合芽抽出，散生
   （稀少数簇生）于新枝的基部或近基部；花被钟形，浅裂，稀花被上部杯
   状，下部急缩成管状，花被片裂至杯状花的近中部。
   2. 花排成总状聚伞花序或短聚伞花序，花序轴明显伸长或微伸长，花
      （果）梗不等长，较花被长 2–4 倍，下垂。
      3. 花排成总状聚伞花序，花序轴明显地伸长，下垂；翅果两面及边缘
         有毛，或两面有疏毛而边缘密生睫毛；小枝有时具周围膨大的木栓
         层或两侧具扁平的木栓翅。当年生枝无毛或被疏柔毛；叶椭圆形、
         披针状椭圆形或披针形，边缘具大而深的重锯齿，锯齿先端尖而内
         弯，外缘具 2–5 小齿；花（果）序轴被极疏柔毛，花（果）梗无
         毛；翅果窄长，两端渐窄而长尖，似梭形，长 2–2.5 厘米，宽约 3
         毫米，花柱 2 裂，柱头条形，基部具长柄，两面被疏毛，边缘密生
         白色长睫毛。 ······················· **长序榆** *Ulmus elongata*
      2. 花排成短聚伞花序，花序轴微伸长（不呈簇生状），多少下垂；翅果两
         面无毛，边缘具睫毛；小枝无木栓翅。叶中上部较宽，先端短急尖，
         叶面有毛或仅主侧脉的近基部有疏毛；冬芽纺锤形，花序常有花 20 余

朵至30余朵；花被筒扁；花梗长6-20毫米；果梗长达30毫米。……

…………………………………………………… **欧洲白榆 Ulmus laevis**

2. 花排成簇状聚伞花序或呈簇生状，花序轴极短，花（果）梗近等长，
   常较花被为短或近等长，不下垂，稀较花被为长而多少下垂；翅果无
   毛或仅果核部分有毛，或两面及边缘多少被毛。叶冬季脱落；花生于
   去年生枝上或生于新枝的近基部，花被钟状，稀下部渐狭而成管状，
   上部浅裂，花（果）梗短，较花被为短或近等长；翅果对称或微偏斜。

4. 果核部分位于翅果的中部或近中部，上端不接近缺口（榆树有时果
   核部分的上端接近缺口）。

5. 翅果两面及边缘有毛。当年生枝密被柔毛，或被疏毛或无毛，小
   枝有时两侧具扁平的木栓翅；花通常自花芽抽出，排成簇状聚伞
   花序，生于去年生枝的叶腋；树皮纵裂，粗糙，暗灰色或灰黑色。

6. 叶面密生硬毛或毛脱落后有凸起的毛迹，粗糙，叶背多少被毛，
   边缘锯齿通常较圆，齿端凸尖；芽鳞多少被毛。

7. 当年生枝密被柔毛，二年生枝亦常被柔毛；叶长圆状倒卵形、
   椭圆形、倒卵形或菱状椭圆形，先端钝、渐尖或具短尖，边
   缘常具单锯齿；翅果圆形，两侧对称。 ………………………

………………………………………… **醉翁榆 Ulmus gaussenii**

7. 当年生枝被疏毛或无毛；叶宽倒卵形、倒卵状圆形、倒卵状
   菱形或倒卵形，稀椭圆形，先端常短尾状或骤凸，边缘常具
   重锯齿；翅果宽倒卵状圆形、近圆形或宽椭圆形，两侧多少
   偏斜或近对称。 ………………… **大果榆 Ulmus macrocarpa**

6. 叶面幼时有平伏的疏生长毛或散生短毛，老则无毛而平滑，或
   有微凸起的毛迹而稍粗糙，叶背无毛，或脉上或脉腋处有毛，
   边缘锯齿不呈圆形，芽鳞背面无毛；小枝无木栓翅。花通常自
   花芽抽出，排成簇状聚伞花序，生于去年生枝的叶腋；叶背无
   毛或脉上有毛。 ………………… **杭州榆 Ulmus changii**

5. 翅果除顶端缺口柱头面被毛外，余处无毛。叶先端不裂；花（果）
   梗被短柔毛。

8. 叶长6-18厘米，宽3-8.5厘米，侧脉每边17-26条，叶背无毛
   或脉腋有簇生毛，或密被柔毛，叶面幼时密生硬毛，后脱落无
   毛或毛多少宿存，或留有毛迹，平滑或粗糙；翅果近圆形、倒
   卵状圆形或长圆状圆形，长12-18毫米，宽10-16毫米，宿存
   花被钟形，稀下部窄长呈管状，果梗较花被为短。叶背无毛或

脉腋处具簇生毛；叶柄无毛或几无毛。 ……………………………

…………………………………………… 兴山榆 *Ulmus bergmanniana*

8. 叶长 2-5 厘米，宽 1-3 厘米，先端渐尖或骤凸；冬鳞边缘密被白色长柔毛（尤以内部芽鳞显著），翅果成熟前后果核部分与果翅同色，果梗较宿存花被为短。叶两面平滑无毛，或叶背脉腋处有簇生毛，叶柄无毛或上面有疏毛；果翅较薄。叶通常单锯齿，稀重锯齿，基部通常对称，稀稍偏斜；翅果近圆形。 ……

…………………………………………… 榆树 *Ulmus pumila*

4. 果核部分位于翅果的上部、中上部或中部，上端接近缺口。花出自花芽，多数在去年生枝上的叶腋处排成簇状聚伞花序或呈簇生状；翅果的翅较薄，果核部分较两侧之翅为窄或近等宽。

9. 翅果两面及边缘多少有毛，或果核部分被毛而果翅无毛或有疏毛。

10. 翅果两面及边缘多少被毛，长 2.3-2.5 厘米；当年生枝幼时密被柔毛，其后毛迟缓，小枝无木栓翅与木栓层；叶面密生硬毛，粗糙，叶背密被柔毛。 ………… 琅玡榆 *Ulmus chenmoui*

10. 翅果的果核部分多少被毛，果翅无毛或有疏毛，长 1-1.9 厘米；当年生枝幼时多少被毛，后变无毛或有疏毛，小枝有时具周围膨大而不规则纵裂的木栓层（萌发枝上尤多）；幼时叶面有硬毛，叶背被柔毛，老则叶面无毛而常有不凸起的圆形毛迹，不粗糙，叶背无毛或几无毛，脉腋处常有簇生毛。 ……

…………………………………………… 黑榆 *Ulmus davidiana*

9. 翅果除顶端缺口柱头面被毛外，余处无毛。

11. 叶背无毛或有疏毛，或脉上有毛或脉腋处有簇生毛。当年生枝无毛或有毛，但绝不密被柔毛（有时幼枝被密毛，后变无毛或几无毛）。叶缘锯齿锐尖、尖或急尖。

12. 翅果倒卵形、长圆状椭圆形或长圆状倒卵形。翅果倒卵形；叶通常倒卵形，边缘锯齿通常较深；小枝常具周围膨大而不规则纵裂的木栓层。 ……………………………

…………………………………………… 春榆 *Ulmus davidiana* var. *japonica*

12. 翅果近圆形或倒卵状圆形。翅果长 11-19 毫米，宽 9-13 毫米；叶倒卵形、椭圆状倒卵形、卵状长圆形或椭圆形，先端急尖或渐尖，长 2-9 厘米，叶背无毛或脉腋处有簇生毛；叶柄长达 13 毫米。 ………… 红果榆 *Ulmus szechuanica*

11. 叶下面及叶柄密被柔毛，基部常明显偏斜，侧脉每边 24-35

条；一、二年生枝密被柔毛；芽鳞被密毛；翅果倒三角状倒卵形、长圆状倒卵形或倒卵形，长 1.5-3.3 厘米。……………………………………………………………… 多脉榆 *Ulmus castaneifolia*

1. 花秋季或冬季开放，自花芽抽出，排成簇状聚伞花序或簇生状，生于当年生枝的叶腋；花被上部杯状，下部急缩成管状，花被片裂至杯状花被的基部或中下部；叶质地厚，边缘具单锯齿；翅果无毛，果核部分位于翅果的中上部，上端接近缺口，小枝无木栓翅及膨大的木栓层。花秋季开放，花被片裂至杯状花被的基部或近基部，果期时花被片常脱落或残留，叶冬季脱落，稀在局部地区因气温关系变成黄色至红色而宿存至第二年新叶开放时脱落，基部两侧有较明显的锯齿；翅果长约 1 厘米，椭圆形，果核部分较两侧之翅为宽，果梗长 1-3 毫米。………………………
………………………………………………………………… 榔榆 *Ulmus parvifolia*

榉属 *Zelkova*

注：下列种具有发下共同特征。核果较小，直径 2.5-4 毫米，不规则的斜卵状圆锥形，顶端偏斜，其腹侧面极度凹陷，多少被毛，网肋明显隆起，几乎无果梗；叶的侧脉 7-15 对。

1. 当年生枝紫褐色或棕褐色，无毛或疏被短柔毛；叶两面光滑无毛，或在背面沿脉疏生柔毛，在叶面疏生短糙毛。………… 榉树 *Zelkova serrata*
1. 当年生枝灰色或灰褐色，密生灰白色柔毛；叶背密生柔毛，叶面被糙毛。
………………………………………………… 大叶榉树 *Zelkova schneideriana*

桑科 MORACEAE

1. 雄蕊在花芽时内折，花药外向。花为穗状，总状，或聚伞状花序，雌雄同株或异株；木本植物。雄花序假穗状，花序轴纤细，退化雌蕊存在。
  2. 雌雄花序均为假穗状或葇荑花序。……………………… 桑属 *Morus*
  2. 雄花序假穗状或总状，雌花序为球形头状花序，乔木、灌木或为藤状灌木；雌花被管状；花柱单。……………… 构属 *Broussonetia*
1. 雄蕊在芽时直立稀内折，花药内向稀外向。乔木或灌木，具乳液；雌雄花序均生于中空的花序托内，或花序托盘状或圆锥状或为舟状。
  3. 花序托盘状或为圆柱状或头状。雌雄花序均为球形头状花序；雄蕊在芽时直立；聚花果直径 1.5-4 厘米。………………… 柘属 *Cudrania*
  3. 花生于壶形花序托内壁，雄蕊 1-3 枚或更多。………… 榕属 *Ficus*

桑属 *Morus*

1. 雌花无花柱，或具极短的花柱，聚花果短，一般不超过2.5厘米。
   2. 柱头内侧具乳头状突起，叶背脉腋具毛。……………… 桑 *Morus alba*
   2. 柱头内侧明显具毛，叶背具密或疏的柔毛。叶缘锯齿规则，顶端不具长尾尖。聚花果小，直径在1厘米以下，柱头具较短的柔毛。………
      ………………………………………………… 华桑 *Morus cathayana*
1. 雌花具明显的花柱，聚花果长一般在2.5厘米以下。
   3. 叶缘锯齿齿端具刺芒，柱头内侧具乳头状突起。
      ………………………………………… 蒙桑 *Morus mongolica*
   3. 叶缘锯齿齿端不具刺芒，柱头内侧具毛；叶形变化很大。
      ………………………………………… 鸡桑 *Morus australis*

构树属 *Broussonetia*

注：下列种具有以下共同特征。叶螺旋状排列至二列，表面有或无钟乳体；核果在无柄的花被中具柄，稍扁，表面具乳突，粗糙或有小瘤，外果皮壳质，背面在基部龙骨双层，子叶扁平。

1. 高大乔木，枝粗而直；叶广卵形至长椭圆状卵形，背面密被细绒毛，不裂或3-5裂，叶柄长2-3.8厘米；托叶卵形，狭渐尖，长（1.5-2）×（0.8-1）厘米；花雌雄异株，雄花序粗壮，长3-8厘米；聚花果直径1.5-3厘米；瘦果具与之等长的长柄；花柱单生。………
   ………………………………………… 构树 *Broussonetia papyrifera*
1. 灌木或蔓生灌木，枝纤细；叶卵状椭圆形至斜卵形，不裂或3裂，叶柄长5-20毫米；托叶小，线状披针形，渐尖，（3-5）×（0.5-1）毫米；花雌雄同株或异株；雄花序球形或短圆柱状；聚花果直径8-10毫米；瘦果具短柄，花柱仅在近中部有小突起。
   2. 直立灌木；花雌雄同株，雄花序球形头状，直径8-10毫米；叶斜卵形或卵形，基部圆至截形，边缘锯齿粗。…… 楮 *Broussonetia kazinoki*
   2. 蔓生藤状灌木，小枝显著伸长；花雌雄异株；雄花序短圆柱状，长1.5-2.5厘米，叶近对称的卵状椭圆形，基心形或心状截形，边缘锯齿细。
      ………………………… 藤构 *Broussonetia kaempferi* var. *australis*

柘树属 *Cudrania*

1. 攀援藤状灌木，叶全缘；聚花果直径2-5厘米。枝、叶、叶柄无毛，或被微柔毛。叶椭圆状披针形或长圆形，先端渐尖，侧脉7–10 对；聚花果直径2–5 厘米。·············· 构棘（畏芝）*Cudrania cochinchinensis*

1. 直立小乔木或为灌木状；叶全缘或为三裂，卵形或为菱卵形，有或无毛，侧脉4–6 对；聚花果直径2–2.5 厘米或更大。·····················

··· 柘树 *Cudrania tricuspidata*

榕树属 *Ficus*

1. 乔木或灌木。
  2. 花序托无梗。
    3. 叶同型，侧脉多数，厚革质。··········· 印度橡胶榕 *Ficus elastica*
    3. 叶异型，侧脉较少，纸质，倒卵形，矩圆形或提琴形。

      ······························· 异（叶）榕 *Ficus heteromopha*
  2. 花序托有梗。
    4. 叶上面粗糙，掌状3–5 出脉。················· 无花果 *Ficus carica*
    4. 叶表面不粗糙，无毛。
      5. 叶具三出脉，基生侧脉达叶1/2 以上。

        ···················· 天仙果 *Ficus erecta* var. *beecheyana*
      5. 叶具羽状脉。
        6. 叶提琴形或倒卵形。··········· 琴叶榕 *Ficus pandurata*
        6. 叶条状披针形，厚纸质。·····························

··················· 条叶榕 *Ficus pandurata* var. *angustifolia*

1. 匍匐灌木，或攀援藤本。
  7. 花序直径大型，梨形，4 厘米以上。叶二型。······ 薜荔 *Ficus pumila*
  7. 花序托小型。
    8. 叶较小，通常在2 厘米以下，下面有毛或无毛。

      ··················· 爬藤榕 *Ficus sarmentosa* var. *impressa*
    8. 叶较大。
      9. 花序托圆锥形。··········· 珍珠莲 *Ficus sarmentosa* var. *henryi*
      9. 花序托球形，叶背面白色。

        ··············· 白背爬藤榕 *Ficus sarmentosa* var. *nipponica*

荨麻科 URTICACEAE

注：下列属具有以下共同特征。雄蕊在芽时内折；草本或灌木，稀乔木。

1. 植物有刺毛；雌花无退化雄蕊。
  2. 瘦果直立不歪斜，无雌蕊柄；柱头画笔头状；托叶侧生。叶对生；雌
    花被片外面二枚比内面二枚小。 ··············· 荨麻属 *Urtica*
  2. 瘦果歪斜，具雌蕊柄；柱头丝形、舌状或钻状；雌花被片4，常交互对
    生，彼此分生或合生至下部。雌花被片极不等大，侧生二枚较大，背
    腹生二枚较小，花梗在果时常膨大成翅。 ············· 艾麻属 *Laportea*
1. 植物无刺毛；雌花常有退化雄蕊或无。
  3. 雌蕊无花柱；柱头画笔头状；雌花花被片分生或基部合生，有退化雄
    蕊；钟乳体条形或纺锤形，稀点状。
    4. 叶对生；叶片两侧对称或近对称。花成松散或密集的聚伞花序，有
      时排成穗状或头状；瘦果边缘无鸡冠状附属物。 ··· 冷水花属 *Pilea*
    4. 叶互生，二列，如为对生则同对的叶极不等大，其中小的一枚常退
      化成托叶状或消失；叶片两侧常偏斜，狭侧面在上，宽侧面在下。
      雌花被片比子房长，外面先端下常有角状突起；瘦果具小条状或小
      瘤状突起；雄花序聚伞状。雌花序聚伞状，其轴及分枝常缩短，少
      有形成盘状花序托，此时具总苞；雌花花被片（4-）5；瘦果有多数
      小瘤状突起；叶具基出3脉或羽状脉。 ············· 赤车属 *Pellionia*
  3. 雌蕊大多数有花柱；柱头多样，一般不作画笔头状；雌花花被常合生
    成管状，稀极度退化或不存在，无退化雄蕊；钟乳体点状。雌花被明
    显，管状。
    5. 柱头丝形。雌花被在果时干燥或膜质。花单性；雄花3-5基数。柱
      头在果时宿存；团伞花序常排成穗状或圆锥状，有时簇生于叶腋；
      瘦果果皮薄，无光泽。 ··············· 苎麻属 *Boehmeria*
    5. 柱头盾状。雌花被在果时多少肉质；瘦果多少肉质核果状；团伞花
      序头状或团块状，排成二歧聚伞状或圆锥状花序。柱头盾状，有纤
      毛；雌花与果基部或下部，有时几乎全部围以肉质透明的盘状或壳
      斗状花托；瘦果包于干燥或微肉质的花被管之内。 ··············
      ··············· 紫麻属 *Oreocnide*

苎麻属 *Boehmeria*

注：下列种具有以下共同特征。全部或部分团伞花序组成穗状或圆锥状花
序。所有团伞花序均组成穗状花序或圆锥花序，偶尔少数团伞花序腋生；雄花
（3）4基数，花梗极短。

1. 穗状花序顶端有叶。 ······ 序叶苎麻 *Boehmeria clidemioides* var. *diffusa*

1. 穗状花序或圆锥花序无叶 。
 2. 叶互生；团伞花序组成圆锥花序；退化雌蕊顶端有短尖头；瘦果基部缩成细柄。
  3. 茎密被开展的长硬毛和近开展及贴伏的短毛；托叶分生；叶下面密被雪白色毡毛。 ……………………………… 苎麻 *Boehmeria nivea*
 2. 茎无开展的长硬毛，被贴伏或向上展的短糙毛；托叶基部合生。叶基部圆形或宽楔形。叶下面被雪白色毡毛，或不被雪白色毡毛，只有稀疏短糙毛而呈绿色。 … 青叶苎麻 *Boehmeria nivea* var. *tenacissima*
 2. 叶对生，偶尔顶部叶互生；团伞花序组成穗状花序或圆锥花序；退化雌蕊顶端无短尖头；瘦果无柄或有柄。
  4. 叶顶端 3 (–5) 裂，裂片有骤尖头；亚灌木或多年生草本。叶对生，大，通常纸质，宽 7–14 (–22) 厘米，边缘牙齿长 10–20 毫米。
   5. 叶卵形或宽卵形，顶部渐变狭，基部常宽楔形；花序为穗状花序，稀分枝。 …………………… 大叶苎麻 *Boehmeria longispica*
   5. 叶扁五角形或扁圆卵形，顶部近截形，基部截形或浅心形；花序为圆锥花序，有时雌花序为不分枝的穗状花序。 …………………
    ……………………………… 悬铃叶苎麻 *Boehmeria tricuspis*
  4. 叶顶端不分裂，对生。
   6. 叶披针形。叶平；雌花被长椭圆形或宽倒卵形；瘦果无细长柄。叶边缘有明显小牙齿；穗状花序不分枝或稀有少数分枝；雌花被果期宽倒卵形；瘦果果皮不延宽成翅。叶宽披针形或披针形。 …
    ……………………………… 海岛苎麻 *Boehmeria formosana*
   6. 叶卵形或近圆形。穗状花序不分枝。叶卵形或近圆形。
    7. 叶近圆形或圆卵形。
     8. 叶边缘每侧有 7–12 个粗牙齿，上部的牙齿比下部的长 3–5 倍。 …………………… 大叶苎麻 *Boehmeria longispica*
     8. 叶边缘有较多较小的牙齿，牙齿近等大。
      9. 叶下面近无毛。 ……………… 细野麻 *Boehmeria gracilis*
      9. 叶下面密被伏毛。叶的牙齿较小，长达 2–4 毫米。叶较大，宽达 16 厘米，下面密被伏毛；雌穗状花序长达 16 厘米，团伞花序互相分开。 ……… 伏毛苎麻 *Boehmeria strigosifolia*
    7. 叶卵形或狭卵形。茎或枝条被毛。穗状花序长 2.5 厘米以上，通常单性。亚灌木；叶柄长达 6–8 厘米；穗状花序单生叶腋，团伞花序互相分开，苞片长达 1–2 毫米。

10. 叶边缘上部的牙齿长达 1.5–2 厘米，比下部的长 3–5 倍。
······················· **大叶苎麻** *Boehmeria longispica*

10. 叶边缘的牙齿近等大，长达 4 毫米。叶下面脉网稍明显。叶片狭卵形，长 8–15（–21）厘米，下面近无毛。············
······················· **海岛苎麻** *Boehmeria formosana*

5. 花序分枝。叶下面多少被毛。亚灌木；茎或枝条多少被毛。

11. 叶边缘每侧有牙齿 7–12 个，上部的牙齿长达 1.5–2 厘米，比下部的长 3–5 倍，叶片宽卵形或卵形。 ·····················
······················· **大叶苎麻** *Boehmeria longispica*

11. 叶边缘的牙齿较小，较多，近等大。

12. 叶近圆形或圆卵形。叶基部截形或浅心形，背面被糙伏毛。叶的牙齿长达 2–4 毫米。叶宽达 16 厘米，下面密被糙伏毛，边缘每侧约有 24 个牙齿；雌团伞花序互相分开。·········
······················· **伏毛苎麻** *Boehmeria strigosifolia*

12. 叶卵形、长椭圆形或长圆形。叶卵形或狭卵形。花序有 2–5 条分枝；瘦果上下两端不延伸，只在水苎麻有时基部延伸。叶片长 6.5–20 厘米，下面脉网不明显。叶狭卵形，下面有极稀疏的短毛。·········· **海岛苎麻** *Boehmeria formosana*

艾麻属 *Laportea*

1. 雌花花梗果时在两侧膨大成明显的膜质翅；瘦果不洼陷；钟乳体细点状，根纺锤状；瘦果半圆形或圆状倒卵形，表面在近边缘无隆起的棱；叶整个边缘有齿，侧脉 4–6 对。瘦果近圆形，光滑，有细的色斑点；雌花梗膨大的膜质翅匙形，长过果实；植物在叶腋有木质珠芽或无；茎顶部的叶不成轮生状。····················· **珠芽艾麻** *Laportea bulbifera*

1. 雌花花梗在果时只稍膨大成翅状或无翅。雌花花梗在果时无翅；瘦果双凸透镜状，光滑；花序单性，雌花序长穗状，顶生或近顶生；钟乳体细点状。 ····················· **艾麻** *Laportea cuspidata*

紫麻属 *Oreocnide*

叶脉为三出基脉；雄花花被片与雄蕊各 30。叶边缘有齿，两面多少有毛；果卵形，多少压扁，基部钝圆。花序几乎无梗，呈簇生状，或具极短的梗；果表面常有洼点。花序梗缺如或长不过3毫米；叶下面灰白色。

•• 紫麻 *Oreocnide frutescens*

赤车属 *Pellionia*

注：下列种具有以下共同特征。雌花序无花序托和总苞，多少分枝。叶无柄或有短柄，有半离基三出脉或羽状脉，狭侧基出脉或最下方侧脉向上伸展到叶片中部附近，边缘有齿或波状。

1. 茎无毛或有长约0.1毫米极短的毛；托叶钻形。
   2. 叶卵形、椭圆形或长圆形。叶顶端渐尖、尾状或急尖，叶顶端短渐尖或渐尖，渐尖头通常全缘或有1齿。叶边缘有明显齿。叶长达8-10厘米。
      3. 叶长2.4-5（-8）厘米，宽达2.4厘米。

      •••••••••••••••••••••••••••••••• 赤车 *Pellionia radicans* f. *radicans*

      3. 叶长达9厘米，宽达3.5厘米。叶的钟乳体不明显，长0.2-0.3毫米，或不存在。 •••••••••••• 长茎赤车 *Pellionia radicans* f. *Grandis*
   2. 叶顶端钝或圆形，稀急尖，叶较小，长0.4-1.5（-2）厘米；茎有长0.1毫米以下的短毛。•••••••••••••••••• 小赤车 *Pellionia minima*
1. 茎被长（0.2-）0.3-1毫米的毛。叶顶端渐尖，骤尖或急尖，长达4.4-15.5厘米。叶顶端渐尖或尾状，有密集的钟乳体。托叶钻形，宽0.2-0.3（-1）毫米。•••••••••••••••••••••••• 蔓赤车 *Pellionia scabra*

冷水花属 *Pilea*

1. 雌花花被片5，近等大；雄花花被片5，覆瓦状排列，雄蕊5。花单性，雄花序常紧缩成头状，长1-1.5厘米；雌花序聚伞状，小花枝紧缩成头状；瘦果稍扁，有疣状突起。 •••••••••••••••••• 山冷水花 *Pilea japonica*
1. 雌花花被片4、3或2，常不等大；雄花花被片4，稀5、3或2，常镊合状排列。
   2. 雌花花被片4，近等大；雄花花被片与雄蕊4（-5）；亚灌木，高过30厘米；托叶长不过1.3厘米，仅有2条纵肋；花序常成对生于叶腋，长不过4厘米。雄花序头状，具长梗；叶上面有二条白斑带。•••••••••••

      •••••••••••••••••••••••••••••••• 花叶冷水花 *Pilea cadierei*
   2. 雌花花被片3，稀2，常不等大；雄花花被片与雄蕊（2-）4；亚灌木。雄花序不具花序托，无总苞片。
      3. 雌花被片3。叶具三出，稀离基三出脉；花序各式。叶同对的同形，近等大，不等大时大小相差不超过 5 倍。植物被单细胞毛或无毛，钟乳体条形或杆状，稀近点状。

4. 雄花花被片与雄蕊 4；花序各式，但不为蝎尾聚伞状。

    5. 叶基着生。雄花序二歧聚伞状、聚伞圆锥状或串珠状，但不为头状。花序二歧聚伞状或聚伞圆锥状。雌花花被片等大或近等大，多少合生，先端常钝圆。

        6. 托叶较大，长圆形，长 7–20 毫米，半宿存或不久脱落；雄花被片先端锐尖。叶纸质，卵形或卵状披针形，边缘有浅锯齿，钟乳体在叶两面肉眼可见，条形，长 0.5–0.6 毫米；瘦果长 0.8 毫米。 ················· **冷水花** *Pilea notata*

        6. 托叶小，三角形，长 1–2（–4）毫米，宿存；雄花花被片先端钝圆。植物高 30–100 厘米；叶椭圆形、卵形或长圆状披针形，长 4–18 厘米，先端渐尖至尾状渐尖，基部楔形或圆形；雌花被片近圆形或圆卵形，先端钝圆。叶先端常尾状或长尾状渐尖，边缘有不到 15 枚牙齿。同对的叶近等大；托叶小，长约 2 毫米。 ··········· **粗齿冷水花** *Pilea sinofasciata*

    5. 多年生亚灌木；叶肉质，叶全部或部分叶盾状着生。茎高 2–13 厘米，节间很密集，上部密生宿存的鳞片状托叶；叶近圆形或圆卵形，长 2.5–9 厘米，先端钝形或圆形；托叶三角状卵形，长约 7 毫米，先端短尾状渐尖；花序圆锥状，长 10–28 厘米。
        ················· **镜面草** *Pilea peperomioides*

4. 雄花花被片与雄蕊 2，稀 3 或 4；聚伞花序蝎尾状托叶卵状长圆形，长 2–3 毫米，后脱落；雄花花被片与雄蕊 2（–3–4）；雌花被片中间一枚最小，或与侧生二枚近等长；瘦果熟时常有紫色条斑。雌花被片条形，果时长不过果或与果近等长。 ·················
        ················· **透茎冷水花** *Pilea pumila*

3. 雌花花被片 2。

    7. 叶菱状圆形或近扇形，先端圆形或钝形，基部楔形或近圆形，叶边缘中部以上常有小浅牙齿；花序二歧聚伞状或近头状。茎多分枝；花序二歧聚伞状，几乎无梗呈簇生状或具短梗呈伞房状；瘦果熟时深褐色，有稀疏的细刺状突起。 ·················
        ················· **齿叶矮冷水花** *Pilea peploides* var. *major*

    7. 叶三角形、宽卵形或狭卵形，先端锐尖，有时钝或短渐尖，基部心形或近截形，边缘有数枚牙齿状锯齿或圆齿；花序头状，或数

枝团伞花簇远离地着生于单一或分枝的序轴上。 ····················
····················· **三角形冷水花** *Pilea swinglei*

荨麻属 *Urtica*

1. 托叶每节 4 枚，彼此分生；花序穗状或圆锥状叶卵形至披针形，基部圆
形、宽楔形或微缺，侧脉和外向二级脉常直达齿尖。 ·················
····················· **宽叶荨麻** *Urtica laetevirens*
1. 托叶每节 2 枚，合生；花序常圆锥状，叶有 5-7 对浅裂片或掌状 3 深裂
（一回裂片再羽状裂），裂片边缘有小锯齿；花序分枝较少且短，近于穗
状；瘦果有褐红色细疣点。 ·················· **（裂叶）荨麻** *Urtica fissa*

桑寄生科 LORANTHACEAE

1. 花两性，稀单性：副萼杯状或环状，全缘或具齿，花被花瓣状，花被片
离生或不同程度合生成冠管。每朵花具苞片 1 枚，花 4-6 数，花瓣离生
或花瓣合生具冠管。 ····················· **钝果寄生属** *Taxillus*
1. 花单性，雌雄同株或异株：副萼无，花被萼片状，花被片离生，稀合生，
小。花药多室，孔裂：叶对生，具叶片或退化呈鳞片状：雌雄同株或异
株，聚伞式花序，腋生或顶生。 ····················· **槲寄生属** *Viscum*

钝果寄生属 *Taxillus*

1. 花冠长 1.5-1.6 厘米，花药长约 2 毫米。
····················· **小叶钝果寄生** *Taxillus kaempferi*
1. 花冠长 3 厘米，花药长 4 毫米。
····················· **黄衫钝果寄生** *Taxillus kaempferi* var. *grandiflorus*

槲寄生属 *Viscum*

1. 花雌雄异株；花序顶生或腋生于茎叉状分枝处，无不定花芽；雌花序聚
伞式穗状，具花 3-5 朵，雄花序聚伞状。植株具叶片。叶片宽 0.7-2.5
厘米，非线形。叶长椭圆形或椭圆状披针形，果球形，淡黄色或橙红色。
····················· **槲寄生** *Viscum coloratum*
1. 花雌雄同株；聚伞花序，腋生，偶顶生。聚伞花序无不定花芽，具花 3
朵，中央一朵为雌花，侧生的为雄花，或仅具 1 朵雌花或雄花。成长植
株仅具鳞片状叶。茎近圆柱状或圆柱状。成长植株茎基部或中部以下的

节间近圆柱状，小枝的节间稍扁平，宽2-2.5毫米，干后具纵肋2-3条，果椭圆状或卵球形，长4-5毫米，黄色或橙色、果皮平滑。 ………………
…………………………………… 棱枝槲寄生 *Viscum diospyrosicola*

铁青树科 OLACACEAE

子房2-4（-5）室，中轴胎座或基部2-3室，上部1室，特立中央胎座；乔木，灌木，有时攀援状，但无卷须；叶脉羽状；花不排成二歧聚伞花序；果实成熟时花萼筒不增大或增大、承托或包围果实。发育雄蕊3-4（-5）枚，退化雄蕊5-6枚或雄蕊4-6枚，全发育；子房下部3室、上部1室，特立中央胎座；果实成熟时花萼筒增大、承托果实或包围果实大部分。雄蕊4-6枚，全发育；果实成熟时几乎全部为增大成壶状的花萼筒所包围。 …………… 青皮木属 *Schoepfia*

青皮木属 *Schoepfia*

叶纸质，稀为厚纸质。落叶性。叶卵形或长卵形或叶椭圆形或卵状椭圆形（叶椭圆形者，其果大，长1.6-2厘米）；花无梗，排成穗状花序状的螺旋状聚伞花序或花2-3（-4）朵集生成近于头状花序式的螺旋状聚伞花序，有时花单生，花序基部无苞片；花无副萼；果椭圆状或长圆形或长卵形花（2-）3-9朵排成螺旋状聚伞花序，花冠钟形，柱头常伸出花冠外。果小，长1-1.2厘米，直径5-8毫米。 ………………………………………… 青皮木 *Schoepfia jasminodora*

檀香科 SANTALACEAE

木本植物；叶对生。花药室平行纵裂。果实顶端有叶状苞片4（5）枚；花盘边缘弯缺；花单性，单生或集成伞形花序，雌雄异株。 ………………………
…………………………………………………… 米面蓊属 *Buckleya*

米面蓊属 *Buckleya*

叶片无毛或嫩时疏被短柔毛，卵形、披针形或披针状长圆形，边缘全缘；核果椭圆状或倒圆锥状，宿存苞片披针形或倒披针形。 ………………………
…………………………………………………… 米面蓊 *Buckleya lanceolata*

领春木科 EUPTELEACEAE

领春木属 *Euptelea*

落叶灌木或乔木；枝有长枝、短枝之分，叶互生，圆形或近卵形，边缘有锯齿，具羽状脉，有较长叶柄，无托叶。花先叶开放，小，两性，6–12 朵，各单生在苞片腋部，有花梗；无花被；雄蕊多数，1 轮，花丝条形，花药侧缝开裂，心皮多数，离生，1 轮，子房 1 室，有 1–3 个倒生胚珠。翅果周围有翅，顶端圆，下端渐细成显明子房柄，有果梗；种子 1–3 个。……………………………
………………………………………………………… 领春木 *Euptelea pleiospermum*

连香树科 CERCIDIPHYLLACEAE

连香树属 *Cercidiphyllum*

落叶大乔木，小枝无毛，短枝在长枝上对生；芽鳞片褐色。叶：生短枝上的近圆形、宽卵形或心形，生长枝上的椭圆形或三角形，长 4–7 厘米，宽 3.5–6 厘米，先端圆钝或急尖，基部心形或截形，边缘有圆钝锯齿，先端具腺体，两面无毛，下面灰绿色带粉霜，掌状脉 7 条直达边缘；叶柄长 1–2.5 厘米，无毛。雄花常 4 朵丛生，近无梗；苞片在花期红色，膜质，卵形；花丝长 4–6 毫米，花药长 3–4 毫米；雌花 2–6（–8）朵，丛生；花柱长 1–1.5 厘米，上端为柱头面。蓇葖果 2–4 个，荚果状，长 10–18 毫米，宽 2–3 毫米，褐色或黑色，微弯曲。……
………………………………………………………… 连香树 *Cercidiphyllum japonicum*

金缕梅科 HAMAMELIDACEAE

1. 胚珠及种子多个，花序呈头状或肉质穗状，花柱宿存，常有宿存萼齿叶掌状 3–5 裂，基部心形，两侧裂片平展，花柱常直立，果序为真正的圆球形。 ……………………………………………… 枫香树属 *Liquidambar*
1. 胚珠及种子 1 个，具总状或穗状花序，叶具羽状脉，不分裂。
  2. 花有花瓣，两性花，萼筒倒圆锥形，雄蕊有定数，子房半下位，稀为上位。
    3. 花瓣长线形。

    4. 花药有 4 个花粉囊，2 瓣裂开，叶全缘，第一对侧脉无第二次分支
       侧脉。花 4 数，叶全缘。 ················· **檵木属 *Loropetalum***

    4. 花药有 2 个花粉囊，单瓣裂开，叶有明显锯齿，第一对侧脉常有
       第二次分支侧脉。 ················· **金缕梅属 *Hamamelis***

  3. 花瓣倒卵形，或退化为鳞片状，5 数，退化雄蕊有或无，花序总状或
    穗状，常伸长。花柱不伸长，柱头不扩大，萼筒长度为蒴果之半，
    第一对侧脉有第二次分支侧脉。

    5. 花瓣匙形，有退化雄蕊，蒴果近无柄，宿存花柱向外弯。

       ················· **蜡瓣花属 *Corylopsis***

    5. 花瓣鳞片状，无退化雄蕊，蒴果有柄，先端伸直，尖锐。

       ················· **牛鼻栓属 *Fortunearia***

2. 花无花瓣，两性花或单性花，萼筒壶形，穗状花序短，萼筒短，萼 0-6
  个，不整正，雄蕊 1-10 个，不定数，第一对侧脉无第二次分支侧脉。

  6. 下位花，萼筒极短，花后脱落，蒴果无宿存萼筒包着。

    ················· **蚊母树属 *Distylium***

  6. 周位花，萼筒较大，花后增大，包住蒴果。 ····· **水丝梨属 *Sycopsis***

枫香属 *Liquidambar*

1. 雌花及蒴果有尖锐的萼齿，头状果序有蒴果 24-43 个。叶基部心形，托
  叶近于游离，萼齿长 4-8 毫米。 ········· **枫香树 *Liquidambar formosana***

1. 雌花及蒴果无萼齿，或仅有极短萼齿，头状花序有雌花 15-26 朵，果序
  松脆易碎。 ················· **缺萼枫香树 *Liquidambar acalycina***

檵木属 *Loropetalum*

注：下列种具有以下共同特征。叶长 2-5 厘米，上面常有粗毛，先端短尖。

1. 花白色。 ················· **檵木 *Loropetalum chinense***
1. 花红色。 ··········· **红花檵木 *Loropetalum chinense* var. *rubrum***

金缕梅属 *Hamamelis*

1. 叶阔倒卵圆形，侧脉 6-8 对，第 1 对侧脉有第二次分支侧脉，基部心形，
  蒴果长 1.2 厘米。 ················· **金缕梅 *Hamamelis mollis***

1. 叶倒卵形，侧脉 4-5 对，第 1 对侧脉不再分支，基部圆形，蒴果长不到 1
  厘米。 ··········· **小叶金缕梅 *Hamamelis subaequalis***

蜡瓣花属 Corylopsis

注：下列种具有以下共同特征。子房与萼筒合生，表现为半下位。

1. 退化雄蕊不分裂。花无花梗，花瓣倒卵形或斧形，蒴果长 6-8 毫米。花序有花多于 10 朵。叶卵形或阔卵形，长 6-10 厘米，先端短急尖。……
……………………………………… **阔蜡瓣花 Corylopsis platypetala**
1. 退化雄蕊 2 裂。
  2. 萼筒及子房均有星毛。总状果序长 3-6 厘米，有果 10-25 个，侧脉 6-9 对。花柱长 5-7 毫米，突出花冠外，或与花冠平齐。
   3. 萼齿无毛，雄蕊比花瓣短，总苞状鳞片被毛。
    4. 嫩枝及叶下面有毛。
     5. 叶长 5-9 厘米，蒴果长 7-9 毫米。
……………………………………… **蜡瓣花 Corylopsis sinensis**
     5. 叶长 3-6 厘米，蒴果长 6 毫米。
………………………… **小蜡瓣花 Corylopsis sinensis var. parvifolia**
    4. 嫩枝及叶片下面无毛。
………………………… **秃蜡瓣花 Corylopsis sinensis var. calvescens**
   3. 萼齿有毛，雄蕊比花瓣长，红褐色，总苞状鳞片无毛，叶下面无毛。
……………………………………… **红药蜡瓣花 Corylopsis veitchiana**
  2. 萼筒及子房均无毛。叶下面秃净，或仅幼嫩时脉上有毛。花瓣、雄蕊及花柱均长 5-6 毫米，叶下面灰白色，无毛。……………………
………………… **灰白蜡瓣花 Corylopsis glandulifera var. hypoglauca**

牛鼻栓属 Fortunearia

  嫩枝有灰褐色柔毛；老枝秃净无毛，有稀疏皮孔，干后褐色或灰褐色；芽体细小，叶膜质，倒卵形或倒卵状椭圆形，基部圆形或钝，稍偏斜，上面深绿色，除中肋外秃净无毛，下面浅绿色，脉上有长毛；侧脉 6-10 对，第一对侧脉第二次分支侧脉不强烈；边缘有锯齿，齿尖稍向下弯。………………………
……………………………………… **牛鼻栓 Fortunearia sinensis**

蚊母树属 Distylium

1. 顶芽、嫩枝及叶下面有鳞垢或鳞毛，或缺。成熟叶片下面秃净。
  2. 叶椭圆形，长度约为宽度的两倍，或稍短。叶片长 3-7 厘米，宽 1.5-3.5 厘米，全缘。………………… **蚊母树 Distylium racemosum**

2. 叶矩圆形或披针形，稀为倒披针形，长为宽的 3-4 倍。

   3. 叶面干后浅绿色，暗晦，先端有几个小齿突。

         ……………………… **杨梅叶蚊母树** *Distylium myricoides*

   3. 叶面深绿色，发亮，全缘。

         ………………… **亮叶蚊母树** *Distylium myricoides* var. *nitidum*

1. 顶芽及嫩枝有星状绒毛，叶披针形，稀为倒卵披针形，或窄矩圆形，通常长 2-6 厘米，稀 10 厘米，宽 1-2 厘米，下面往往秃净无毛。

   4. 叶狭长披针形，长 6-10 厘米，宽 1-2.2 厘米，叶柄长 5-8 毫米。

         …………………………………… **窄叶蚊母树** *Distylium dunnianum*

   4. 叶倒卵披针形或矩圆形或广椭圆形，长 2-5 厘米，叶柄长 1-3 毫米。

   5. 叶长 2-4 厘米，先端每边有 2-3 个齿突。

         ………………………………… **中华蚊母树** *Distylium chinense*

   5. 叶长 2-5 厘米，全缘，或先端每边仅有 1 个小齿突。叶倒卵披针形或倒卵矩圆形。叶先端锐尖，侧脉明显。 ………………………

         …………………………… **小叶蚊母树** *Distylium buxifolium*

水丝梨属 *Sycopsis*

花无柄，排成短穗状花序，总苞片卵圆形，雄蕊正常，花丝较长。叶无三出脉，花丝长 1-1.2 厘米。 ……………… **水丝梨** *Sycopsis sinensis*

毛茛科 RANUNCULACEAE

1. 子房有数颗或多数胚珠；果实为蓇葖，花大，直径通常在 10 厘米以上；雄蕊离心发育；花盘存在；果皮革质。 ……………… **芍药属** *Paeonia*

1. 子房有 1 颗胚珠；果实为瘦果。萼片 4 或更多；雄蕊 5 个以上，通常多数。叶对生。萼片镶合状排列；花柱在果期伸长呈羽毛状。花瓣不存在；退化雄蕊有时存在；叶无卷须，小灌木，常攀援。 ………………………

         …………………………………… **铁线莲属** *Clematis*

芍药属 *Paeonia*

叶轴和叶柄均无毛；顶生小叶 3 裂至中部，侧生小叶不裂或 3-4 浅裂。 …

         …………………………… **牡丹** *Paeonia suffruticosa*

铁线莲属 Clematis

1. 单叶，或有时为三出复叶。花丝两侧有长柔毛。
  2. 萼片白色或黄色，花梗上有苞片，单叶，缘疏生尖状小齿。
      …………………………………………… **单叶铁线莲** *Clematis henryi*
  2. 萼片紫色，花梗上无苞片，间有三出复叶。
      …………………………………… **金寨铁线莲** *Clematis jinzhaiensis*
1. 叶为三出复叶，或二回三出复叶或羽状复叶花丝无毛。
  3. 花大，单生，花梗中部有两叶状苞片，萼片4-8，开展。
    4. 萼片4，深紫色，背面有厚曲柔毛或绒毛。
      …………………………………… **毛萼铁线莲** *Clematis hancockiana*
    4. 萼片6，背面沿3条中脉形成一线状披针形带清晰可凤，被短毛。
      5. 花柱结果时不伸长成喙状，从子房到柱状有伏毛，叶下面网脉淡
        凸出。 ……………………… **短柱铁线莲** *Clematis cadmia*
      5. 花柱结果时伸长，有羽状毛，花柱顶端无毛，叶下面网脉凸出。
      …………………………………… **大花威灵仙** *Clematis courtoisii*
  3. 花簇生或成束，或为圆锥花序，花梗或花枝上无叶状苞片。
    6. 花通常单生或与叶簇生，基部有宿存的芽鳞
      …………………………………… **绣球藤** *Clematis montana*
    6. 花主圆锥花序，藤本，三出复叶，或1-2回羽状复叶。
      7. 花药长，长椭圆形或长圆状线形，长2-6毫米，小叶片或裂片
        全缘。
        8. 瘦果圆柱状锥形，无毛，黑色，全株除萼片、花柱外，其余无
          毛。 ……………………… **柱果铁线莲** *Clematis uncinata*
        8. 子房瘦果有毛，卵形或卵圆形，全株多少有毛。
          9. 叶干后变黑。
            10.1-2回羽状复叶，有5-11枚小叶或更多，革质，小叶先端
              钝。 ………………… **太行铁线莲** *Clematis kirilowii*
            10.1回羽状复叶，通常5小叶。少为3-7小叶，纸质，叶行
              端多渐尖。
              11. 花小，直径1-2厘米，通常为圆锥花序。
                12. 小叶片纸质，较大，长1.5-10厘米，宽1-7厘米。
              …………………………………… **威灵仙** *Clematis chinensis*
                12. 小叶厚而小，长1-3.5厘米，宽0.5-2厘米。

.... 毛叶威灵仙 *Clematis chinensis* f. *vestita*

　11. 花较大，直径 2-5 厘米，单生或聚伞花序 3-5 朵。

.... 安徽威灵仙 *Clematis anhweiensis*

　9. 叶干后不变黑。

　　13. 叶全为三出复叶，少有单叶。

.... 山木通 *Clematis finetiana*

　　13. 一回羽状复叶，小叶 5 枚。有时 7 或 3 枚。

.... 圆锥铁线莲 *Clematis terniflora*

　7. 花药短，椭圆形，或狭称圆形。

　　14. 全为三出复叶，花梗上小苞片小，钻形或无。

　　　15. 小叶片较小，长 2-8 厘米，宽 1.5-7 厘米。

.... 女萎 *Clematis apiifolia*

　　　15. 叶片较大，长 5-13 厘米，宽 3-9 厘米。

.... 钝齿铁线莲 *Clematis apiifolia* f. *obtusidentata*

　　14. 叶为 1 回或 1-2 回羽状复叶，茎上部有时为 3 出复叶。

　　　16. 除茎上部有三出复叶外，通常 5-21 小叶或 1-2 回三出复叶。

.... 杨子铁线莲 *Clematis ganpiniana*

　　　16. 除茎上部有三出复叶外，通常 5 小叶，或 1 回复叶。

　　　　17. 花小，直径 1.5-2 厘米，通常为腋生圆锥花序，多花，花序梗上有 1 枚苞片。.........

.... 毛果铁线莲 *Clematis peterae* var. *thichocarpa*

　　　　17. 花大，直径 2-3.5 厘米，通常为腋生聚伞花序，多花，花序梗上无叶状苞片。.........

.... 粗齿铁线莲 *Clematis argentilucida*

木通科 LARDIZABALACEAE

1. 茎直立；奇数羽状复叶有小叶 13 片以上；花杂性，无花瓣，组成总状花序再复合为圆锥花序；冬芽大，只有外鳞片 2 枚。.........

.... 猫儿屎属 *Decaisnea*

1. 茎攀缘；掌状复叶或三出复叶；花单性，有或无花瓣，组成腋生的总状花序；冬芽具多枚覆瓦状排列的外鳞片。

　2. 掌状复叶有小叶 3-9 片；小叶两侧对称；果较大，椭圆形、长圆形至圆柱形，长 3 厘米以上。

3. 小叶边缘浅波状或全缘，顶凹入、圆或钝；肉质骨葖果沿腹缝线开裂；花丝分离，很短或近于无花丝，花药内弯。萼片3，很少为4或5，卵圆形；雌花远比雄花大，形状不同。 ·········· 木通属 *Akebia*

3. 小叶全缘，顶部通常渐尖或尾尖；萼片6；雄蕊分离或合生，具花丝，花药直；心皮3。

    4. 内、外两轮萼片形状通常近似且顶端钝；蜜腺状花瓣6枚，小；雄蕊分离。 ············· **八月瓜属 *Holboellia***

    4. 外轮萼片披针形，渐尖，内轮的通常线形，有6枚蜜腺状花瓣或无花瓣；雄蕊花丝合生为管状或上部分离。 ············· **野木瓜属 *Stauntonia***

2. 三出复叶；侧小叶两侧不对称；花有6枚蜜腺状花瓣；果较小，卵形，长2厘米以下。小叶革质；心皮多数，螺旋状排列，每心皮具1胚珠；浆果具柄，多个着生于一球形花托上；种子单生。 ············· **大血藤属 *Sargentodoxa***

猫儿屎属 Decaisnea

直立灌木，高5米。茎有圆形或椭圆形的皮孔；枝粗而脆，易断，渐变黄色，有粗大的髓部；冬芽卵形，顶端尖，鳞片外面密布小疣凸。羽状复叶长50-80厘米，有小叶13-25片；叶柄长10-20厘米；小叶膜质，卵形至卵状长圆形，长6-14厘米，宽3-7厘米，先端渐尖或尾状渐尖，基部圆或阔楔形，上面无毛，下面青白色，初时被粉末状短柔毛，渐变无毛。总状花序腋生，或数个再复合为疏松、下垂顶生的圆锥花序。 ············· **猫儿屎 *Decaisnea insignis***

木通属 Akebia

1. 叶通常有小叶5片，有时6-8片。落叶藤本；总状花序长6-12厘米，有花6-10（13）朵；花较大，雄花长6-10毫米；小叶纸质，下面青白色。 ············· **木通 *Akebia quinata***

1. 叶通常有小叶3片，偶有4或5片；雄花萼片为椭圆形、阔椭圆形时长2-3.5毫米，萼片为长圆形时长9-12毫米。 ············· **三叶木通 *Akebia trifoliata***

牛姆瓜属 Holboellia

1. 羽状3小叶。小叶厚革质，下面粉绿色，网脉不显著；花较大，雄花长10-12毫米；雄蕊长6-7.5毫米。

1. 掌状复叶有小叶 3–7（9）片。

  2. 小叶通常中部以上最阔，基部常为长楔形；花较大，雄花长 2–3 厘米。

        ················· **牛姆瓜 *Holboellia grandiflora***

  2. 小叶形状变化大，通常中部以下最阔，基部钝、阔楔形或近圆形；花较小，雄花长约 1.5 厘米。················· **五月瓜藤 *Holboellia fargesii***

野木瓜属 *Stauntonia*

注：下列种具有以下共同特征。花无蜜腺状花瓣。

1. 小叶 3–5 片，革质；叶柄较细，直径在 2 毫米以下，花较小，雄花长 18 毫米以下；外轮萼片宽 3–5 毫米。小叶较阔，宽 6–9.5 厘米，干时边缘背卷，全缘，下面无斑点；萼片淡黄色，内面基部紫色，长约 18 毫米。

        ················· **粉叶野木瓜 *Stauntonia glauca***

1. 小叶 5–9 片，匙形，先端长尾尖，顶具易断的丝状尖头；萼片厚，近肉质，先端兜状。················· **黄蜡果 *Stauntonia brachyanthera***

大血藤属 *Sargentodoxa*

落叶木质藤本，长达 10 余米。藤径粗达 9 厘米，全株无毛；当年枝条暗红色，老树皮有时纵裂。三出复叶，或兼具单叶，稀全部为单叶；叶柄长与 3–12 厘米；小叶革质，顶生小叶近棱状倒卵圆形，长 4–12.5 厘米，宽 3–9 厘米，先端急尖，基部渐狭成 6–15 毫米的短柄，全缘，侧生小叶斜卵形，先端急尖，基部内面楔形，外面截形或圆形，上面绿色，下面淡绿色，干时常变为红褐色，比顶生小叶略大，无小叶柄。················· **大血藤 *Sargentodoxa cuneata***

防己科 MENISPERMACEAE

注：下列属具有以下共同特征。种子有胚乳；心皮 6–1 个，果核外面通常有雕纹，很少近平滑或有皱纹；叶通常盾状。子叶非叶状，肥厚，肉质。

1. 心皮 3–6（偶有 2 或 1）；雄蕊离生，如合生则不呈盾状；雌花有 2 轮萼片。

  2. 胎座迹非双片状。花被轮状排列；萼片和花瓣明显分异。

    3. 胎座迹隔膜状。················· **秤钩风属 *Diploclisia***

    3. 胎座迹非隔膜状。雄花花瓣顶端 2 裂。 ········· **木防己属 *Cocculus***

  2. 胎座迹双片状。

    4. 萼片近螺旋状着生。················· **蝙蝠葛属 *Menispermum***

    4. 萼片轮状排列。 ·························· **风龙属** *Sinomenium*

 1. 心皮1；雄蕊合生成盾状；雌花有1轮萼片，或其中部分萼片退化消失。雌花花瓣与萼片互生；雄花通常有2轮萼片。 ······ **千金藤属** *Stephania*

称钩风属 *Diploclisia*

聚伞花序腋生；核果倒卵圆形，长约1厘米；腋芽2个，叠生。 ············
························· **秤钩风** *Diploclisia affinis*

木防己属 *Cocculus*

心皮6；花瓣基部二侧边缘内折；叶两面被毛或近无毛，但至少叶柄被白色绒毛或柔毛；掌状三出脉中侧生的一对通常不达叶片中部即分枝消失；木质藤本。
························· **木防己** *Cocculus orbiculatus*

蝙蝠葛属 *Menispermum*

落叶藤本，根状茎褐色，垂直生，茎自位于近顶部的侧芽生出，叶纸质或近膜质，轮廓通常为心状扁圆形，长和宽均约3-12厘米，边缘有3-9角或3-9裂，很少近全缘，基部心形至近截平，两面无毛，下面有白粉；掌状脉9-12条。圆锥花序单生或有时双生，有细长的总梗，有花数朵至20余朵，花梗纤细，长5-10毫米；雄花：萼片4-8，膜质，绿黄色，倒披针形至倒卵状椭圆形，花瓣6-8或多至9-12片，肉质，凹成兜状，雌花：退雌蕊群具长约0.5-1毫米的柄。核果紫黑色。 ···················· **蝙蝠葛** *Menispermum dauricum*

千金藤属 *Stephania*

 1. 雌花花被辐射对称，萼片和花瓣各3或4片；雌雄花序同形。

  2. 雄花有2轮萼片，每轮3或4片；小聚伞花序和花均无梗或具极短梗，紧密团集，排成复伞形聚伞花序；花序和叶均无毛；胎座迹通常不穿孔或偶有穿孔。 ················ **千金藤** *Stephania japonica*

  2. 雄花只有1轮萼片，通常4片；果核背部有4行雕纹，靠中肋的2行为柱状，高凸；胎座迹通常不穿孔；叶下面密被贴伏的短柔毛；主根圆柱状，肉质。 ················ **粉防己** *Stephania tentrandra*

 1. 雌花花被左右对称，萼片1，偶有2或3，鳞片状；果核背部的雕纹为小横肋型；花序梗顶端有盘状总苞；雌雄花序同形或近同形，雌雄花序均头状；雄花花瓣里面通常有腺体；胎座迹不穿孔或偶有1小孔。 ·········
·················· **金线吊乌龟** *Stephania cephalantha*

汉防已属 *Sinomenium*

木质大藤本，长可达 20 余米；叶革质至纸质，心状圆形至阔卵形，长 6-15 厘米或稍过之，顶端渐尖或短尖，基部常心形，有时近截平或近圆，边全缘、有角至 5-9 裂，裂片尖或钝圆，嫩叶被绒毛，老叶常两面无毛，或仅上面无毛，下面被柔毛；掌状脉 5 条，叶柄长 5-15 厘米左右，有条纹。圆锥花序长可达 30 厘米，通常不超过 20 厘米，雄花：小苞片 2，紧贴花萼；萼片背面被柔毛，外轮长圆形至狭长圆形，长 2-2.5 毫米，内轮近卵形，与外轮近等长；花瓣稍肉质，长 0.7-1 毫米；雄蕊长 1.6-2 毫米；雌花：退化雄蕊丝状；心皮无毛。核果红色。
·· 风龙 *Sinomenium acutum*

木兰科 MAGNOLIACEAE

1. 叶全缘，很少先端 2 裂；药室内向或侧向开裂；聚合果为各种形状的球形、卵形、长圆形或圆柱形，常因部分心皮不育而扭曲变形；成熟心皮为蓇葖，沿背缝或腹缝线开裂或周裂；很少连合成厚木质或肉质，不规则开裂；外种皮肉质与蓇葖果瓣分离。
  2. 花顶生；雌蕊群无柄或具柄。雌蕊群伸出于雄蕊群之上。花两性。小枝节间不呈竹节状。
    3. 每心皮具 3-12 胚珠，每蓇葖具 3-12 种子；叶革质，常绿乔木。幼叶在芽中对折；托叶与叶柄连生，叶柄上留有托叶痕；雌蕊群基部的心皮不延长成短柄；成熟蓇葖薄木质，沿背缝线或同时沿腹缝线开裂。 ·················· **木莲属 *Manglietia***
    3. 每心皮具 2 胚珠；每蓇葖具 1-2 种子；叶纸质至厚革质，常绿至落叶乔木或灌木。心皮分离；成熟蓇葖木质，沿背缝线开裂，宿存于果轴上。 ·················· **木兰属 *Magnolia***
  2. 花腋生，雌蕊群具显著的柄。部分心皮不发育，心皮各各分离，形成狭长柱状，疏离的聚合果，成熟心皮沿背缝线或同时沿腹缝线 2 瓣开裂。 ·················· **含笑属 *Michelia***
1. 叶 4-10 裂，先端近截平形或成宽阔的缺；药室外向开裂；聚合果纺锤状；成熟心皮翅果状，不开裂，全部脱落，果轴宿存；种皮附着于内果皮。 ·················· **鹅掌楸属 *Liriodendron***

木莲属 *Manglietia*

　　注：下列种具有以下共同特征。花梗或果梗长 3.5 厘米以下；花后果直立。聚合果卵状长圆体形，近圆柱形、卵状椭圆体形、卵圆形或狭卵圆形，三角状卵圆形，成熟菁葖腹面全部或大部着生于果托，先背缝线开裂，后腹缝线开裂，花白色或红色。叶柄上的托叶痕为叶柄长的 1/3 以下。

　1. 花蕾长圆状椭圆体形；雌蕊群圆柱形，花被片基部 1/3 以下渐狭成爪。花外轮花被片红色或紫红色；叶倒披针形，长圆形或长圆状椭圆形；托叶痕为叶柄的 1/4–1/3，无毛。·············· **红花木莲 *Manglietia insignis***

　1. 花蕾球形或椭圆体形；雌蕊群卵圆形或长圆状卵圆形。

　　2. 叶两面无毛。叶革质，倒披针形、狭倒卵状长圆形或狭长圆形，长 8–14 厘米，宽 2.5–4 厘米，侧脉每边 8–12 条；聚合果长 2.5–3.5 厘米。
　　·························· **乳源木莲 *Manglietia yuyuanensis***

　　2. 叶两面多少被毛。叶狭椭圆状倒卵形或倒披针形；外轮花被片背面基部无毛。叶革质，边缘无波状起伏；外轮花被片长圆状椭圆形；基部心皮长 5–6 毫米，花柱长约 1 毫米，每心皮有胚珠 8–10 粒。·········
　　························· **木莲 *Manglietia fordiana***

木兰属 *Magnolia*

　1. 花药内向开裂，先出叶后开花；花被片近相似，外轮花被片不退化为萼片状；叶为落叶或常绿。

　　2. 托叶与叶柄连生；叶柄上留有托叶痕；种子长圆体形或心形，侧向压扁。叶为落叶，托叶痕为叶柄长的 1/3–2/3，花蕾具 1 枚佛焰苞状苞片，开花后脱落，留有 1 环状苞片脱落痕。

　　　3. 叶假轮生，集生于枝端，互生于新枝；花直立，药隔伸出成凸尖花盛开时内轮花被片直立，外轮花被片反卷；聚合果的基部菁葖不沿果轴下延而基部圆。

　　　　4. 叶先端圆，聚合果基部圆。芽无毛，嫩叶背被白色长毛；叶基部楔形；成熟菁葖具长 3–4 毫米的喙。··· **厚朴 *Magnolia officinalis***

　　　　4. 叶先端凹缺，成 2 钝圆的浅裂片，但幼苗之叶先端钝圆，并不凹缺；聚合果基部较窄。花期 4–5 月，果期 10 月。··············
　　　　················· **凹叶厚朴 *Magnolia officinalis* subsp. *biloba***

　　　3. 叶不呈假轮生集生于枝端；叶均互生干枝上；花俯垂、下垂或平展，药隔顶端钝圆或微凹。小枝淡灰黄色或灰褐色；叶中部以上最宽；

托叶痕长达叶柄长的 1/2-2/3。叶倒卵形或宽倒卵形；侧脉每边 6-8
条；叶背被褐色及白色多细胞毛及散生金黄色小点；花盛开时稍弯
垂。 …………………………………… 天女木兰 *Magnolia sieboldii*

2. 托叶与叶柄离生，叶柄上无托叶痕；花大，直径 15-20 厘米；聚合果
大，圆柱状长圆体形或卵圆形，径 4-5 厘米；种子近卵圆形，两侧不
压扁。常绿大乔木。 …………………… 荷花玉兰 *Magnolia grandiflora*

1. 花药内侧向开裂或侧向开裂；花先于叶开放或花叶近同时开放；外轮与
内轮花被片形态近相似，大小近相等或外轮花被片极退化成萼片状；叶
为落叶。

5. 花被片大小近相等不分化为外轮萼片状和内轮为花瓣状，花先叶开放。
叶倒卵形或椭圆状倒卵形，基部通常楔形，侧脉每边 5-12 条；花直径
15-22 厘米，花被片狭倒卵形或匙形或狭长圆形，基部通常不成爪，最
内轮花被片不直立靠合不包围雌雄蕊群。

6. 叶先端通常圆或具凹缺；花在枝上近平展。花被片 9-12，白色或淡
红色，狭长圆状匙形或倒卵状长圆形；叶长超过宽的 2 倍，先端圆
钝；三级脉纤细与四级脉交结成网，叶下面无毛或仅脉上稍被毛。
…………………………………… 光叶木兰 *Magnolia dawsoniana*

6. 叶先端急尖或急短渐尖；花在枝上直立。

7. 花被片 12-14。每花蕾具花 1 朵，花被片外面玫瑰红色，有深紫色
纵纹，倒卵状匙形或匙形；叶倒卵形，长 10-18 厘米，2/3 以下渐
狭成楔形。 …………………………… 武当木兰 *Magnolia sprengeri*

7. 花被片 9-12。花蕾卵圆形，外苞片被长柔毛。

8. 一年生小枝径 4-5 毫米，多少被毛；花被片长圆状倒卵形。

9. 乔木，花被片纯白色，有时基部外面带红色，外轮与内轮近
等长；花凋谢后出叶。 …………… 玉兰 *Magnolia denudata*

9. 小乔木，花被片浅红色至深红色，外轮花被片稍短或为内轮
长的 2/3，但不成萼片状；花期延至出叶。 …………………
…………………………………… 二乔木兰 *Magnolia soulangeana*

8. 一年生小枝径 3-4 毫米，无毛；花被片近匙形或倒披针形。

10. 叶倒卵状长圆形，先端宽圆，具渐尖头。侧脉每边 8-10 条；
花被片外面中部以下淡紫红色，长 7-8 厘米。 …………
…………………………………… 宝华玉兰 *Magnolia zenii*

10. 叶宽倒披针形、倒披针状椭圆形，先端渐尖或骤狭尾状尖，
尖头长 5-20 毫米，侧脉每边 10-13 条；花被片红色或淡红

色，长5-6.5厘米。 ············· 天目木兰 *Magnolia amoena*

5. 花被片外轮与内轮不相等，外轮退化变小而呈萼片状，常早落。

  11. 花先于叶开放，瓣状花被片白色、淡红色或紫色；叶片基部不下延；托叶痕不及叶柄长的1/2。

    12. 聚合果的成熟蓇葖互相分离，通常部分心皮不发育而成弯曲；蓇葖二瓣裂，背面具瘤点突起。

      13. 叶最宽处在中部以上或以下，椭圆状披针形，卵状披针形、卵形；侧脉每边10-15条。 ·········· 望春玉兰 *Magnolia biondii*

      13. 叶最宽处在中部以上。叶椭圆状倒卵形或长圆状倒卵形，长超过2倍宽，先端圆，无凹缺。

        14. 瓣状花被片（5）6-7，匙形或狭倒卵形，基部常狭窄成爪；小枝无毛，揉碎具松脂气味。 ·····················

        ········· 皱叶（日本、朝鲜）木兰 *Magnolia praecocissima*

        14. 瓣状花被片12-45，狭长圆状倒卵形；小枝密被白色绢状毛，揉碎无松脂气味。 ·····················

        ····················· 星花（日本）木兰 *Magnolia tomentosa*

    12. 聚合果的成熟蓇葖排列紧贴，互相结合不弯曲，具白色皮孔。

    ··· 黄山木兰 *Magnolia cylindrica*

  11. 花与叶同时或稍后于叶开放；瓣状花被片紫色或紫红色；叶片基部明显下延；叶背沿脉被柔毛，托叶痕达叶柄长的1/2。 ·············

  ··· 紫玉兰 *Magnolia liliflora*

含笑属 *Michelia*

1. 托叶与叶柄连生，在叶柄上留有托叶痕；花被近同形。

  2. 叶柄比较长，长在5毫米以上；花被片外轮较大，3-4轮，9-13片。叶薄革质，网脉稀疏。叶长椭圆形或披针状椭圆形，长10-27厘米，宽4-9.5厘米，先端长渐尖或尾状渐尖，基部阔楔形或楔形，叶上面干时无光泽，叶柄长2-4厘米。

    3. 花黄色；托叶痕长于叶柄的一半。 ········· 黄兰 *Michelia champaca*

    3. 花白色；托叶痕短于叶柄的一半。 ·················· 白兰 *Michelia alba*

  2. 叶柄较短，长在5毫米以下；花被片外轮较小，常2轮，很少3-4轮，6片（很少12-17片）。

    4. 雌蕊群被毛，聚合果残留有毛；花被片薄。乔木，高达15米；花梗细长，花淡黄色，外轮花被片背面基部被褐色毛。……………………
………………………………………………… **野含笑** *Michelia skinneriana*

4. 雌蕊群及聚合果均无毛；花被片质厚，带肉质，淡黄色，边缘常染
有紫色。 ………………………………… **含笑花** *Michelia figo*

1. 托叶与叶柄离生，在叶柄上无托叶痕。花被片同形或不同形。

5. 花被片大小近相等，6 片，排成 2 轮，小枝无毛；叶革质或薄革质；蓇
葖长在 2 厘米以下。芽、花梗无毛或被平伏微柔毛或长柔毛，叶两面无
毛或叶下面被柔毛。花淡黄色或黄色；小枝褐色或灰黄色；叶倒卵形
或长圆状倒卵形，长 6.5-17 厘米，宽 3.5-7.5 厘米，叶两面无毛。花
梗被平伏灰色微柔毛；花被片倒卵状椭圆形。 ………………………
………………………………………… **乐昌含笑** *Michelia chapensis*

5. 花被片大小不相等，9 片或 9-12 片，很少 15 片，排成 3-4 轮，很少 5
轮，花被片通常 9 片，排成 3 轮。

6. 花冠狭长，花被片扁平，匙状倒卵形，狭倒卵形或匙形。

7. 叶倒卵形、椭圆状倒卵形或狭倒卵形，很少菱形。叶倒卵形或椭
圆状倒卵形，很少菱形，长 7-14 厘米，宽 5-7 厘米，两面无毛或
背面被灰色平伏短绒毛。叶革质，下面被灰色平伏短绒毛，叶柄
长 2.5-4 厘米。 ………………… **醉香含笑** *Michelia macclurei*

7. 叶长圆状椭圆形，卵状椭圆形或菱状椭圆形，长 6-18 厘米，宽 3-
8.5 厘米。花被片倒卵形或倒卵状匙形，长 5-7 厘米，宽 2.5-4 厘
米，基部具爪。嫩枝被白粉，叶下面灰绿色，被白粉。…………
………………………………………… **深山含笑** *Michelia maudiae*

6. 花冠杯状，花被片倒卵形、宽倒卵形、倒卵状长圆形，内凹。叶革
质，狭卵形或披针形，基部有时稍偏斜，叶下面被紧贴的银灰色及
红褐色的短绒毛；花被片椭圆形，倒卵状椭圆形，长约 3 厘米。 …
………………………………………… **亮叶含笑** *Michelia fulgens*

鹅掌楸属 *Liriodendron*

1. 小枝灰色或灰褐色；叶近基部每边具 1 侧裂片，老叶下面被乳头状的白
粉点，花被片长 3-4 厘米，绿色，具黄色纵纹，花丝长 5-6 毫米；雌蕊
群超出花被之上；翅状小坚果顶端钝或钝尖。 …………………………
………………………………………… **鹅掌楸** *Liriodendron chinense*

1. 小枝褐色或紫褐色；叶近基部每边具 2 侧裂片，叶下面无白粉点；花被
片长 4-6 厘米，两面近基部具不规则的橙黄色带，花丝长 10-15 毫米；

雌蕊群不超出花被之上，翅状小坚果顶端急尖。⋯⋯⋯⋯⋯⋯
⋯⋯⋯⋯⋯⋯⋯⋯⋯⋯⋯⋯⋯⋯ **北美鹅掌楸 *Liriodendron tulipifera***

八角茴香科 ILLICIACEAE

八角属 *Illicium*

1. 内花被片薄，膜质，在花期多少松散张开，狭长圆形至舌状或披针形；
   花芽卵状；中脉在叶面凸起或凹下；花粉粒具 3 沟。中脉在叶面凸起，
   花被片 25-55 片。
   2. 花被片 34-55 片；雄蕊 28-32 枚；花梗在花期长 20-30 毫米。
      ⋯⋯⋯⋯⋯⋯⋯⋯⋯⋯⋯⋯⋯⋯ **假地枫皮 *Illicium jiadifengpi***
   2. 花被片 25-33 枚；雄蕊 22-25 枚；花梗在花期长 5-20 毫米。
      ⋯⋯⋯⋯⋯⋯⋯⋯⋯⋯⋯⋯⋯ **闽皖八角 *Illicium minwanense***
1. 内花被片肉质至纸质，在花期不松散，仅稍张开，通常卵形至近圆形；
   花芽球状；中脉在叶面凹下；花粉粒具三合沟。
   3. 心皮 10-14（-15）。
      4. 雄蕊 6-11 枚；花梗长 15-50 毫米。⋯ **红毒茴 *Illicium lanceolatum***
      4. 花柱长，钻形，在花期其长度明显超过子房长度。花梗细长，在花
         期长 15-50 毫米；雄蕊 11-14 枚。⋯⋯⋯⋯ **红茴香 *Illicium henryi***
   3. 心皮（5-）7-9 枚花柱较短，在花期其长度比子房长度短些或相等，花
      梗较粗壮，在花期直径为 1-2.5 毫米；外层花被片纸质，内层花被片
      肉质，最大的花被片长和宽常相等；心皮通常 8 枚，也有 7-10 枚。
      ⋯⋯⋯⋯⋯⋯⋯⋯⋯⋯⋯⋯⋯⋯⋯⋯⋯⋯ **八角 *Illicium verum***

五味子科 SCHISANDRACEAE

1. 雌蕊群的花托倒卵形圆或椭圆体形，发育时不伸长；聚合果球状或椭圆
   体状。⋯⋯⋯⋯⋯⋯⋯⋯⋯⋯⋯⋯⋯⋯⋯ **南五味子属 *Kadsura***
1. 雌蕊群的花托圆柱形或圆锥形、发育时明显伸长；聚合果长穗状。
   ⋯⋯⋯⋯⋯⋯⋯⋯⋯⋯⋯⋯⋯⋯⋯⋯⋯ **五味子属 *Schisandra***

南五味子属 *Kadsura*

雄花的花托椭圆体形，顶端伸长，圆柱形，圆锥状凸出或不凸出于雄蕊群

外，或顶端不伸长，不凸出；雄蕊的花丝与药隔连成宽扁四方形或倒梯形；药隔顶端横长圆形；雌花的花托近球形或椭圆体形；胚珠叠生于腹缝线上。雄花的花托狭卵圆形或椭圆体形，顶端伸长圆柱形，凸出或不凸出于雄蕊群外。雄花的花托椭圆体形，顶端伸长，但不凸出于雄蕊群之外；聚合果球形，直径 1.5–3.5 厘米；果梗长 3–17 厘米；小浆果倒卵圆形，外果皮薄革质，干时显出种子。……
…………………………………………… 南五味子 *Kadsura longipedunculata*

五味子属 *Schisandra*

1. 雄蕊 10 枚，有花丝。
　2. 幼枝具棱翅，叶下面有白粉。………… **棱枝五味子** *Schisandra henryi*
　2. 幼枝圆形，无棱翅。 ………… **华中五味子** *Schisandra sphenanthera*
1. 雄蕊 5 枚，无花丝。
　3. 枝条紫褐色，或灰褐色，无榴状突起。
　　…………………………………… **二色五味子** *Schisandra bicolor*
　3. 枝条黑褐色，具明显的瘤状突起。
　　………………………………… **瘤枝五味子** *Schisandra tuberculata*

蜡梅科 CALYCANTHACEAE

1. 芽不具鳞片，而藏于叶柄基部之内；花顶生，褐红色或粉红白色；雄蕊多数（10–30）。 …………………………………… 夏蜡梅属 *Calycanthus*
1. 芽具鳞片，不藏于叶柄基部之内；花腋生，黄色或黄白色；雄蕊少数（5–6）。 …………………………………… 蜡梅属 *Chimonanthus*

夏蜡梅属 *Calycanthus*

1. 叶较小，宽 2–6 厘米；花红褐色，花被片宽 3–8 毫米。
　2. 叶、叶柄及幼枝均被短柔毛。………… **美国蜡梅** *Calycanthus floridus*
　2. 叶、叶柄及幼枝均无毛或几无毛。
　　………………… **光叶红** *Calycanthus floridus* var. *laevigatus*
1. 叶较大，宽 8–16 厘米；花白色，花被片宽 1.1–2.6 厘米。
　…………………………………… **夏蜡梅** *Calycanthus chinensis*

蜡梅属 *Chimonanthus*

1. 叶卵圆形、卵状披针形、椭圆形或宽椭圆形，无毛或仅叶背脉上被微毛。

2. 叶椭圆形至宽椭圆形或卵圆形，落叶；花直径2-4厘米；花被片外面无毛，内部花被片的基部有爪；花丝比花药长或等长。 ……………………………………………………… 蜡梅 *Chimonanthus praecox*

2. 叶卵状披针形，常绿；花直径7-10毫米；花被片外面被微毛，内部花被片的基部无爪；花丝比花药短。 …… 山蜡梅 *Chimonanthus nitens*

1. 叶线状披针形或长圆状披针形，叶背被短柔毛。

…………………………………………… 柳叶蜡梅 *Chimonanthus salicifolius*

金粟兰科 CHLORANTHACEAE

注：下列属具有以下共同特征。花两性，无花被；雄蕊3枚或1枚，着生于子房的一侧。

1. 雄蕊1枚，棒状或卵圆状，花药2室；灌木。 …… 草珊瑚属 *Sarcandra*

1. 雄蕊3枚（稀1枚），下部或基部多少结合，中央1枚花药2室，侧生的为1室。 …………………………………… 金粟兰属 *Chloranthus*

草珊瑚属 *Sarcandra*

半灌木，叶革质，边缘具粗锯齿；雄蕊棒状，药室比药隔短，柱头近头状；果球形。 …………………………………… 草珊瑚 *Sarcandra glabra*

金粟兰属 *Chloranthus*

半灌木，直立或稍平卧；茎圆柱形，无毛。叶对生，厚纸质，椭圆形或倒卵状椭圆形，长5-11厘米，宽2.5-5.5厘米，顶端急尖或钝，基部楔形，边缘具圆齿状锯齿，齿端有一腺体，腹面深绿色，光亮，背面淡黄绿色，侧脉6-8对，两面稍凸起；叶柄长8-18毫米，基部多少合生；托叶微小。穗状花序排列成圆锥花序状，通常顶生，少有腋生；苞片三角形；花小，黄绿色，极芳香；雄蕊3枚，药隔合生成一卵状体，上部不整齐3裂，中央裂片较大，有时末端又浅3裂，有1个2室的花药，两侧裂片较小，各有1个1室的花药；子房倒卵形。

…………………………………… 金粟兰 *Chloranthus spicatus*

樟科 LAURACEAE

注：下列属具有以下共同特征。有叶的乔木或灌木。

1. 花序成假伞形或簇状，稀为单花或总状至圆锥状，其下承有总苞，总苞片大而常为交互对生，常宿存。

    2. 花 2 基数，即花各部为 2 数或为 2 的倍数。

        3. 雌雄异株或两性花；雄花具 12 枚雄蕊，排成 3 轮，每轮 4 枚，全部
        具腺体。 ●●●●●●●●●●●●●●●●●●●●●●●●●●●●●● **月桂属 *Laurus***

        3. 雌雄异株；雄花具 6 枚雄蕊，排成 3 轮，每轮 2 枚，第三轮雄蕊具腺
        体，花药 4 室，室内向；雌花具 6 枚退化雄蕊。●●●●●●●●●
        ●●●●●●●●●●●●●●●●●●●●●●●● **新木姜子属 *Neolitsea***

    2. 花 3 基数，即花各部为 3 数或为 3 的倍数。

        4. 花药 4 室。 ●●●●●●●●●●●●●●●●●●●●●●● **木姜子属 *Litsea***

        4. 花药 2 室。 ●●●●●●●●●●●●●●●●●●●●●●● **山胡椒属 *Lindera***

1. 花序通常圆锥状，疏松，具梗，但亦有成簇状的，均无明显的总苞。

    5. 果着生于由花被筒发育而成的或浅或深的果托上，果托只部分地包被
    果。花序在开花前有大而非交互对生的迟落的苞片。

        6. 落叶，叶互生，常具浅裂。●●●●●●●●●●●●●●● **檫木属 *Sassafras***

        6. 叶常绿，通常互生稀对生，全缘。花序圆锥状；花药 4 室，均上下
        各 2；叶具羽状脉、三出脉或离基三出脉。●●●●● **樟属 *Cinnamomum***

    5. 果着生于无宿存花被的果梗上，若花被宿存时，则绝不成果托。

        7. 果时花被直立而坚硬，紧抱果上。●●●●●●●●●●●● **楠属 *Phoebe***

        7. 果时花被脱落，若宿存则绝不紧抱果上。花被裂片果时宿存，反卷
        或展开。●●●●●●●●●●●●●●●●●●●●●● **润楠属 *Machilus***

樟属 *Cinnamomum*

注：下列种具有以下共同特征。果时花被片完全脱落；芽鳞明显，覆瓦状；
叶互生，羽状脉、近离基三出脉或稀为离基兰出脉，侧脉脉腋通常在下面有腺窝
上面有明显或不明显的泡状隆起。叶老时两面或下面明显被毛，毛被各式，叶先
端呈尾状渐尖或骤然渐尖。

    1. 叶卵状椭圆形，下面干时常带白色，离基三出脉，侧脉及支脉脉腋下面
    有明显的腺窝。 ●●●●●●●●●●●●●●●●● **樟 *Cinnamomum camphora***

    1. 叶形多变，但下面干时不或不明显带白色，通常羽状脉，仅侧脉脉腋下
    面有明显的腺窝或无腺窝。

        2. 叶卵圆状长圆形至长圆状披针形，长 7–10 厘米，宽 3–3.5 厘米，先端
        锐尖至渐尖，基部宽楔形或钝形，两面无毛。花序无毛。●●●●●●
        ●●●●●●●●●●●●●●●●●●●● **天竺桂 *Cinnamomum japonicum***

        2. 叶卵形至长圆状卵圆形或卵圆状披针形，较小，先端锐尖或渐尖但绝

不为钝形，基部锐尖或圆形，革质或近革质至坚纸质，两面无毛，离基三出脉，侧脉达叶片长3/4处或近叶端处消失不贯至叶端，其间与中脉由横脉及小脉连接，叶柄长1.5-2厘米。花序多少被毛。圆锥花序均较长大，常与叶等长，被灰白短柔毛或微柔毛；叶卵圆形，卵状披针形至椭圆状长圆形；果椭圆形或卵球形，长在13毫米以上。

3. 植株全部无毛，叶革质，卵圆形或长圆状卵形，长8-11（14）厘米，宽4-5.5（9）厘米，先端锐尖，基部圆形，基生侧脉达叶片长3/4处消失，下面具明显而密集浅蜂巢状脉网；圆锥花序顶生；果托具齿裂，齿短而圆；野生植物，枝、叶、树皮干时不具香气。………
……………………………… **兰屿肉桂** *Cinnamomum kotoense*

3. 植株各部毛被污黄、黄褐至锈色，为短柔毛或短绒毛至柔毛。

  4. 叶下面横脉不明显，叶片长圆形至近披针形，长8-16（34）厘米，宽4-5.5（9.5）厘米，先端稍急尖，基部急尖，中脉和侧脉在上面凹陷，叶下面和花序有黄色短绒毛；花序与叶等长；枝、叶、树皮干时有浓烈的肉桂香气。 … **肉桂** *Cinnamomum cassia*

  4. 叶革质，椭圆形，卵状椭圆形至披针形，较小，老叶通常长在10厘米以下，宽在5厘米以下；枝、叶下面及花序被黄色平伏绢状短柔毛，叶下面毛被渐脱落而变稀薄，侧脉脉腋有时下面呈不明显囊状而上面略为泡状隆起。……………………………
……………………………… **香桂** *Cinnamomum subavenium*

山胡椒属 *Lindera*

注：下列种具有以下共同特征。每伞形花序具数朵花。

1. 叶具羽状脉。伞形花序着生于顶芽或腋芽之下（即缩短枝）两侧各一，或为混合芽，花后此短枝发育成正常枝条。

  2. 花、果序明显具总梗；果托扩展成杯状或浅杯状，至少包被果实基部以上；能育雄蕊腺体成长柄漏斗形；常绿。

   3. 叶簇生于枝端，果实椭圆形，果托扩展成杯状或浅杯状。

    4. 乔木；叶为倒卵状披针形或椭圆形，革质或近革质；果托杯形。

     5. 枝、叶无毛。……………………… **黑壳楠** *Lindera megaphylla*
     5. 枝、叶或多或少被毛。

    ……………………… **毛黑壳楠** *Lindera megaphylla* f. *trichoclada*

    4. 灌木；叶条形；果托浅杯状。

    ……………………… **四川山胡椒** *Lindera setchuenensis*

3. 叶于枝条疏生，叶纸质，倒卵形，有时为倒卵状披针形，网脉明显，网眼粗大。果实圆球形，直径达 1 厘米，果托扩展直径约 7 毫米，仅包被果实基部。 …………………………… **江浙山胡椒 Lindera chienii**

2. 花、果序无总梗或具短于花、果梗的总梗；果托不如上项扩展；能育雄蕊腺体为具柄及角突的宽肾形；落叶。

6. 花、果序具短于花、果梗的总梗。叶为椭圆形或宽椭圆形；幼枝条光滑、绿色，后变棕黄色或青灰色。

7. 幼枝条不见皮孔，绿色后变棕黄色；果实直径不及 1 厘米，果梗无皮孔。 …………………………… **山橿 Lindera reflexa**

7. 幼枝条皮孔明显，青灰色；果实直径达 1 厘米以上，果梗有皮孔。 …………………………… **大果山胡椒 Lindera praecox**

6. 花、果序不具总梗或具不超过 3 毫米的极短总梗。

8. 枝条灰白色；叶宽卵形至椭圆形，偶有狭长近披针形；芽鳞无脊。 …………………………… **山胡椒 Lindera glauca**

8. 枝条黄绿色；叶椭圆状披针形；芽鳞具脊。 …………………………… **狭叶山胡椒 Lindera angustifolia**

1. 叶具三出脉或离基三出脉。果圆球形，叶腋着生花序的短枝通常发育成正常枝条；落叶。

9. 果圆球形，叶腋着生花序的短枝通常发育成正常枝条；落叶。

10. 叶全缘，三出脉或离基三出脉；花序常着生于叶芽基部两侧各一。

11. 花、果序无总梗或具 3 毫米以下短总梗；离基三出脉，离基至少 3 毫米。叶长椭圆形至狭卵形，先端渐尖，叶脉常红色；幼枝条平滑，灰黑色。 …………………………… **红脉钓樟 Lindera rubronervia**

11. 花、果序明显具总梗，通常为离基三出脉，如为三出脉则第一对侧脉较叶缘为直；枝条平滑，干后棕黄色。

12. 叶通常卵形至宽卵形，长 5 厘米以上。 …………………………… **绿叶甘橿 Lindera fruticosa** var. *fruticosa*

12. 叶通常狭卵形，长在 5 厘米以下。 …………………………… **波密钓樟 Lindera fruticosa** var. *pomiensis*

10. 叶三裂，偶五裂；幼枝、叶下面毛被密厚，在第二年生枝、老叶仍有较厚毛被，至少在枝桠处及叶下脉上被毛。叶较小，通常长 3–4 厘米，革质，宽椭圆形至圆形或狭卵形，先端尾状渐尖或尾尖。花序在混合芽中；花、果序无总梗。叶近圆形或扁圆形，先端急尖，

基部宽楔形、近圆形至心形。 ··············

············· **三桠乌药** *Lindera obtusiloba* var. *obtusiloba*

9. 果椭圆形；花序单生于当年生枝上部叶腋及下部苞片腋内，或为 1 至多个着生于大多不发育成正常枝条的短枝上；常绿。

　　13. 幼枝及叶下面密被淡黄色或金黄色柔毛，老叶毛脱落成稀疏黑毛或残存黑色毛片或全部脱落成无毛；叶宽椭圆形至圆形，先端尾状渐尖。

　　·························· **乌药** *Lindera aggregata* var. *aggregata*

　　13. 幼枝及叶下面无毛或被极稀疏柔毛，不久脱落成无毛；叶狭卵形或狭椭圆形，先端尾状渐尖至尾尖。 ·············

　　············· **小叶乌药** *Lindera aggregata* var. *playfairii*

木姜子属 *Litsea*

注：下列种具有以下共同特征。伞形花序或由伞形花序组成的圆锥状、总状或近伞房状花序，每一伞形具多花。

1. 落叶，叶片纸质或膜质；花被裂片 6；花被筒在果时不增大，无杯状果托。

　　2. 叶柄长 2-8 厘米；叶片从圆形、圆状椭圆形至宽卵圆形。树皮小鳞片状剥落，内皮深褐色，呈鹿斑状；叶长 9.5-23 厘米，宽 5.5-13.5 厘米，基部耳形；果卵形，长 13-17 毫米，直径 11-13 毫米；果托杯状。

　　·························· **天目木姜子** *Litsea auriculata*

2. 叶柄长在 2 厘米以下。

　　3. 小枝无毛。小枝绿色，干后绿黑色；叶片下面无毛；叶片披针形、长圆形或倒卵状长圆形；每一伞形花序有花 4-6 朵；花丝中下部有毛；花梗和果梗无毛。 ················ **山鸡椒** *Litsea cubeba*

3. 小枝有毛。

　　4. 小枝、叶片下面被白色柔毛或绢状短柔毛；嫩枝的毛不甚脱落，二年生枝仍有较多的毛；顶芽鳞片外面被短柔毛。每一伞形花序有花 4-6 朵。果梗通常较短，长 2-4 毫米。·············

　　············· **毛山鸡椒** *Litsea cubeba* var. *formosana*

　　4. 小枝、嫩枝、叶下面具绢毛，嫩枝的毛脱落较快，二年生枝（开花、结果的枝）多已秃净；叶片披针形或倒卵状披针形。顶芽鳞片外面通常无毛或仅于上部有少数毛。····· **木姜子** *Litsea pungens*

1. 常绿，叶片革质或薄革质。花被裂片 6-8，雄蕊通常 9-12。

　　5. 花被筒在果时不增大或稍增大，果托扁平或呈浅小碟状，完全不包住果实。

    6. 叶片卵状长圆形至倒卵状长圆形。伞形花序及果序几无总梗，亦无花梗及果梗；果实球形，成熟时灰蓝色。叶片对生或互生，叶片互生。
    ………………… **豺皮樟** *Litsea rotundifolia* var. *oblongifolia*

    6. 叶片倒卵状披针形、椭圆形或卵状椭圆形，长 6-9 厘米，先端突尖，尖头钝，基部楔形；侧脉每边 9-12 条；嫩枝有柔毛；幼叶下面全被柔毛或沿中脉两侧有柔毛。 …………………
    ………………… **毛豹皮樟** *Litsea coreana* var. *lanuginosa*

  5. 被筒在果时很增大，成盘状或杯状果托，多少包住果实。伞形花序或果序单生或簇生。叶片披针形、窄披针形、长圆状披针形至倒披针形或长圆形至披针状椭圆形，先端渐尖、急尖或尾尖，通常较窄，多数宽在 4 厘米以下。叶先端短渐尖至钝形。伞形花序多单生；果梗较短，长约 2-3 毫米；叶长通常为宽的 4-5 倍或以上。 …………………
  ………………… **黄丹木姜子** *Litsea elongata* var. *elongata*

润楠属 *Machilus*

1. 侧脉 7-12 对。 ………………… **红楠** *Machilus thunbergii*
1. 侧脉 15 对以上。
  2. 侧脉 17-20 对。 ………………… **宜昌楠** *Machilus ichangensis*
  2. 侧脉 22-24 对。 ………………… **薄叶桢楠** *Machilus lepthophylla*

新木姜子属 *Neolitsea*

1. 叶互生或聚生枝顶呈轮生状，长圆形、椭圆形至长圆状披针形或长圆状倒卵形，长 8-14 厘米，宽 2.5-4 厘米，先端镰刀状渐尖或渐尖，基部楔形或近圆形，革质，上面绿色，无毛，下面密被金黄色绢毛，但有些个体具棕红色绢状毛，离基三出脉。 ………… **新木姜子** *Neolitsea aurata*
1. 与原变种不同在于叶片披针形或倒披针形，较狭窄，宽 0.9-2.4 厘米，下面薄被棕黄色丝状毛，毛易脱落，近于无毛，具白粉。 …………………
  ………………… **浙江新木姜子** *Neolitsea aurata* var. *chekiangensis*

楠木属 *Phoebe*

注：下列种具有以下共同特征。花被外面及花序完全无毛或被紧贴微柔毛。中脉在上面全部下陷，或下半部明显下陷。花序较粗壮或十分粗壮，在上端作 2 次分枝，每分枝的基部无宿存叶状苞片；侧脉及横脉在上面下陷不明显或不下

陷。果卵形。

1. 嫩叶下面密被紧贴白色绢状毛；叶倒阔披针形或倒卵状披针形，长7.5-18（23）厘米，宽3-4.5（6.5）厘米，下面苍白色，侧脉通常每边10-14条，粗壮；花序长8-14厘米；花被片明显具缘毛。 ………………
………………………………………………… **湘楠** *Phoebe hunanensis*

1. 嫩叶下面无毛或疏被短柔毛，绝不为紧贴白色绢状毛；花被片无缘毛或缘毛不明显。侧脉较粗，与横脉及小脉在下面明显或十分明显，小脉绝不近于消失，叶下面毛不紧贴。

  2. 果较大，长1.1-1.5厘米，椭圆状卵形、椭圆形至近长圆形；宿存花被片紧贴于果的基部。叶倒卵状椭圆形或倒卵状披针形，少为披针形，长7-17厘米，宽3-7厘米；种子多胚性，子叶不等大。 ………………
…………………………………………… **浙江楠** *Phoebe chekiangensis*

  2. 果较小，长1厘米以下，卵形；宿存花被片多少松散或明显松散，有时先端外倾。

    3. 老叶下面中脉和果梗近于无毛或疏被短柔毛。花较小，盛开时长2-3毫米；宿存花被片长约3毫米；叶倒卵形、倒卵状阔披针形或长圆状倒披针形，长8-20厘米，宽4-6（10）厘米；圆锥花序长6-16厘米。

      4. 一年生小枝、各级花序轴及花被外面密被黄褐色长柔毛或绢状毛；叶长圆状倒披针形或倒卵状阔披针形，长8-18厘米，宽3.5-6（10）厘米，下面干时黄褐色，侧脉每边通常6-8条。 …………
…………………………………………… **滇楠** *Phoebe nanmu*

      4. 一年生小枝、各级花序轴及花被外面疏被短柔毛；叶倒卵形或倒卵状阔披针形，长9-15（20）厘米，宽4-6（8）厘米，下面苍白色，侧脉每边通常7-10条。 ………… **台楠** *Phoebe formosana*

    3. 老叶下面（包括中脉）、小枝、花序及果梗通常密被长柔毛或绒毛；叶倒卵形、椭圆状倒卵形或倒阔披针形，长8-27厘米，宽4-7厘米，侧脉每边8-13条。 ………………… **紫楠** *Phoebe sheareri*

檫木属 *Sassafras*

特征同属。 ………………………………………… **檫木** *Sassafras tsumu*

月桂属 *Laurus*

常绿小乔木或灌木状，高可达12米，树皮黑褐色。小枝圆柱形，具纵向细条纹，幼嫩部分略被微柔毛或近无毛。叶互生，长圆形或长圆状披针形，长5.5-12厘米，宽1.8-3.2厘米，先端锐尖或渐尖，基部楔形，边缘细波状，革质。 ························ 月桂 *Laurus nobilis*

虎耳草科 SAXIFRAGACEAE

茶藨子属 *Ribes*

花单性，雌雄异株；枝无刺；总状花序长大，雄花序长 5-15 厘米，具花（4）10-30 朵花萼外面无毛。花序轴和花梗具柔毛和腺毛，果实红色。叶基部圆形至近截形；叶的顶生裂片长于侧生裂片，萼筒浅杯形，花萼红褐色；叶长卵圆形，稀近圆形，顶生裂片比侧生裂片长 2-3 倍，先端长渐尖，边缘具粗大单锯齿或混生少数重锯齿；萼片卵圆形或舌形。············ 冰川茶藨子 *Ribes glaciale*

鼠刺科 ITEACEAE

鼠刺属 *Itea*

花序腋生，直立，子房上位，雄蕊常短于花瓣或长于花瓣。叶长圆形，稀椭圆形，基部圆形或钝圆，边缘具明显的密锯齿，侧脉5-7对；苞片大，叶状，明显长于花梗。 ··················· 矩叶鼠刺 *Itea oblonga*

绣球科 HYDRANGEACEAE

1. 多年生草本；叶对生，掌状分裂；雄蕊为花瓣数的 3 倍。
1. 木本、灌木或攀援藤本，如为草本，叶不为掌状分裂；雄蕊多数至为花瓣数 2 倍。
  2. 花丝扁平，钻形，有时具齿；灌木；花序全为孕性花，花萼裂片绝不增大呈花瓣状。
    3. 叶通常被星状毛；花瓣 5，雄蕊 10-（-12-15）；蒴果 3-5 瓣裂。 ·· 溲疏属 *Deutzia*
    3. 叶无星状毛；花瓣 4，雄蕊 20-40；蒴果 4 瓣裂。 ·· 山梅花属 *Philadelphus*
  2. 花丝非扁平，线形，无齿；草本，直立或攀援灌木；花序全为孕性花或兼具不育花，花萼裂片增大或不增大呈花瓣状。

4. 花序全为孕性花，其花萼裂片绝不增大呈花瓣状。

    5. 攀援灌木，以气生根攀附于他物上；花柱1；粗短，柱头膨大呈圆锥状或盘状；蒴果。花萼裂片和花瓣4-5片，雄蕊8-10枚；花瓣上部连合成冠盖花冠，早落，柱头圆锥状。………………………
………………………………………… **冠盖藤属** *Pileostegia*

    5. 直立灌木或亚灌木；花柱3-6，细长，柱头长圆形或圆形；浆果，略干燥。…………………………………… **常山属** *Dichroa*

4. 花序具不育花和孕性花；不育花的花萼裂片增大呈花瓣状，稀不增大的。叶对生或近轮生；花药非倒心形，药隔狭，花柱细长。

    6. 不育花仅具增大的花萼裂片1-2片，不育花的萼片非盾状着生；雄蕊10，花柱单生；蒴果成熟时棱间开裂。………………………
………………………………………… **钻地风属** *Schizophragma*

    6. 不育花具花瓣状的花萼裂片2-5片，灌木或亚灌木，稀小乔木和木质藤本，茎多分枝；花瓣镊合状排列，花柱2-4（-5）分离或仅基部合生。……………………………… **绣球属** *Hydrangea*

溲疏属 *Deutzia*

注：下列种具有以下共同特征。花枝长约3厘米以上，花序有花5朵以上，花丝齿长不达花药。圆锥花序、总状花序或聚伞状圆锥花序；花萼裂片较萼筒短一半。叶两面被毛形状和疏密不同，星状毛有6-18辐线，下面较上面密且辐线数多一倍以上。

1. 花枝无毛；叶下面无毛，如下面被毛亦很稀疏。

…………………………………… **黄山溲疏** *Deutzia glauca*

1. 花枝被毛；叶两面均被毛，下面被毛较上面密。

    2. 叶下面灰白色，被极密星状毛，毛被连续覆盖。花枝上的叶柄长1-2毫米；叶上面被4-7（-8）辐线星状毛；花果均较小，花冠直径1-1.8厘米，果直径4-5毫米。………… **宁波溲疏** *Deutzia ningpoensis*

    2. 叶下面绿色，疏被星状毛，毛被不连续覆盖。

        3. 花梗和花萼被毛黄褐色；萼筒杯状，高约2.5毫米，直径约2毫米，裂片卵形。………………………… **齿叶溲疏** *Deutzia crenata*

        3. 花梗和花萼被毛灰绿色；萼筒浅杯状，高约3毫米，直径约4毫米，裂片三角形。………………… **长江溲疏** *Deutzia schneideriana*

绣球属 *Hydrangea*

1. 子房 1/3-2/3 上位；蒴果顶端突出。
  2. 蒴果顶端突出部分非圆锥形；花瓣分离，基部通常具爪。
    3. 子房近半上位或半上位；蒴果顶端 2/3 或 1/2 突出于萼筒；花瓣基部具爪；种子无翅。花序具不育花。二年生小枝或老枝红褐色或褐色，树皮呈薄片状剥落花序分枝 5 或 3，分枝为 5 者，其长短、粗细相若；叶长圆形或狭椭圆形，先端具尾状尖头或短尖头，两面被短柔毛或仅脉上被毛。·················· **中国绣球** *Hydrangea chinensis*
    3. 子房小半上位；蒴果近 1/3 或超过 1/3 突出于萼筒；叶边缘不反卷，有锯齿或粗长齿，椭圆形或阔椭圆形、倒卵形或倒卵圆形，两面或一面被粗毛或短柔毛或仅下面中脉上被稀疏短柔毛；花序分枝 3，近等长。
      4. 伞房状聚伞花序非球形，花多数为孕性花；叶椭圆形或近倒长卵形，先端渐尖，具长或稍短的尖头。叶两面无毛或近无毛，仅脉上尤其是下面脉上被卷曲短柔毛。蒴果长卵形；花柱粗短，长约 1 毫米，花药黄色。·········· **浙皖绣球** *Hydrangea zhewanensis*
      4. 伞房状聚伞花序近球形，花多数为不育花，如花序非球形，且孕性花多数，叶倒卵形或阔椭圆形，先端骤尖，具短尖头。········· ······························· **绣球** *Hydrangea macrophylla*
  2. 蒴果顶端突出部分圆锥形；花瓣分离，基部截平；花排成圆锥状聚伞花序；叶 2-3 片对生或轮生。········· **圆锥绣球** *Hydrangea paniculata*
1. 子房完全下位；蒴果顶端截平。
  5. 花瓣分离，基部截平；种子两端具翅。叶有锯齿，与其小枝和花序被非星状毛；苞片披针形或长卵形，初时非紧包着花序。叶下面密被颗粒状腺体。
    6. 叶下面密被灰白色、直或稍弯曲、彼此略交结的短柔毛，脉上的毛稍长；花柱多数 3，少有 2。············ **马桑绣球** *Hydrangea aspera*
    6. 叶下面密被灰白色糙伏毛；花柱 2。
      ·························· **蜡莲绣球** *Hydrangea strigosa*
  5. 花瓣连合成冠盖状；种子周边具翅；攀援藤本花冠顶端圆或有时略尖，但非喙状；叶下面非粉白色，通常无毛或有时于中脉、侧脉上被少许短柔毛。·················· **冠盖绣球** *Hydrangea anomala*

黄山梅属 *Kirengeshoma*

特征同属。⋯⋯⋯⋯⋯⋯⋯⋯⋯⋯⋯ 黄山梅 *Kirengeshoma palmata*

山梅花属 *Philadelphus*

1. 花柱纤细，柱头槌形，稀棒形，长 1-1.5 毫米，较花药短而狭，总状花序通常有花 3-7（-14）朵，下部分枝先端具 1 花，稀 3 花。
    2. 花梗和花萼外面无毛或疏被毛。花序轴和花萼干后黄绿色或黄褐色，萼裂片干后脉纹明显，无白粉。花柱从先端分裂至中部以下，基部被毛，花盘被毛或无毛。花瓣近圆形，长宽近相等，背面基部常有毛。
    ⋯⋯⋯⋯⋯⋯⋯⋯⋯⋯⋯ 疏花山梅花 *Philadelphus laxiflorus*
    2. 花梗和花萼外面密被毛。叶下面密被长粗毛，先端急渐尖；花萼外面密被紧贴糙伏毛。花药无毛。⋯⋯⋯⋯ 山梅花 *Philadelphus incanus*
1. 花柱粗壮，柱头棒形、桨形或匙形，长 1.5-2 毫米，较花药长或近相等，总状花序有花（5-）7-11（-30）朵，通常下部 1-3 对分枝顶端具 2-5 花，呈聚伞状或圆锥状排列。
    3. 叶下面密被柔毛；叶边缘具细尖锯齿。花萼外面无毛或疏被毛，有时仅萼筒棱脊上被毛。叶先端尾状渐尖。花柱上部约 1/3 分裂或仅基部合生。⋯⋯⋯⋯⋯⋯⋯ 绒毛山梅花 *Philadelphus tomentosus*
    3. 叶上面被糙伏毛，叶卵状椭圆形，叶下面稀疏被毛或仅沿叶脉被毛。花萼外面被毛。萼裂片卵形或卵状披针形，先端渐尖或急尖，尖头长 1-1.5 毫米；叶纸质，基部楔形或阔楔形，稀圆形。花萼和小枝褐色
    ⋯⋯⋯⋯⋯⋯⋯⋯⋯⋯ 绢毛山梅花 *Philadelphus sericanthus*

冠盖藤属 *Pileostegia*

小枝、叶和花序无毛或极少被星状绒毛或柔毛；叶椭圆状倒披针形或长椭圆形，基部楔形至阔楔形。⋯⋯⋯⋯⋯⋯⋯ 冠盖藤 *Pileostegia viburnoides*

钻地风属 *Schizophragma*

注：下列种具有以下共同特征。花二型，伞房状聚伞花序具不育花和孕性花。

1. 叶下面无颗粒状腺体。叶全缘或上部有稀疏、仅具硬尖头的小齿。叶下面无毛或仅在脉上稍有毛或沿中脉两侧有稠密的毛或脉腋间具髯毛。不育花花梗和萼片较长蒴果顶端突出，突出部分短圆锥状。蒴果钟状或陀

螺状，长 6-8 毫米，基部稍宽，阔楔形。·······································

·························· **钻地风** *Schizophragma integrifolium*

1. 叶下面具多数密集的颗粒状腺体。叶长卵形，下面脉上无毛或有时脉腋间具髯毛；小枝无毛。叶下面具多数密集的颗粒状腺体。叶片侧脉常有 1-4 条与侧脉近等粗的 2 级分枝，叶长卵形或阔卵圆形，基部圆形。

·························· **白背钻地风** *Schizophragma hypoglaucum*

海桐花科 PITTOSPORACEAE

海桐花属 *Pittosporum*

注：下列种具有以下共同特征。胎座 3-5 个，稀 2 个，位于果片中部，蒴果 3-5（-2）片；花序伞形。

1. 果片木质，厚 1-2.5 毫米，种子长 2-4 毫米。种子少于 25 个，果片 3 个，厚 1-2 毫米，子房有毛或无毛。

2. 蒴果直径 1.2 厘米，有毛，叶先端圆或纯。花序被毛。

·························· **海桐** *Pittosporum tobira*

2. 蒴果椭圆形或卵圆形，长不及 1.5 厘米，宽小于 1 厘米，子房有毛。叶（6-11）厘米×（2-4）厘米，萼片长 6-7 毫米，果片 3，厚 1 毫米，种子约 15 个，萼片长 4-7 毫米。果长 1.2 厘米。·················

·························· **尖萼海桐** *Pittosporum subulisepalum*

1. 果片薄革质，厚不及 1 毫米，种子长 3-7 毫米。

3. 蒴果椭圆形、倒卵形或长筒形。子房被密柔毛。蒴果长 1-1.2 厘米，萼片长 6-7 毫米，叶片矩圆状倒卵形，长 6-11 厘米。·················

·························· **尖萼海桐** *Pittosporum subulisepalum*

3. 蒴果圆球形，或略呈三角球形。叶倒卵状披针形，宽 2.5-4.5 厘米，萼片长约 2 毫米，果柄长 2-4 厘米。·······························

·························· **海金子** *Pittosporum illicioides*

杜仲科 EUCOMMIACEAE

杜仲属 *Eucommia*

花生于当年枝基部，雄花无花被；花梗长约 3 毫米，无毛；苞片倒卵状匙形，长 6-8 毫米，顶端圆形，边缘有睫毛，早落；雄蕊长约 1 厘米，无毛，花丝长约 1 毫米，药隔突出，花粉囊细长，无退化雌蕊。雌花单生，苞片倒卵形，花梗长 8 毫米，子房无毛，1 室，扁而长，先端 2 裂，子房柄极短。翅果扁平，长椭圆形。 ⋯⋯⋯⋯⋯⋯⋯⋯⋯⋯⋯⋯⋯⋯⋯⋯⋯⋯⋯⋯⋯⋯⋯⋯⋯ **杜仲** *Eucommia ulmoides*

蔷薇科 ROSACEAE

1. 果实为开裂的蓇葖果，稀蒴果；心皮 1-5（-12）；托叶或有或无。
　2. 果实为蓇葖果，开裂；种子无翅；花形较小，直径不超过 2 厘米。
　　3. 心皮 5，稀（1）3-4。
　　　4. 单叶。
　　　　5. 蓇葖果不膨大，沿腹缝线裂开；无托叶。花序伞形、伞形总状、伞房状或圆锥状；心皮离生；叶边常有锯齿或裂片，稀全缘。
　　　　　⋯⋯⋯⋯⋯⋯⋯⋯⋯⋯⋯⋯⋯⋯⋯⋯⋯⋯⋯ **绣线菊属** *Spiraea*
　　　　5. 蓇葖果膨大，沿背腹两缝线裂开；花序伞形总状；心皮基部合生；叶边有锯齿或裂片；有托叶。⋯⋯ **风箱果属** *Physocarpus*
　　　4. 羽状复叶；大型圆锥花序。灌木；一回羽状复叶，有托叶；心皮 5，基部合生。⋯⋯⋯⋯⋯⋯⋯⋯⋯⋯⋯⋯ **珍珠梅属** *Sorbaria*
　　3. 心皮 1-2；单叶，有托叶，早落。
　　　6. 花序总状或圆锥状；萼筒钟状至筒状；蓇葖果有 2-10（-12）种子。⋯⋯⋯⋯⋯⋯⋯⋯⋯⋯⋯⋯⋯⋯⋯⋯⋯⋯⋯ **绣线梅属** *Neillia*
　　　6. 花序圆锥状；萼筒杯状；蓇葖果有 1-2 种子。
　　　　⋯⋯⋯⋯⋯⋯⋯⋯⋯⋯⋯⋯⋯⋯⋯⋯ **小米空木属** *Stephanandra*
　2. 果实为蒴果；种子有翅；花形较大，直径在 2 厘米以上；单叶，无托叶。⋯⋯⋯⋯⋯⋯⋯⋯⋯⋯⋯⋯⋯⋯⋯ **白鹃梅属** *Exochorda*
1. 果实不开裂，全有托叶。
　7. 子房下位、半下位，稀上位；心皮（1）2-5，多数与杯状花托内壁连合；梨果或浆果状，稀小核果状。
　　8. 心皮在成熟时变为坚硬骨质，果实内含 1-5 小核，单叶。
　　　9. 叶边全缘；枝条无刺。心皮 2-5，全部或大部分与萼筒合生，成熟时为小梨果状。⋯⋯⋯⋯⋯⋯⋯⋯⋯⋯ **栒子属** *Cotoneaster*
　　　9. 叶边有锯齿或裂片，稀全缘；枝条常有刺。
　　　　10. 叶常绿；心皮 5，各有成熟的胚珠 2 枚。
　　　　　⋯⋯⋯⋯⋯⋯⋯⋯⋯⋯⋯⋯⋯⋯⋯⋯⋯⋯ **火棘属** *Pyracantha*

10. 叶凋落，稀半常绿；心皮 1-5，各有成熟的胚珠 1 枚。

    …………………………………………………… 山楂属 *Crataegus*

8. 心皮在成熟时变为革质或纸质，梨果 1-5 室，各室有 1 或多枚种子。

  11. 复伞房花序或圆锥花序，有花多朵。

    12. 单叶常绿，稀凋落。

      13. 心皮一部分离生，子房半下位。

        14. 叶片全缘或有细锯齿；总花梗及花梗无瘤状突起；心皮在果实成熟时上半部与萼筒分离，裂开成为 5 瓣。………

        …………………………………………………… 红果树属 *Stranvaesia*

        14. 叶片有锯齿，稀全缘；总花梗及花梗常有瘤状突起；心皮在果实成熟时仅顶端与萼筒分离，不裂开。…………

        …………………………………………………… 石楠属 *Photinia*

      13. 心皮全部合生，子房下位。

        15. 果期萼片宿存；花序圆锥状稀总状；心皮（2-）3-5；叶片侧脉直出。…………………………… 枇杷属 *Eriobotrya*

        15. 果期萼片脱落；花序总状稀圆锥状；心皮 2（-3）；叶片侧脉弯曲。…………………………… 石斑木属 *Raphiolepis*

    12. 单叶或复叶均凋落；总花梗及花梗无瘤状突起；心皮 2-5，全部或一部分与萼筒合生，子房下位或半下位；果期萼片宿存或脱落。…………………………… 花楸属 *Sorbus*

  11. 伞形或总状花序，有时花单生。

    16. 各心皮内含种子 3 至多数。

      17. 花柱离生；枝条无刺；果期萼片宿存；叶边全缘；花单生。

      …………………………………………………… 榅桲属 *Cydonia*

      17. 花柱基部合生；枝条有时具刺。萼筒外面无毛，萼片脱落；子房每室含多数胚珠；花单生或簇生。…………

      …………………………………………………… 木瓜属 *Chaenomeles*

    16. 各心皮内含种子 1-2。

      18. 子房和果实 2-5 室，每室 2 胚珠。

        19. 叶常绿；花序直立总状或圆锥状；果实较小，黑色，2 室，萼片脱落。…………………… 石斑木属 *Raphiolepis*

        19. 叶凋落；花序伞形总状；果形较大，2-5 室，萼片宿存或脱落。

          20. 花柱离生；果实常有多数石细胞。……… 梨属 *Pyrus*

20. 花柱基部合生；果实多无石细胞。 ····· 苹果属 *Malus*

    18. 子房和果实有不完全的 6–10 室，每室 1 胚珠；叶凋落；花序总状稀单花；萼片宿存。 ·········· 唐棣属 *Amelanchier*

7. 子房上位，少数下位。

    21. 瘦果或小核果，着生在扁平或隆起的花托上。

      22. 托叶不与叶柄连合；雌蕊 4–15，生在扁平或微凹的花托基部。落叶灌木；单叶；花大，单生。

        23. 叶互生；花无副萼，黄色，5 出；雌蕊 5–8，各含胚珠 1 枚。
        ················· 棣棠花属 *Kerria*

        23. 叶对生；花有副萼，白色，4 出；雌蕊 4，各含胚珠 2 枚。
        ················· 鸡麻属 *Rhodotypos*

      22. 托叶常与叶柄连合；雌蕊数枚至多数，生在球形或圆锥形花托上。

        24. 小核果相互聚合成聚合果，心皮各含胚珠 2 枚；着生于一个突出的花托上，茎常有刺，稀无刺。 ·········· 悬钩子属 *Rubus*

        24. 瘦果，生在杯状或坛状花托里面。雌蕊多数；花托成熟时肉质而有色泽；羽状复叶极稀单叶；灌木，枝常有刺。 ··········
        ················· 蔷薇属 *Rosa*

    21. 心皮常为 1，少数 2 或 5；核果；萼常脱落；单叶。

      25. 花瓣和萼片均大形，各 5。乔木或灌木，枝条髓部坚实，花柱顶生。

        26. 幼叶多为席卷式，少数为对折式；果实有沟，外面被毛或被蜡粉。

          27. 侧芽 3，两侧为花芽，具顶芽；花 1–2，常无柄，稀有柄；子房和果实常被短柔毛，极稀无毛；核常有孔穴，极稀光滑；叶片为对折式；花先叶开。 ·········· 桃属 *Amygdalus*

          27. 侧芽单生，顶芽缺。核常光滑或有不明显孔穴。

            28. 子房和果实常被短柔毛；花常无柄或有短柄，花先叶开。
            ················· 杏属 *Armeniaca*

            28. 子房和果实均光滑无毛，常被蜡粉；花常有柄，花叶同开。
            ················· 李属 *Prunus*

        26. 幼叶常为对折式，果实无沟，不被蜡粉，枝有顶芽。

          29. 花单生或数朵着生在短总状或伞房状花序，基部常有明显苞片；子房光滑；核平滑，有沟，稀有孔穴。⋯⋯⋯⋯⋯
⋯⋯⋯⋯⋯⋯⋯⋯⋯⋯⋯⋯⋯⋯ **樱属 *Cerasus***

29. 花小形，10 朵至多朵着生在总状花序上，苞片小形。
   30. 叶冬季凋落，花序顶生，花序梗上常有叶片，稀无叶。
   ⋯⋯⋯⋯⋯⋯⋯⋯⋯⋯⋯⋯⋯ **稠李属 *Padus***

   30. 叶常绿，花序腋生，花序梗上无叶片。
   ⋯⋯⋯⋯⋯⋯⋯⋯⋯⋯⋯⋯⋯ **桂樱属 *Laurocerasus***

25. 花瓣和萼片多细小，通常不易分清，10–12（–15）。落叶乔木或
   灌木，叶边有锯齿；托叶发达；单性花，心皮 2。⋯⋯⋯⋯
   ⋯⋯⋯⋯⋯⋯⋯⋯⋯⋯⋯⋯⋯ **臭樱属 *Maddenia***

绣线菊属 *Spiraea*

1. 花序着生在当年生具叶长枝的顶端，长枝自灌木基部或老枝上发生，或
   自去年生的枝上发生。花序为宽广平顶的复伞房花序，花白色、粉红色
   或紫色。
   2. 复伞房花序顶生于当年生直立的新枝上。花序被短柔毛，花常粉红色
      稀紫红色；蓇葖果成熟时略分开，无毛，稀仅沿腹缝具疏柔毛。叶片
      基部楔形至宽楔形，叶柄长 1–3 毫米。小枝无毛或稍有短柔毛；叶片
      先端多渐尖，单锯齿或重锯齿；花萼被稀疏短柔毛。⋯⋯⋯⋯⋯
      ⋯⋯⋯⋯⋯⋯⋯⋯⋯⋯⋯ **粉花绣线菊 *Spiraea japonica***

   2. 复伞房花序发生在去年生枝上的侧生短枝上。冬芽先端钝，具数个外
      露鳞片。雄蕊长于花瓣 2–3 倍；蓇葖果外被短绒毛；叶边有重锯齿。
      ⋯⋯⋯⋯⋯⋯⋯⋯⋯⋯⋯ **长蕊绣线菊 *Spiraea miyabei***

1. 花序由去年生枝上的芽发生，着生在有叶或无叶的短枝顶端。
   3. 花序为有总梗的伞形或伞形总状花序，基部常有叶片。冬芽具有数个
      外露鳞片。叶边有锯齿或缺刻，有时分裂。雄蕊短于花瓣或几与花瓣
      等长；萼片在果期直立或开展；伞形花序。
   4. 叶片、花序和蓇葖果无毛。
      5. 叶片先端急尖。
         6. 叶片菱状披针形至菱状长圆形，有羽状叶脉。
         ⋯⋯⋯⋯⋯⋯⋯⋯⋯⋯⋯ **麻叶绣线菊 *Spiraea cantoniensis***

         6. 叶片菱状卵形至菱状倒卵形，常 3–5 裂，具不显著 3 出脉。
         ⋯⋯⋯⋯⋯⋯⋯⋯⋯⋯⋯ **菱叶绣线菊 *Spiraea vanhouttei***

      5. 叶片先端圆钝。

7. 叶片近圆形，先端常 3 裂，基部圆形至亚心形，有显著 3-5 出脉。 ················· **三裂绣线菊** *Spiraea trilobata*

7. 叶片菱状卵形至倒卵形，基部楔形，具羽状叶脉或不显著 3 出脉。 ················· **绣球绣线菊** *Spiraea blumei*

4. 叶片下面有毛。

8. 花序无毛；叶片菱状卵形至椭圆形，先端急尖，基部宽楔形；蓇葖果除腹缝外全无毛。 ··········· **土庄绣线菊** *Spiraea pubescens*

8. 花序和蓇葖果具毛。叶片上面具稀疏柔毛。叶片下面密被绒毛。萼片卵状披针形；叶片菱状卵形至倒卵形，锯齿尖锐，下面密被黄色绒毛。 ················· **中华绣线菊** *Spiraea chinensis*

3. 花序为无总梗的伞形花序，基部无叶或具极少叶。叶边有缺刻或锯齿；雄蕊短于花瓣。叶边有多数尖锐锯齿；蓇葖果无毛或在腹缝稍具短柔毛。

9. 叶片卵形至长圆披针形，下面具短柔毛。

················· **李叶绣线菊** *Spiraea prunifolia*

9. 叶片线状披针形，无毛。 ··········· **珍珠绣线菊** *Spiraea thunbergii*

珍珠梅属 *Sorbaria*

圆锥花序密集，具直立分枝；果梗直立。雄蕊 20，与花瓣等长或稍短；花柱稍侧生。 ················· **华北珍珠梅** *Sorbaria kirilowii*

野珠兰属 *Stephanandra*

1. 叶片卵形至长椭卵形，长 5-7 厘米，边缘浅裂；花梗和萼筒无毛。

················· **华空木** *Stephanandra chinensis*

1. 叶片三角卵形或卵形，长 2-4 厘米，边缘深裂；花梗和萼筒被柔毛。

················· **小米空木** *Stephanandra incisa*

白鹃梅属 *Exochorda*

注：下列种具有以下共同特征。果实为蒴果；种子有翅；花形较大，直径在 2 厘米以上；单叶，无托叶。叶片全缘，极少数顶端有锯齿。 ················· ················· **白鹃梅属** *Exochorda*

1. 花梗长 5-15 毫米；花瓣基部急缩成短爪；雄蕊 15-20；叶柄长 5-15 毫米。 ················· **白鹃梅** *Exochorda racemosa*

1. 花梗短或近于无梗；花瓣基部渐狭成长爪；雄蕊 25-30；叶柄长 15-25 毫

米。 •••••••••••••••••••••••••••••••• 红柄白鹃梅 *Exochorda giraldii*

枸子属 *Cotoneaster*

1. 密集的复聚伞花序，花多数在 20 朵以上；花瓣白色，开花时平铺展开；叶片多大形，长 2.5–12 厘米。叶片革质，下面密被绒毛；果实红色。叶片先端急尖到渐尖，下面初被绒毛，老时逐渐脱落。花序长 2.5–5 厘米。叶片上面有浅皱纹，下面有绒毛及白霜；果实近球形，小核 2–3。 •••••••• •••••••••••••••••••••••••••• 柳叶枸子 *Cotoneaster salicifolius*
1. 花单生或稀疏的聚伞花序，花朵常在 20 以下。
   2. 花多数 3–15，极稀到 20 朵；叶片中形，长 1–6（–10）厘米；落叶极稀半常绿灌木。
      3. 花瓣白色，在开花时平铺展开；果实红色。
         4. 叶片下面无毛或稍具柔毛。花梗和萼筒外面有稀疏柔毛；叶片下面有短柔毛。 •••••••• 毛叶水枸子 *Cotoneaster submultiflorus*
         4. 叶片下面被绒毛或柔毛。萼筒外被柔毛或绒毛。落叶灌木；叶片草质；药黄色。叶片先端多急尖，下面具灰色绒毛；萼筒外被长柔毛；果实近球形，小核 1–2。 •••••••••••••••••••••••• ••••••••••••••••••••••••••• 华中枸子 *Cotoneaster silvestrii*
      3. 花瓣粉红色，开花时直立；果实红色或黑色。叶片下面密被绒毛或短柔毛；果实红色稀黑色。萼筒外面无毛或有稀疏柔毛。叶片先端圆钝或急尖。果实红色，具 2 小核。叶片椭圆卵形，下面密被短柔毛；花 2–5 朵。 •••••••••• 山东枸子 *Cotoneaster schantungensis*
   2. 花 1–2 朵。茎水平散开，呈规则地两列分枝；叶片近圆形或宽椭圆形，叶边平，无波状起伏；果实近球形，直径 4–6 毫米，小核 3 稀 2。 ••• •••••••••••••••••••••••••••• 平枝枸子 *Cotoneaster horizontalis*

火棘属 *Pyracantha*

1. 花稀疏排列；花梗长 4–10 毫米，无毛或有毛。叶片下面无毛或有短柔毛。叶片通常倒卵形至倒卵状长圆形，先端圆钝或微凹。叶边有圆钝锯齿，中部以上最宽，下面绿色。 •••••••••• 火棘 *Pyracantha fortuneana*

山楂属 *Crataegus*

1. 叶片浅裂或不分裂，侧脉伸至裂片先端，裂片分裂处无侧脉。果实红色稀黄色；花序有毛或无毛。枝上常具刺，叶片常分裂。

2. 叶边锯齿圆钝，中部以上有（1）2-4 对浅裂片，基部宽楔形；花梗及总花梗无毛；果实球形，暗红色，直径 2.5 厘米，小核 5。萼筒和萼片外面无毛，萼片全缘。……………… **湖北山楂** *Crataegus hupehensis*

2. 叶边锯齿尖锐，常具 3-7 对裂片，稀仅顶端 3 浅裂。花梗及总花梗外被柔毛或绒毛。

3. 叶片宽倒卵形至倒卵长圆形，基部楔形，顶端有缺刻或 3-（7）浅裂，下面具稀疏柔毛；果实近球形或扁球形，红色或黄色；小核 4-5，内面两侧平滑。……………… **野山楂** *Crataegus cuneata*

3. 叶片基部宽楔形至圆形，叶边有 3-7 对裂片；小核内面两侧有凹痕。叶片上面近于无毛，下面具稀疏柔毛。果实椭圆形，直径 6-7 毫米，外面无毛；小核 1-3。……………… **华中山楂** *Crataegus wilsonii*

1. 叶片羽状深裂，侧脉有的伸到裂片先端，有的伸到裂片分裂处。果实红色或黑色；小核内面两侧平滑。叶片基部截形或宽楔形，有 3-5 对深裂片，中脉或侧脉有短柔毛；果实球形，红色，小核 3-5。……………………
……………………………… **山楂** *Crataegus pinnatifida*

红果树属 *Stranvaesia*

叶边有锯齿。叶柄宽短，长不足 1 厘米；叶片椭圆形、长圆形至长圆倒卵形，长 4-10 厘米；伞房花序，具花 3-9 朵；果实卵形，红黄色，直径 1-1.4 厘米。……………… **毛萼红果树** *Stranvaesia amphidoxa*

石楠属 *Photinia*

1. 叶常绿；花序复伞房状；总花梗和花梗在果期无疣点。叶边全部或一部分有锯齿。叶片下面无黑色腺点。

2. 叶终年紫红色。……………… **红叶石楠** *Photinia* × *fraser*

2. 叶绿色。

3. 花序无毛或疏生柔毛。

4. 叶柄长 2-4 厘米；叶片长椭圆形、长倒卵形或倒卵状椭圆形。
……………………………… **石楠** *Photinia serrulata*

4. 叶柄长 0.5-2 厘米。花瓣内面有毛；叶片椭圆形、长圆形或长圆倒卵形，先端渐尖。……………… **光叶石楠** *Photinia glabra*

3. 花序有绒毛、绵毛或密生柔毛。叶柄长 2-4 厘米。
……………………………… **椤木石楠** *Photinia davidsoniae*

1. 叶在冬季凋落；花序伞形、伞房或复伞房状，稀为聚伞状；总花梗和花梗在果期有显明疣点。

5. 花序具多数花，通常在 10 朵以上，伞房状或复伞房状。

  6. 花序无毛。叶片长 3.5–12 厘米，边缘有锯齿。叶脉在叶片上面微陷。叶片先端渐尖或尾尖。叶片边缘有疏生锯齿。叶片长圆形、倒卵状长圆形、卵状披针形或倒卵状披针形，边缘不外卷，有具腺的锐锯齿。叶片上面无毛，下面中脉被柔毛，侧脉 9–14 对；果实卵形，果梗长 1–2 厘米。·············· **中华石楠** *Photinia beauverdiana*

  6. 花序有毛。总花梗及花梗均互生。

    7. 叶片下面绒毛永存，侧脉 10–15 对；叶片长椭圆形或长圆披针形。

    ·············· **绒毛石楠** *Photinia schneideriana*

    7. 叶片下面初被绒毛或柔毛，不久即脱落。叶片边缘有尖锐锯齿。果实及宿存萼片不成坛子状。叶片倒卵形或长圆倒卵形，成熟时仅下面叶脉有柔毛，侧脉 5–7 对。······ **毛叶石楠** *Photinia villosa*

5. 花序具少数花，通常 6–10 朵，伞形、伞房状或聚伞状。幼枝、叶片下面、叶柄、花梗及萼筒均密生褐色硬毛；叶片椭圆形。椭圆披针形或近卵形。·············· **褐毛石楠** *Photinia hirsuta*

枇杷属 *Eriobotrya*

幼叶下面有疏柔毛或绒毛，老时仍不脱落。叶边有疏锯齿或波状齿，近基部全缘。叶边有疏锯齿。叶片披针形、倒披针形、倒卵形或椭圆长圆形，长 12–30 厘米，宽 3–9 厘米，上面多皱，下面密生灰棕色绒毛；花柱 5。·············· ·············· **枇杷** *Eriobotrya japonica*

石斑木属 *Rhaphiolepis*

叶片无毛或仅在下面微具绒毛或柔毛；花序无毛或有毛。叶片卵形、倒卵形、椭圆形、长圆形至长圆披针形。叶片全部有稀疏锯齿。叶片卵形或长圆形，稀倒卵形或长圆披针形，长 2–8 厘米；花序有绒毛或无毛；花直径 10–15 毫米；果实直径 5–8 毫米。·············· **石斑木** *Rhaphiolepis indica*

花楸属 *Sorbus*

1. 单叶，叶边有锯齿或浅裂片。果实上无宿存的萼片，全部脱落；心皮 2–3，稀 4–5，全部与花托合生；花柱 2–5，基部合生。

  2. 叶片下面无毛或微具毛。叶脉（6）10–20（24）对，直达叶边锯齿尖端。叶柄长 1.5–3 厘米；果实椭圆形或卵形，2 室，不具斑点；叶边具尖锐重锯齿。 ························· **水榆花楸** *Sorbus alnifolia*

2. 叶片下面被绒毛。叶片下面密被白色绒毛，侧脉 8-15 对，直达叶边锯齿尖端。

   3. 果实椭圆形，近平滑；中脉、侧脉（8-15 对）和叶柄上均被白色绒毛。 ········· **石灰花楸** *Sorbus folgneri*

   3. 果实近球形，有少数斑点。

      4. 叶片下面被灰白色绒毛，中脉和侧脉（12-14 对）无毛，叶柄无毛或微具绒毛；花梗和萼筒外有白色绒毛。 ·····················
         ························· **江南花楸** *Sorbus hemsleyi*

      4. 叶片下面被黄白色绒毛，中脉和侧脉（10-17 对）以及花梗和萼筒外被棕色绒毛。 ················· **棕脉花楸** *Sorbus dunnii*

1. 羽状复叶；果实上有宿存的萼片；心皮 2-4，稀 5，大部分与花托合生；花柱 2-4 (5)，通常离生。小叶片 2-7 (9) 对。直立乔木或灌木，高在 3 米以上。小叶片先端急尖或渐尖，极少数圆钝，边缘具显明锯齿，不反卷。

   5. 托叶膜质，脱落早；果实白色或红色。叶边有尖锐锯齿。冬芽外面无毛；花直径不足 1 厘米；果实白色。小叶片 4-8 对，先端急尖或渐尖，上半部边缘均有锯齿，下面中脉上具绒毛。 ·····················
      ························· **湖北花楸** *Sorbus hupehensis*

   5. 托叶草质，脱落迟；果实红色。小叶片 5-7 对，下面无毛或仅中脉上具短柔毛，老时脱落无毛。叶边锯齿 9-14，尖锐，叶轴和叶片下面中脉上被锈褐色柔毛。 ················· **黄山花楸** *Sorbus amabilis*

榅桲属 *Cydonia*

落叶灌木或小乔木；枝条无刺；冬芽小，有少数鳞片，外被短柔毛。单叶，互生，全缘；有叶柄与托叶。花单生于小枝顶端；萼片 5，有腺齿；花瓣 5，倒卵形，白色或粉红色；雄蕊 20；花柱 5，离生，基部具毛；子房下位，5 室，每室具有多数胚珠。梨果具宿反折萼片。 ········· **榅桲** *Cydonia oblonga*

木瓜属 *Chaenomeles*

1. 枝无刺；花单生，后于叶开放；萼片有齿，反折；叶边有刺芒状锯齿，齿尖、叶柄均有腺；托叶膜质，卵状披针形，边有腺齿。 ·················
   ························· **木瓜** *Chaenomeles sinensis*

1. 枝有刺；花簇生，先于叶或与叶同时开放；萼片全缘或近全缘，直立稀反折；叶边有锯齿稀全缘；托叶草质，肾形或耳形，有锯齿。叶边有锯齿；萼片直立。

  2. 小枝平滑，二年生枝无疣状突起；果实中型到大型，直径 5-8 厘米，成熟期迟。叶片卵形至长椭圆形，幼时下面无毛或有短柔毛，叶边有尖锐锯齿；枝条初期直立，不久展开；花柱基部无毛或稍有毛。 …… …………………………………………… **皱皮木瓜** *Chaenomeles speciosa*

  2. 小枝粗糙，二年生枝有疣状突起；果实小型，直径 3-4 厘米，成熟期较早；叶片倒卵形至匙形，下面无毛，叶边有圆钝锯齿；花柱无毛。 …………………………………… **日本木瓜** *Chaenomeles japonica*

梨属 *Pyrus*

1. 果实上有萼片宿存；花柱 3-5。

  2. 叶边有不带刺芒的细锐锯齿或圆钝锯齿。果实近球形或倒卵形，褐色，3-4 室，果梗先端不肥厚，长 3-4 厘米。 ……… **麻梨** *Pyrus serrulata*

  2. 叶边有圆钝锯齿。果实黄绿色。果实倒卵形或近球形；叶片椭圆形至卵形；叶柄细，长 1.5-5 厘米。 ………… **西洋梨** *Pyrus communis*

1. 果实上萼片多数脱落或少数部分宿存；花柱 2-5。

  3. 叶边具有带刺芒的尖锐锯齿；花柱 4-5。果实褐色；叶片基部圆形或近心形。 ……………………… **沙梨** *Pyrus pyrifolia*

  3. 叶边有不带刺芒的尖锐锯齿或圆钝锯齿；花柱 2-4（-5）；果实褐色。

   4. 叶边有尖锐锯齿。果实近球形，2-3 室，直径 0.5-1 厘米；幼枝、花序和叶片下面均被绒毛。 ……………… **杜梨** *Pyrus betulifolia*

   4. 叶边有圆钝锯齿。雄蕊 20；花柱 2-3；叶片、花序均无毛。 …………………………………… **豆梨** *Pyrus calleryana*

海棠属 *Malus*

1. 叶片不分裂，在芽中呈席卷状；果实内无石细胞。

  2. 萼片脱落；花柱 3-5；果实较小，直径多在 1.5 厘米以下。

   3. 萼片披针形，比萼筒长。嫩枝和叶片下面常被绒毛或柔毛。叶边有尖锐锯齿，基部楔形，下面幼时具短柔毛，老时脱落近于无毛；花粉色；果实近球形，萼洼下陷；萼片脱落，少数宿存。 ………… …………………………………… **西府海棠** *Malus micromalus*

   3. 萼片三角卵形，与萼筒等长或稍短；嫩枝有短柔毛，不久脱落。

    4. 叶边有细锐锯齿；萼片先端渐尖或急尖；花柱 3，稀为 4；果实椭

圆形或近球形。 ·················· **湖北海棠** *Malus hupehensis*

   4. 叶边有钝细锯齿；萼片先端圆钝；花柱4或5；果实梨形或倒卵
形。 ·················· **垂丝海棠** *Malus halliana*

2. 萼片永存；花柱（4-）5；果形较大，直径常在2厘米以上。

   5. 萼片先端渐尖，比萼筒长。

     6. 叶边有钝锯齿；果实扁球形或球形，先端常有隆起，萼洼下陷；
果实直径大，果梗短；叶边锯齿稍深，小枝、冬芽及叶片上毛茸
较多。 ·················· **苹果** *Malus pumila*

     6. 叶边锯齿常较尖锐；果实卵形，先端渐狭，不或稍隆起，萼洼微
突。果形较大，果梗中长；叶片下面密被短柔毛。 ············
················ **花红** *Malus asiatica*

   5. 萼片先端急尖比萼筒短或等长；果梗细长。

     7. 叶片基部宽楔形或近圆形；叶柄长1.5-2厘米；果实黄色，基部
梗洼隆起，萼片宿存。 ············ **海棠花** *Malus spectabilis*

     7. 叶片基部渐狭成楔形；叶柄长2-3.5厘米；果实红色，基部梗洼
下陷，萼片宿存或脱落。 ············ **西府海棠** *Malus micromalus*

1. 叶片常分裂，稀不分裂，在芽中呈对折状；果实内无石细胞或有少数石
细胞。萼片宿存。果实先端隆起，果心分离。叶边有钝锯齿；果实直径
1.5-2.5厘米；果梗长3-5厘米，无毛；宿萼有长筒。 ·················
·················· **尖嘴林檎** *Malus melliana*

唐棣属 *Amelanchier*

叶边全部有锯齿；花梗、总花梗及嫩叶下面均密被绒毛。 ·················
·················· **东亚唐棣** *Amelanchier asiatica*

悬钩子属 *Rubus*

注：下列种具有以下共同特征。灌木或半灌木，常具粗壮皮刺或针刺。

1. 托叶着生于叶柄并其基部以上部分与叶柄合生，极稀离生，较狭窄，稀
较宽大，全缘，不分裂，极稀浅裂，宿存。

   2. 羽状复叶具（3）5-13枚小叶或为单叶；聚合果成熟时与花托分离，
空心。

     3. 心皮数10-70或稍多，着生于无柄的花托上。

       4. 花组成大型圆锥花序或总状花序。

5. 叶片下面密被绒毛。

  6. 植株无腺毛。大型圆锥花序或总状花序。小叶（5）7-9枚，长圆披针形或卵状披针形，边缘具粗锯齿或缺刻状重锯齿；枝、叶柄和花梗均无毛；花萼外无毛，仅内萼片边缘具绒毛，萼片顶端长渐尖。 ……… **华中悬钩子** *Rubus cockburnianus*

  6. 植株具腺毛。小叶3枚，稀5枚。

    7. 小叶3-5枚，卵形、近圆形、椭圆形至卵状披针形，边缘具粗锯齿或缺刻状重锯齿；总状花序，稀近圆锥状；常于花序和花萼具短腺毛；花梗长达1厘米；萼卵形，顶端急尖。 …………………… **白叶莓** *Rubus innominatus*

    7. 小叶常3枚，卵形、椭圆形或菱状椭圆形，边缘具粗钝锯齿；大型圆锥花序，腋生花序近总状；全休被短腺毛；花梗长1.5-2.5厘米；萼片披针形或卵状披针形，顶端尾尖。

    ………………………… **刺毛白叶莓** *Rubus spinulosoides*

5. 叶片下面具柔毛；植株具腺毛。

  8. 小叶常5枚，稀3枚，卵形至卵状披针形，边缘具粗锐锯齿；顶生花序圆锥状，腋生花序总状或近伞房状；花白色；花梗长1-2厘米。 ……………… **长序莓** *Rubus chiliadenus*

  8. 小叶常3枚，卵形或宽卵形，边缘具粗锐重锯齿；顶生花序总状，腋生者成花簇；花紫红色；花梗长6-10毫米。 ……

  ………………………… **腺毛莓** *Rubus adenophorus*

4. 花组成伞房状花序或花少数簇生及单生。果实具柔毛或无毛。小叶3-5枚；枝、叶柄和花梗无腺毛。

  9. 果实红色。

    10. 小叶3枚，稀5枚，菱状圆形或倒卵形，顶端圆钝；花萼外有柔毛和针刺。 ………………………………

    ………… **腺花茅莓** *Rubus parvifolius* var. *toapiensis*

    10. 小叶3枚，叶片披针形或长圆披针形；花萼外密被绒毛；小枝、叶柄和花梗均具柔毛；花数朵组成伞房或短总状花序。

    ………………………… **牯岭悬钩子** *Rubus kulinganus*

  9. 果实黄色。

    11. 花数朵成伞房花序或短缩总状花序；小叶5枚，稀3枚。叶片卵形、菱状卵形或宽卵形；伞房花序；花萼外被灰白色短柔毛；萼片长卵形至卵状披针形，顶端渐尖；花瓣倒卵形，

与萼片近等长或稍短。 ·············· **插田泡** *Rubus coreanus*

    11. 花常 1–4 朵簇生或成伞房状花序。小叶常 3 枚；枝疏生钩状
        或直立细皮刺；花萼外具针状或钩状小刺或无刺。低矮半灌
        木；小叶长圆形或椭圆状披针形，稀卵状披针形；顶生小叶
        柄长 1–2.5 厘米；花萼外具直立针刺。 ··············

        ·············· **黄果悬钩子** *Rubus xanthocarpus*

3. 心皮数约 100 或更多，着生于有柄的花托上；花单生或组成伞房花
  序，稀成圆锥花序。

    12. 小叶 5–7 枚，卵状披针形至披针形，边缘具不整齐尖锐锯齿；花
        3 至数朵组成伞房状花序，稀单生；萼片披针形，长 7–10 毫米；
        果实长圆形，长 12–18 毫米。 ··············

        ·············· **红腺悬钩子** *Rubus sumatranus*

    12. 小叶常 3 枚，稀 5 枚。植株全体被柔毛和腺毛；叶片卵形或宽卵
        形，顶端急尖至渐尖，基部宽楔形至圆形，边缘具尖锐重锯齿；
        花梗长（2）3–6 厘米；花直径 3–4 厘米。 ··············

        ·············· **蓬蘽** *Rubus hirsutus*

2. 单叶。

    13. 心皮多数，约 100 或稍多；果实圆柱形或圆筒形；叶宽大，盾状。

        ·············· **盾叶莓** *Rubus peltatus*

    13. 心皮较少数，10–60，稀较多；果实近球形或卵球形；叶较小，非
        盾状。

    14. 叶片不分裂或 3 裂，基部常具掌状 3 出脉，无毛或有柔毛。

      15. 植株全体具柔毛，稀仅沿叶脉有柔毛。

        16. 植株无腺毛；果实被柔毛。叶片卵形至卵状披针形，不分
          裂，稀于不孕枝上的叶 3 浅裂；花常单生，直径 2–3 厘米；
          花萼无刺。植株全体具柔毛；萼片卵形或三角状卵形，长 5–
          8 毫米，顶端急尖至短渐尖；花瓣白色，长于萼片。·······

        ·············· **山莓** *Rubus corchorifolius*

        16. 植株有腺毛；叶片卵状披针形；花单生，直径约 1.5 厘米；
          花萼外无刺；果实无毛。 ··············

        ·············· **光果悬钩子** *Rubus glabricarpus*

     15. 植株全体无毛，也无腺毛。叶片卵状披针形或长圆披针形；花
        常 3 朵或 3 朵以上成短总状花序；雌蕊 10–50。·············

        ·············· **三花悬钩子** *Rubus trianthus*

14. 叶边掌状 3-5 裂，稀 7 裂，基部常具掌状 5 出脉，两面沿叶脉有柔毛；植株无腺毛。叶片近圆，掌状 5 深裂，稀 3 或 7 裂，裂片基部狭缩；单花；花梗长 2-3.5 厘米；花直径 2.5-4 厘米；果实直径 1.5-2 厘米，密被柔毛。 ……… **掌叶覆盆子** *Rubus chingii*

1. 托叶着生于叶柄基部和茎上，离生，较宽大，常分裂，宿存或脱落。

  17. 植株具皮刺；托叶早落；叶常为单叶，稀掌状或鸟足状复叶；花常成圆锥花序、总状花序或伞房状花序，稀数朵簇生或单生。

    18. 花成顶生圆锥花序或圆锥花序分枝短小而近似总状花序，稀花少数簇生于叶腋。

      19. 掌状复叶具小叶 3-5 枚。小叶有网状脉，侧脉数较少，弧曲状贯穿。叶片下面被疏柔毛；托叶和苞片较大，叶状，长 20-35 毫米，不分裂，有锯齿。 …… **托叶悬钩子** *Rubus foliaceistipulatus*

      19. 单叶，有网状脉。

        20. 托叶和苞片较狭小，长在 2 厘米以下，宽不足 1 厘米，分裂或全缘。

          21. 叶片下面无毛或有柔毛。叶片宽卵形，稀长圆状卵形，叶片基部心形；叶柄长 2-5 厘米；花梗长 0.5-1 厘米；萼片卵状披针形，全缘；顶生花序为疏松宽大圆锥花序；雌蕊 15-20。

          ……………………… **高粱泡** *Rubus lambertianus*

          21. 叶片下面密被绒毛，稀具疏柔毛或无毛。

            22. 叶片狭长，卵状长圆形、卵状披针形至披针形，不分裂，稀近基部有浅裂片，具羽状脉；叶柄长 0.5-2 厘米，极稀达 4 厘米。叶片下面无毛或具疏柔毛。

              23. 叶片基部圆形；叶柄长 7-9 毫米；托叶和苞片较宽大，长圆披针形或椭圆披针形，全缘或边缘有稀疏浅锯齿；花序无腺毛，有柔毛。 ………………

              ………………… **短柄悬钩子** *Rubus brevipetiolatus*

              23. 叶片基部深心形；叶柄长 1-4 厘米；托叶和苞片狭窄，长圆披针形或卵状披针形至钻形，全缘或分裂。

                24. 花成顶生和腋生狭圆锥花序或近总状花序，有多数花，具腺毛。

                  25. 叶片卵状披针形，基部弯曲宽大；叶柄长 2-4 厘米，无毛；托叶全缘；花序有疏腺毛气和柔毛。

                ………………… **宜昌悬钩子** *Rubus ichangensis*

25. 叶片披针形或长圆披针形，基部弯曲狭窄；叶柄长 1-2 厘米，无毛或上面稍有毛；托叶分裂几达中部；花序无腺毛，无毛，稀于萼上疏生腺毛。 ⋯⋯⋯⋯ ⋯⋯⋯⋯⋯⋯ **耳叶悬钩子** *Rubus latoauriculatus*

24. 花成顶生和腋生近总状花序，有少数花，无腺毛，有长柔毛；叶片长圆形至卵状长圆形；叶柄长 1-2 厘米；托叶深裂。⋯⋯⋯⋯⋯ **裂叶悬钩子** *Rubus howii*

22. 叶片宽大，近圆形、宽卵形、卵状披针形至椭圆形，浅裂，基部有掌状 5 出脉；叶柄长在 2 厘米以上，稀较短。

26. 枝、叶柄和花序被细短柔毛；叶边裂片急尖；花萼被灰白色至黄灰色短柔毛和绒毛；萼片宽卵形，外萼片边缘羽状条裂。⋯⋯⋯⋯⋯ **湖南悬钩子** *Rubus hunanensis*

26. 枝、叶柄和花序被绒毛状长柔毛；叶边裂片圆钝；花萼密被淡黄色长柔毛和绒毛；萼片披针形或卵状披针形，外萼片仅顶端浅裂。 ⋯⋯⋯⋯⋯ **寒莓** *Rubus buergeri*

20. 托叶和苞片宽大，通常长 2-5 厘米，宽 1-2 厘米，稀较短小，分裂或有锯齿 。

27. 叶片近圆形，下面被灰色、黄灰色或黄褐色绒毛，顶端急尖或圆钝。托叶长圆形，长 2-3 厘米；叶片下面被灰色或黄灰色绒毛，边缘波状或不明显浅裂，裂片圆钝或急尖；花序和花萼密被绒毛状柔毛；萼片宽卵形，顶端短渐尖。 ⋯⋯⋯

⋯⋯⋯⋯⋯⋯ **尖裂灰毛泡** *Rubus irenaeus* var. *innoxius*

27. 叶片宽卵形至长卵形，下面被灰色绒毛，顶端渐尖；托叶长圆形，长达 2.5 厘米；花序和花萼被绒毛状柔毛。 ⋯⋯⋯

⋯⋯⋯⋯⋯⋯⋯⋯⋯⋯⋯⋯⋯ **太平莓** *Rubus pacificus*

18. 花成简单总状花序。单叶。叶片不分裂或浅裂。叶片卵形、宽卵形至长圆披针形，结果枝上的叶片下面绒毛脱落；花萼外被灰色绒毛；萼片卵形或三角状卵形。⋯⋯⋯⋯⋯ **木莓** *Rubus swinhoei*

17. 植株常被刺毛，稀被疏针刺或小皮刺；托叶宿存或脱落；单叶；花单生、数朵簇生或成短总状花序及圆锥花序。

28. 叶片下面具绒毛。叶边不分裂或浅裂，下面绒毛不脱落；托叶卵状披针形至长卵形，长 1.5-2 厘米，边缘羽状浅条裂。叶边 3-5 浅裂，叶片近圆形或宽卵形，老时下面绒毛脱落，仅有柔毛残留；托叶宽，长约 1 厘米，掌状深裂。 ……………………………………………………
………………………………… **东南悬钩子 *Rubus tsangiorum***

28. 叶片下面具柔毛或近无毛。花 4–12 朵成顶生近总状花序，稀 3–5 朵簇生；叶片近圆形或宽长卵形，边缘浅裂；外萼片常分裂。叶片宽长卵形，边缘 3–5 裂，顶生裂片比侧生者大数倍；花直径 1–1.5 厘米；花瓣白色，长 4–6 毫米，比萼片短得多。 ……………………
………………………………… **周毛悬钩子 *Rubus amphidasys***

蔷薇属 *Rosa*

注：下列种具有以下共同特征。花常成伞房状花序或单生，羽状复叶，有托叶。萼筒坛状；瘦果着生在萼筒边周及基部。

1. 托叶大部分贴生叶柄上，宿存。
　2. 花柱离生，不外伸或稍外伸，比雄蕊短。
　　3. 花单生，无苞片，稀有数花。
　　　4. 小叶 5–9，稀 15–17，常小形；花常白色或黄色。小叶片宽卵形或近圆形，稀椭圆形，下面被稀疏柔毛，边缘锯齿较圆钝；花直径 3–4（–5）厘米；枝条基部无针刺。 …… **黄刺玫 *Rosa xanthina***
　　　4. 小叶 3–5；花常粉或红色。
　　　　5. 皮刺大小不等；小叶边常有带腺重锯齿；花常单生。
　　　　　6. 小叶片 3–5，厚革质；花梗直立。 … **法国蔷薇 *Rosa gallica***
　　　　　6. 小叶片 5，稀 7，薄纸质，有时单锯齿；花梗弯曲。
　　　　　………………………………… **百叶蔷薇 *Rosa centifolia***
　　　　5. 皮刺大小一致；小叶 5–7，边常有单锯齿，无腺；花常数朵成伞房状花序。
　　　　　7. 小叶卵状长圆形，下面常被短柔毛；萼筒有腺毛；花瓣粉色至粉红色，单瓣或重瓣。 ……… **突厥蔷薇 *Rosa damascena***
　　　　　7. 小叶 3（–7）宽卵形或宽椭圆形，下面有短柔毛；萼筒光滑，花白色或淡粉色，重瓣。 ………………… **白蔷薇 *Rosa alba***
　　3. 花多数成伞房花序或单生均有苞片，小叶 5–11。花托（萼筒）上部和萼片、花盘、花柱在果实成熟时不脱落。
　　　8. 伞房花序多花。萼片全缘。小枝通常仅有皮刺，有时几无刺。小叶 7–11。小叶下面无毛或近于无毛，单锯齿，花红色，伞房花序。小叶片长 1–2.5 厘米，中部以下近全缘；花梗长 1.5–3 厘米，光滑无毛或有稀疏腺毛，花直径 2-3.5 厘米。 ……………………

……………………………… 钝叶蔷薇 *Rosa sertata*

   8. 单花，托叶下面无皮刺。小枝和皮刺被绒毛；小叶质地较厚，上
      面有明显褶皱，下面密被绒毛和腺体。 ……… 玫瑰 *Rosa rugosa*

2. 花柱外伸。

  9. 花柱离生，短于雄蕊；小叶常 3-5。

    10. 常绿或落叶灌木，小叶 3 或 5；托叶边缘有腺毛；花红色、粉红
       色稀白色，通常 4-5 朵稀单生，微香或无香；萼片常有羽裂片，
       稀全缘；果卵球形或梨形。 …………… 月季花 *Rosa chinensis*

    10. 常绿或半常绿藤本；托叶边缘无腺或仅在游离部分有腺。

      11. 小枝有稀疏钩状皮刺；小叶 5-7；花单生或 2-3 朵，粉色、黄
        色或白色，直径 5-10 厘米，很香，萼片大部分全缘，稀有羽
        裂片；果实扁球形。 ……………… 香水月季 *Rosa odorata*

      11. 小枝上除皮刺外，有时密被刺毛；小叶 3（-5）；花单生，紫
        红色，直径 3-3.5 厘米，萼片全缘，稀有缺刻；果实梨形或倒
        卵球形。 ……………………… 亮叶月季 *Rosa lucidissima*

  9. 花柱合生，结合成柱，约与雄蕊等长；小叶 5-9。

    12. 托叶篦齿状或有不规则锯齿。小叶 7-9，稀 5，不为披针形。托叶
       篦齿状；小叶下面被短柔毛或两面被毛；花柱无毛。花多朵，成
       圆锥状花序；小叶片长 1.5-5 厘米，仅下面被稀疏柔毛。 ……

      ……………………………… 野蔷薇 *Rosa multiflora*

    12. 托叶全缘，常有腺毛。

      13. 小叶两面被毛或仅下面被毛。小叶卵状椭圆形、长圆形或长圆
        倒卵形，仅下面被柔毛；小枝有毛或无毛；花多朵成伞房状或
        伞形伞房状花序，花直径 1.5-4 厘米。小叶下面有稀疏柔毛或
        沿脉较密，叶质地较薄，上面无褶皱。小叶通常 5，稀 7，卵状
        椭圆形至倒卵形，长 3-6 厘米，先端尾状渐尖，下面全部被短
        柔毛；萼片披针形，通常全缘。 …… 悬钩子蔷薇 *Rosa rubus*

      13. 小叶片两面无毛或下面仅沿脉微有柔毛。小叶片不呈革质，无
        光泽；花瓣外面无毛。

        14. 小叶 5-9，通常 7。小叶片较小，长 1-3 厘米，下面无腺；
         花为伞房花序，稀单生，花梗长不到 1 厘米。 ……………

        ……………………………… 川滇蔷薇 *Rosa soulieana*

        14. 小叶 3-5 小叶片大，长 3.5-9 厘米，下面无腺，边缘为单锯

齿。 …………………………………… 软条七蔷薇 *Rosa henryi*

1. 托叶离生或近离生，早落。

  15. 小枝光滑无毛；小叶 3-5；花柱离生，不外伸。

    16. 花梗和萼筒均光滑；花小，黄色或白色，多花成花序；托叶钻形。

      17. 伞房花序；萼片全缘。 ………………… 木香花 *Rosa banksiae*

      17. 复伞房花序；萼片有羽状裂片。 ……… 小果蔷薇 *Rosa cymosa*

    16. 小枝、花梗和萼筒被针刺；花大，白色，单生；托叶有齿。花梗和萼筒被针刺；花大，白色，单生；托叶有齿。 ……………………

      …………………………………… 金樱子 *Rosa laevigata*

  15. 小枝密被绒毛或柔毛；小叶 7-9，托叶篦齿状分裂；花单生有大形苞片；花柱离生，稍外伸。萼筒杯状；瘦果着生在基部突起的花托上；花柱离生不外伸。小叶两面无毛；萼片羽状分裂，萼筒和萼片外面密被针刺。花单生或 2-3 朵集生；花瓣淡红色或粉红色，花直径 5-6 厘米。 …………………………… 缫丝花 *Rosa roxburghii*

桃属 *Amygdalus*

1. 果实成熟时干燥无汁，开裂。枝无刺。萼筒宽钟形；叶片近圆形、椭圆形至倒卵形，被短柔毛；花梗长 4-8 毫米。灌木稀小乔木，高 2-3 米；叶片先端常 3 裂，边缘具粗锯齿或重锯齿；核近球形，两端圆钝，表面具网状浅沟纹。 ………………… 榆叶梅 *Amygdalus triloba*

1. 果实成熟时肉质多汁，不开裂，稀具干燥的果肉。核有深沟纹和孔穴。

  2. 叶片下面脉腋间有少数短柔毛，稀无毛；花萼外面被短柔毛；果肉厚而多汁；核两侧扁平，顶端渐尖。核表面具纵、横向不规则沟纹和孔穴；叶片侧脉不直达叶缘，在叶边结合成网状。 …………………

    …………………………………… 桃 *Amygdalus persica*

  2. 叶片下面无毛；花萼外面无毛；果肉薄而干燥；核两侧通常不扁平，顶端圆钝。叶片基部楔形，边缘具细锐锯齿；果实及核近球形。 ……

    …………………………………… 山桃 *Amygdalus davidiana*

杏属 *Armeniaca*

1. 一年生枝灰褐色至红褐色。叶边具细小圆钝或锐利单锯齿。果实黄色至黄红色，稀白色，具红晕或无。叶片两面无毛或仅下面脉腋间具柔毛（仅西伯利亚杏的一个变种叶片下面具短柔毛）；果梗短或近无梗。乔木，高 5-8（12）米；叶片宽卵形或圆卵形，先端急尖至短渐尖；果实多汁，

成熟时不开裂；核基部常对称。 …………………… **杏** *Armeniaca vulgaris*

1. 一年生枝绿色；叶边具小锐锯齿，幼时两面具短柔毛，老时仅下面脉腋间有短柔毛；果实黄色或绿白色，具短梗或几无梗；核具蜂窝状孔穴。 …………………………………………… **梅** *Armeniaca mume*

李属 *Prunus*

1. 叶片下面被短柔毛，果红色、紫色或黄色和绿色，被蓝黑色果粉，通常有明显纵沟。 ………………………… **欧洲李** *Prunus domestica*
1. 叶片下面无毛或多少有微柔毛或沿中脉被柔毛；果黄色或红色，不被蓝黑色果粉。
   2. 花通常单生，很少混生 2 朵；叶终年紫红色。
      …………………… **紫叶李** *Prunus cerasifera* f. *atropurpurea*
   2. 花通常 3 朵簇生，稀 2；叶片下面无毛或微被柔毛；果核常有沟纹。果实大，直径 5-7 厘米，叶片光滑无毛。………… **李** *Prunus salicina*

樱属 *Cerasus*

1. 腋芽单生；花序多伞形或伞房总状，稀单生；叶柄一般较长。
   2. 萼片反折。
      3. 花序上有大形绿色苞片，果期宿存，或伞形花序基部有叶。花序伞形，有总梗稀无总梗。叶边锯齿急尖渐尖或骤尖，有顶生腺体。
         4. 苞片边缘有盘状腺休。萼筒被稀疏柔毛，花先叶开放稀花叶同开，花瓣顶端二裂。 ………………… **迎春樱桃** *Cerasus discoidea*
         4. 苞片边缘有圆锥形或小球形腺体。萼筒无毛；小枝叶柄及叶下面沿脉被疏柔毛或完全无毛。………… **微毛樱桃** *Cerasus clarofolia*
      3. 花序上苞片大多为褐色，稀绿褐色，通常果期脱落，稀小形宿存。花瓣顶端二裂或微凹。
         5. 萼片较萼筒长 0.5-2 倍。小叶、叶柄、叶片下面及花梗被柔毛；花先叶开放或花叶同开；花序近伞形，有花 3-6 朵，苞片边缘常撕裂状，裂片顶端有长柄腺体。…… **尾叶樱桃** *Cerasus dielsiana*
         5. 萼片较萼筒短稀近等长。花梗及筒萼被疏柔毛。叶边有尖锐重锯齿。叶片下面沿脉被疏柔毛；花序伞房状或伞形，有花 3-6 朵；萼筒钟状，花柱无毛。………… **樱桃** *Cerasus pseudocerasus*
   2. 萼片直立或开张。叶边多为尖锐重锯齿，稀单锯齿。
      6. 花梗及萼筒被柔毛。

7. 叶片侧脉直出，几平行 10-14 对，下面微被柔毛；花序伞形有花
   2-3 朵，总梗长 1-2 厘米；萼筒管状，萼片与萼筒近等长，有疏齿。
   ················· **大叶早樱** *Cerasus subhirtella*
7. 叶片侧脉微弯 7-10 对，下面沿脉被稀疏柔毛。花序伞形总状有花
   3-4 朵，总梗极短；萼筒管状，萼片略短于萼筒，有腺齿；果黑色。
   ················· **东京樱花** *Cerasus yedoensis*
   6. 花梗及萼筒无毛。叶边尖锐锯齿呈芒状；花序近伞形或伞房总状，
      有花 2-3 朵，花叶同开；萼筒钟状，萼片全缘；花柱无毛；果黑色。
      ················· **山樱花** *Cerasus serrulata*
1. 腋芽三个并生，中间为叶芽，两侧为花芽。
   8. 萼片反折，萼筒杯状或陀螺状，长宽近相等；花序伞形，有 1-4 花，
      花梗明显；花柱无毛或仅基部有柔毛。
      9. 叶片中部或中部以上最宽，基部楔形至宽楔形。
         10. 叶片下面被微硬毛或仅脉上被疏柔毛。叶片先端圆钝稀急尖，基
             部楔形，下面密被黄褐色，微硬毛；花柱无毛。 ·············
             ················· **毛叶欧李** *Cerasus dictyoneura*
         10. 叶片下面无毛或仅脉腋有簇毛。
             11. 叶片中部以上最宽，倒卵状长圆形或倒卵状披针形，先端急尖
                 或短渐尖；花柱无毛。 ············· **欧李** *Cerasus humilis*
             11. 叶片中部或近中部最宽，卵状长圆形或长圆披针形，先端急尖
                 或渐尖；花柱基部有疏柔毛或无毛。 ·············
                 ················· **麦李** *Cerasus glandulosa*
      9. 叶片中部以下最宽，卵形或卵状披针形，先端渐尖至急尖，基部圆
         形；花柱无毛。 ············· **郁李** *Cerasus japonica*
   8. 萼片直立或开展，萼筒管状长大于宽；花 1-2 朵，花梗较短，1.5-2.5
      毫米；花柱全部或基部被柔毛。叶片卵状椭圆形或倒卵状椭圆形，先
      端急尖或渐尖，长 2-7 厘米，上面被疏柔毛，下面密被绒毛，后渐稀
      疏。 ················· **毛樱桃** *Cerasus tomentosa*

稠李属 *Padus*

1. 花萼在果期宿存；雄蕊 10；花序基部无叶。小枝和叶片下面无毛；花序
   无毛或有稀疏短柔毛；叶片椭圆形或长圆椭圆形。 ·············
   ················· **橉木** *Padus buergeriana*
1. 花萼在果期脱落；雄蕊 20-35，花序基部有叶，极稀无叶。花序基部有

叶；叶片下面无腺体。

  2. 花梗和总花梗在果期不增粗，也不具浅色明显增大皮孔；叶边锯齿
    较密。

    3. 花柱长，伸出花瓣和雄蕊之外，叶常带黄绿色，叶边锯齿锐尖；叶
      柄顶端无腺体。 ························· **灰叶稠李** *Padus grayana*

    3. 花柱与雄蕊近等长，花梗短，长不超过 1 厘米。萼筒内面被毛。

      4. 叶边有带短芒锯齿，基部多近心形，稀圆形，顶端长渐尖；花序
        长 15-30 厘米。叶片下面无毛，总花梗和花梗不被棕褐色柔毛；
        叶片长圆形，稀椭圆形，基部圆形、微心形，稀截形。 ···········
         ···························· **短梗稠李** *Padus brachypoda*

      4. 叶边锯齿不带芒，基部通常圆形或宽楔形，先端急尖或短渐尖；
        花序长不超过 15 厘米。叶边有细锯齿。叶片下面无毛，小枝、总
        花梗和花梗无毛或被短柔毛。 ·········· **细齿稠李** *Padus obtusata*

  2. 花梗和总花梗在果期增粗，并有明显增大的浅色皮孔；叶边有较疏锯
    齿。小枝密被短柔毛，叶片下面密被白色或棕褐色有光泽的绢状柔毛，
    花序密被短柔毛或带棕褐色柔毛。 ·········· **绢毛稠李** *Padus wilsonii*

桂樱属 *Laurocerasus*

1. 叶片下面布满黑色小腺点。叶片近革质，两面网脉明显，先端长尾尖；
  果实近球形或横向椭圆形，直径 8-10 毫米或宽稍大于长；核壁平滑。
   ······························· **腺叶桂樱** *Laurocerasus phaeosticta*

1. 叶片下面无腺点，叶片下面无毛。叶片草质至薄革质，先端渐尖至尾尖，
  叶边常波状，中部以上或近顶端常有少数针状锐锯齿；果实椭圆形，长
  8-11毫米。 ························· **刺叶桂樱** *Laurocerasus spinulosa*

臭樱属 *Maddenia*

    叶片下面无毛，小枝无毛或被柔毛。小枝有毛，叶片下面淡绿色，不具白
霜，边缘有缺刻状重锯齿；托叶膜质。 ········· **锐齿臭樱** *Maddenia incisoserrata*

含羞草科 MIMOSOIDEAE

    雄蕊多数，通常在 10 枚以上。花丝连合呈管状。荚果不开裂或迟裂。荚果
扁平、劲直，种子间无横隔。 ····························· **合欢属** *Albizia*

合欢属 *Albizia*

1. 小叶比较大，长（1.5-）1.8-4.5 厘米，宽 0.7-2 厘米。小叶两面均被短柔毛；腺体密被黄褐色或灰白色短绒毛。 ········· 山槐 *Albizia kalkora*
1. 小叶比较小，长（1.5-）1.8 厘米以下，宽 1 厘米以下。叶面除边缘外无毛，中脉紧靠上边缘或偏于上缘。花小，花冠长 6.5-8 毫米，雄蕊长 2.5 厘米以下。托叶较小叶小，线状披针形；花序轴短而蜿蜒状；花粉红色。
··· 合欢 *Albizia julibrissin*

苏木科 CAESALPINIOIDEAE

注：下列种具有以下共同特征。花稍两侧对称，近轴的 1 枚花瓣位于相邻两侧的花瓣之内，花丝通常分离。

1. 叶通常为二回羽状复叶；花托盘状。
  2. 花杂性或单性异株；落叶乔木。
    3. 株无刺；花较大，组成顶生的圆锥花序；荚果肥厚肿胀。
      ·· 肥皂荚属 *Gymnocladus* Lam.
    3. 植株常具分枝的枝刺；花较小，组成侧生的穗形总状花序；荚果扁平而大。 ································ 皂荚属 *Gleditsia*
  2. 花两性。
    4. 植株无刺，高大乔木。花直径 5 毫米以下荚果无翅；雄蕊长为花瓣的 2 倍。 ································ 格木属 *Erythrophleum*
    4. 植株通常具刺，多为攀援灌木。花不整齐，两侧对称；胚珠 2 至多颗。荚果卵形、长圆形或披针形，平滑或有刺，革质或木质。 ······
      ·· 云实属 *Caesalpinia*
1. 叶为一回羽伏复叶或仅具单小叶，或为单叶。
  5. 萼在花蕾时不分裂；单叶，全缘或 2 裂，有时分裂为 2 片小叶。
    6. 荚果腹缝具狭翅；能育雄蕊 10 枚；花紫红色或粉红色。
      ·· 紫荆属 *Cercis*
    6. 荚果无翅；能育雄蕊通常 3 枚或 5 枚，倘为 10 枚时则花白色、淡黄色或绿色。 ································ 羊蹄甲属 *Bauhinia*
  5. 萼片在花蕾时离生达基部；叶通常偶数羽状复叶；小叶对生。
    ·· 决明属 *Cassia*

肥皂荚属 *Gymnocladus*

落叶乔木，无刺，二回偶数羽状复叶长20-25厘米，无托叶；叶轴具槽，被短柔毛；羽片对生、近对生或互生，5-10对；小叶互生，8-12对，几无柄，具钻形的小托叶。 ·· **肥皂荚** *Gymnocladus chinensis*

皂荚属 *Gleditsia*

1. 小叶小，长6-24毫米，全缘，植株上部的小叶远比下部的为小；荚果长3-6厘米，具1-3颗种子。 ··················· **野皂荚** *Gleditsia microphylla*
1. 小叶大，长2.5厘米以上，边缘具不规则齿牙；荚果长6厘米以上，具种子多颗。小叶卵形、卵状披针形或长椭圆形，中脉在小叶基部居中或微偏斜；萼裂片及花瓣3-4；雄蕊6-8（9）；子房不被绢状毛。
　 2. 小叶11-18对，椭圆状披针形，顶端急尖；子房被灰白色绒毛。
　 ··· **美国皂荚** *Gleditsia triacanthos*
　 2. 小叶3-10对，卵形或椭圆形，顶端钝或铡凹；子房无毛或仅缝线处和基部被柔毛。
　　 3. 棘刺圆柱形；小叶上面网脉明显凸起，边缘具细密锯齿；子房于缝线处和基部被柔毛；荚果肥厚，不扭转，劲直或指状稍弯呈猪牙状。
　　 ··· **皂荚** *Gleditsia sinensis*
　　 3. 棘刺扁，至少基部如此；小叶上面网脉不明显，全缘或具疏浅钝齿；子房无毛；荚果扁，不规则扭转或弯曲作镰刀状。雌花长4-5（6）毫米；荚果长20-35厘米，宽2-4厘米，常具泡状隆起。············
　　 ··· **山皂荚** *Gleditsia japonica* var. *japonicia*

格木属 *Erythrophleum*

叶互生，二回羽状复叶；托叶小，早落；羽片数对，对生；小叶互生，革质。
·································· **格木** *Erythrophleum suaveolens*

云实属 *Caesalpinia*

荚果不具翅或具狭翅，翅宽不超过5毫米。荚果非肉质，荚果表面无刺亦无刚毛。多刺藤本；总状花序；雄蕊和花瓣近等长；荚果宽2.5-3厘米，沿腹缝线有狭翅，开裂。···················· **云实** *Caesalpinia decapetala* (Roth) Alston

紫荆属 *Cercis*

注：下列种具有以下共同特征。花簇生，无总花梗。

1. 荚果薄，通常不开裂，有翅，喙细小而弯曲；叶纸质，较薄，下面通常无毛或沿脉上被短柔毛。 ································· 紫荆 *Cercis chinensis*
1. 荚果厚而坚硬，开裂，果瓣常扭转，无翅，喙粗而直；叶近革质，较厚，下面常于基部脉腋间被簇生柔毛。 ············· 黄山紫荆 *Cercis chingii*

羊蹄甲属 *Bauhinia*

1. 能育雄蕊 5 枚；花瓣较阔，具短柄。
    2. 总状花序开展，有花多朵，有时复合为圆锥花序；花瓣长 5-8 厘米，植物通常不结果。 ····················· 红花羊蹄甲 *Bauhinia blakeana*
    2. 总状花序有花数朵；花序轴极短缩；花瓣长 4-5 厘米；植物能正常结果。 ································· 洋紫荆 *Bauhinia variegata*
1. 能育雄蕊 3 枚；花瓣较狭，具长柄。 ········· 羊蹄甲 *Bauhinia purpurea*

决明属 *Cassia*

1. 亚灌木。
    2. 小叶不超过 10 对，长 2 厘米以上，非线形。
        3. 小叶 4-5 对，长 4-9 厘米，宽 2-3.5 厘米，顶端渐尖；荚果带状镰形，压扁，长 10-13 厘米。 ············· 望江南 *Cassia occidentalis*
        3. 叶仅有小叶 3 对，具腺体 3 枚；腺体位于小叶间的叶轴上；荚果近四棱柱形，长达 15 厘米。 ·················· 决明 *Cassia tora*
    2. 小叶超过 10 对，长通常不超过 1.3 厘米，叶柄上的腺体无柄，线形或线状镰刀形。雄蕊 10 枚。
        4. 小叶 20-50 对，长 3-4 毫米。 ······ 含羞草决明 *Cassia mimosoides*
        4. 小叶 14-25 对，长 8-13 毫米。

        ····················· 短叶决明 *Cassia leschenaultiana*
1. 乔木、小乔木，叶有小叶 7-9 对；小叶长 2-5 厘米，宽 1-1.5 厘米；荚果长 7-10 厘米，宽 8-12 毫米，果颈长约 5 毫米，有种子 10-12 颗。···

    ····················· 黄槐决明 *Cassia surattensis*

蝶形花科 PAPILIONOIDEAE

注：下列种具有以下共同特征。花明显两侧对称，花冠蝶下蝶形，近轴的1枚花瓣（旗瓣）位于相邻两的花瓣（翼瓣）之外，远轴的2枚花瓣（龙骨瓣）基部沿连接处合生呈龙骨状，雄蕊通常为二体（9+1）雄蕊或单体雄蕊，稀分离。

1. 花丝全部分离，或在近基部处部分连合，花药同型。
  2. 荚果两侧压扁或凸起，有时沿缝线具翅。羽状复叶；乔木、灌木，稀攀援性。顶生小叶正常，毛被非银白色。
  3. 荚果两侧压扁，或多少隆起，两缝线无翅，也不明显增厚。
    ··· 红豆属 *Ormosia*
  3. 荚果扁平，沿缝线一侧或两侧具翅或稍增厚。
    4. 腋芽无芽鳞，包裹于膨大的叶柄内。 ··········· 香槐属 *Cladrastis*
    4. 腋芽具芽鳞，不为膨大的叶柄包裹。 ·········· 马鞍树属 *Maackia*
  2. 荚果圆柱形，串珠状，偶具4翅。 ························· 槐属 *Sophora*
1. 花丝全部或大部分连合成雄蕊管，雄蕊单体或二体，二体时对旗瓣的1枚花丝与其余合生的9枚分离或部分连合，花药同型、近同型或两型。
  5. 藤本。
    6. 圆锥花序顶生或腋生，有时生于老茎上；通常为常绿藤本。内外二层果皮干后不分离。 ···················· 崖豆藤属 *Millettia*
    6. 总状花序顶生，下垂；落叶藤本。 ················· 紫藤属 *Wisteria*
  5. 直立灌木。羽状复叶，包括羽状三小叶。
    7. 叶片下面有腺点或透明斑点；荚果不裂，密布腺状小疣点；花冠仅存旗瓣，花药背着；奇数羽状复叶。 ··········· 紫穗槐属 *Amorpha*
    7. 叶片下面无腺点或透明斑点；
      8. 子房具胚珠1粒；荚果为宿存花萼所包；三出复叶或单叶。
        9. 小托叶通常存在；荚果常被小钩状毛，具2至多数荚节，少有1荚节1种子。
          10. 荚果背缝线深凹入达腹缝线，形成一个缺口，腹缝线在每一荚节中部不缢缩或微缢缩，荚节斜三角形或略呈宽的半倒卵形；具细长或稍短的子房柄；单体雄蕊。 ··············
          ··················· 长柄山蚂蝗属 *Podocarpium*
          10. 荚果背腹两缝线缢缩、稍缢缩或腹缝线劲直；无细长子房柄

或少有短柄；二体雄蕊，少为单体。·············

······························ 山蚂蝗属 *Desmodium*

  9. 小托叶通常缺；荚果无钩状毛，通常具 1 荚节，有 1 种子。

    11. 苞片通常脱落，内具 1 花，花梗在花萼下具关节：龙骨瓣近镰刀形，尖锐。············ 杭子梢属 *Campylotropis*

    11. 苞片宿存，内具 2 花，花梗不具关节；龙骨瓣直，钝。

······························ 胡枝子属 *Lespedeza*

  8. 子房具胚珠 2 至多数。

    12. 奇数羽状复叶，小叶对生，小叶在 10 对以上；

······························ 刺槐属 *Robinia*

    12. 奇数羽状复叶，小叶互生。········ 黄檀属 *Dabergia*

红豆树属 *Ormosia*

1. 果瓣内壁不形成横隔。荚果扁，近圆形，果瓣革质，无中果皮；小叶卵形。···················· 红豆树 *Ormosia hosiei*

1. 果瓣内壁具横隔，如为单粒种子时，果瓣内壁两端有突起横隔状组织。荚果长 5-12 厘米；种子 4-8 粒；花萼长 12-14 毫米；小叶 3-4 对，下面密被茸毛；小枝被黄褐色毛，色淡。·········· 花榈木 *Ormosia henryi*

香槐属 *Cladrastis*

1. 小叶两面同色，具小托叶；小叶较大，长 3 厘米以上，多为纸质或厚纸质；圆锥花序长 15-20 厘米或更长；花期 4-5 月。·············

······························ 翅荚香槐 *Cladrastis platycarpa*

1. 小叶上面绿色，下面稍呈苍白色，小叶卵形或长圆状卵形；花序长 15 厘米以内，花长 2 厘米，子房密被黄白色绢毛；荚果具 4-6 毫米的果颈。

······························ 香槐 *Cladrastis wilsonii*

马鞍树属 *Maackia*

1. 小叶 2（-3）对；荚果微弯成镰状，果颈细长，长 5-15 毫米；花长 20 毫米。················ 光叶马鞍树 *Maackia tenuifolia*

1. 小叶 3 对以上；荚果非镰状，无果颈，花长 12 毫米以下。

  2. 叶下面疏被短柔毛。花长约 6 毫米；灌木；复叶长 17-20.5 厘米，小叶先端渐尖。········· 浙江马鞍树 *Maackia chekiangensis*

  2. 叶下面密被平伏褐色短柔毛。小叶 4-5（-6）对，卵形或卵状椭圆形，先端钝；花长约 10 毫米；荚果翅宽 2-6 毫米。荚果腹缝线有明显的翅，翅宽 2-5 毫米。 ················ **马鞍树 *Maackia hupehensis***

槐属 *Sophora*

1. 乔木，叶柄基部膨大，包藏着芽，具托叶和小托叶；圆锥花序。子房与雄蕊近等长；荚果较细，连续的串珠状，种子相互靠近；种子卵球形。 ·· **槐 *Sophora japonica***
1. 亚灌木；叶柄基部不膨大；总状花序花疏散，旗瓣倒卵状匙形，长 13-14 毫米，宽 5-7 毫米；雄蕊分离，龙骨瓣先端无凸尖；荚果稍四棱形，成熟时开裂成 4 瓣。 ················· **苦参 *Sophora flavescens***

崖豆藤属 *Millettia*

1. 花瓣无毛；叶轴有小托叶。
　2. 托叶基部下向 1 对距突明显；花紫红色。花萼、花梗近无毛；荚果线形，扁平，干后黑褐色，缝线不增厚；小叶通常小，长 6 厘米以下。 ················· **网络崖豆藤 *Millettia reticulata***
　2. 托叶基部距突不明显；花白色或绿色。花白色，花序腋生，总状下垂。 ··············· **江西崖豆藤 *Millettia kiangsiensis***
1. 旗瓣背面密被绢毛。小叶 2 对，偶有 3 对。
　3. 花序劲直、紧密，花紧接着生。花白色；荚果无颈，密被灰色绒毛；小叶宽卵形或宽椭圆形，纸质，小托叶细毛状，长 5-6 毫米。 ········ ················· **密花崖豆藤 *Millettia congestiflora***
　3. 花序伸长，分枝细；花松散着生；荚果无颈，被灰色绒毛。小叶 2 对，先端锐尖；总花梗不明显。 ·············· **香花崖豆藤 *Millettia dielsiana***

紫藤属 *Wisteria*

1. 茎左旋；花序长 10-35 厘米；小叶 4-6 对。花上下几同时开放，长 2-2.5 厘米，花梗长 2-3 厘米，旗瓣先端截形，无毛，最下 1 枚萼齿长于两侧萼齿。 ················· **紫藤 *Wisteria sinensis***
　＊花白色。 ················· **银藤 *Wisteria sinensis* f. *alba***
1. 茎右旋，花序长 30-90 厘米；小叶 6-9 对；花自下而上顺序开放，长 1.5-2 厘米，淡紫色至蓝紫色。 ·············· **多花紫藤 *Wisteria floribunda***

紫穗槐属 *Amorpha*

落叶灌木或亚灌木，有腺点。叶互生，奇数羽状复叶，小叶多数，全缘，对生或近对生；小托叶线形至刚毛状。花小，组成顶生、密集的穗状花序；5 齿裂，近等长或下方的萼齿较长，常有腺点；蝶形花冠退化，仅存旗瓣 1 枚。 …
…………………………………………………………………… **紫穗槐 *Amorpha fruticosa***

长柄山蚂蝗属 *Podocarpium*

1. 小叶 7 片，偶有 3–5 片；荚节斜三角形，长 10–15 毫米；果梗长 6–11 毫米。…………………… **羽叶长柄山蚂蝗 *Podocarpium oldhami***
1. 小叶全为 3 片。顶生小叶非狭披针形，长为宽的 1–3 倍。
   2. 顶生小叶宽倒卵形，最宽处在叶片中上部先端凸尖。
      ………………… **长柄山蚂蝗 *Podocarpium podocarpum***
   2. 顶生小叶宽卵形、卵形或菱形，最宽处在叶片中部或中下部。顶生小叶菱形，较小，长 4–8 厘米，宽 2–3 厘米，最宽处在叶片中部。……
      ……… **尖叶长柄山蚂蝗 *Podocarpium podocarpum* var. *oxyphyllum***

山蚂蝗属 *Desmodium*

1. 叶柄两侧具的狭翅宽 0.2–0.4 毫米；具小苞片；花瓣绿白色或黄白色，具明显脉纹。………………………… **小槐花 *Desmodium caudatum***
1. 叶柄两侧无翅；无小苞片：花瓣膜质，通常粉红、紫色、紫堇色，有时兼有白色，脉纹不明显。
   2. 顶生小叶较大，通常长在 2.5 厘米以上。总花梗密被开展的淡黄色钩状毛。………………… **假地豆 *Desmodium heterocarpon***
   2. 顶生小叶较小，通常长 2.5 厘米以下。小叶较大的为倒卵状长椭圆形或长椭圆形，长 1–1.2 厘米，宽 0.4–0.6 厘米，较小的为倒卵形或椭圆形，长 0.2–0.6 厘米，宽 0.15–0.4 厘米；分枝近无毛。…………
      ………………… **小叶三点金 *Desmodium microphyllum***

杭子梢属 *Campylotropis*

枝不为三棱形。荚果通常为长圆形或近长圆形，少为椭圆形，长 10–14 (–16) 毫米。顶端骤尖或短渐尖表面无毛而仅边缘有毛（变种果面有毛）；果柄长 1–1.4 毫米，稀有超过 1.4 毫米而过 1.5–1.8 毫米的；小叶长 3–7 厘米。…
…………………………………………………………… **杭子梢 *Campylotropis macrocarpa***

胡枝子属 *Lespedeza*

1. 无闭锁花。花序比叶长或与叶近等长。
  2. 小叶先端急尖至长渐尖或稍尖，稀稍钝。
    3. 花淡黄绿色；叶鲜绿色。·········· **绿叶胡枝子** *Lespedeza buergeri*
    3. 花红紫色。花萼深裂；裂片为萼筒长的2-4倍，花长10-15毫米。
      ·········· **美丽胡枝子** *Lespedeza formosa*
  2. 小叶先端通常钝圆或凹。
    4. 小叶下面密被丝状毛；花萼深裂，裂片披针形至线状披针形。
      5. 植株较粗壮，具明显条棱；小叶宽卵形或宽倒卵形，长3.5－7（–13）厘米，宽2.5-（8）厘米。··································
      ··································· **大叶胡枝子** *Lespedeza davidii*
      5. 分枝、叶及花序不开展；小叶椭圆形或卵状椭圆形，长3-5.5厘米，宽2厘米；花萼裂片线状披针形；花期4-5月开花，果期6-7月。·········· **春花胡枝子** *Lespedeza dunnii*
    4. 小叶下面被短柔毛；花萼浅裂至中裂，稀微深裂。小叶较薄，草质，花萼裂片通常比萼筒短，花序为总状花序构成的大型、疏松的圆锥花序。·········· **（圆叶）胡枝子** *Lespedeza bicolor*
1. 有闭锁花。
  6. 茎平卧或斜升，全株密被毛。花黄白色或白色；小叶宽倒卵形或倒卵圆形。·········· **铁马鞭** *Lespedeza pilosa*
  6. 茎直立。
    7. 总花梗纤细。
      8. 花紫色；总花梗稍粗。不为毛发状。
      ·········· **多花胡枝子** *Lespedeza floribunda*
      8. 花黄白色；总花梗毛发状。····· **细梗胡枝子** *Lespedeza virgata*
    7. 总花梗粗壮。
      9. 花萼裂片狭披针形，花萼为花冠长的1/2以上。小叶长圆形或狭长圆形，长2-5厘米，宽5-16毫米。··········
      ·········· **兴安（达呼里）胡枝子** *Lespedeza daurica*
      9. 花萼裂片披针形或三角形，花萼长不及花冠之半。
        10. 小叶倒卵状长圆形、长圆形或卵形，先端截形或微凹，边缘波状；英果卵圆形。·········· **中华胡枝子** *Lespedeza chinensis*

10. 小叶楔形或线状楔形，先端截形或近截形。

················ **截叶铁扫帚** *Lespedeza cuneata*

刺槐属 *Robinia*

1. 小枝、花序轴、花梗被平伏细柔毛；具托叶刺；小叶长椭圆形；花冠白
   色；荚果平滑。 ················· **刺槐** *Robinia pseudoacacia*
   花红色。 ············· **红花刺槐** *Robinia pseudoacacia* f. *decaisneana*
   植株上密被刺毛。 ············· **毛刺槐** *Robinia pseudoacacia* f. *inermis*
1. 小枝、花序轴、花梗密被刺毛及腺毛；无托叶刺；小叶长圆形至近圆形；
   花冠玫瑰红色；荚果具糙硬腺毛。 ·············· **毛洋槐** *Robinia hispida*

黄檀属 *Dalbergia*

1. 雄蕊9或10枚，单体。
   2. 花萼裂片近相等，三角形，阔三角形或卵状三角形。小叶小，长1-2
   厘米；子房具短柄；旗瓣不外反。 ··········· **藤黄檀** *Dalbergia hancei*
   2. 花萼下部1枚裂齿明显比其他4枚长，常为披针形或长圆形。藤本；小
   叶长4厘米以下（长2-4厘米，宽1-2厘米）。小叶基部楔形，网脉于
   两面明显凸起；旗瓣圆形。 ··········· **大金刚藤** *Dalbergia dyeriana*
1. 雄蕊10枚，成5与5的二体雄蕊。小叶3-5对，较阔，宽2.5-4厘米；
   花萼上部2枚裂齿阔而圆，侧面2枚卵形；旗瓣基部无附属体；荚果较
   狭，宽1.3-1.5厘米。 ················· **黄檀** *Dalbergia hupeana*

锦鸡儿属 *Caragana*

1. 小叶2-10对，全为羽状或在长枝上的羽状，而在腋生短枝上的为假
   掌状。
   2. 小叶2对，有时羽状，有时假掌状；花冠长28-30毫米；萼筒长12-14
   毫米；上部1对小叶常较大。 ················· **锦鸡儿** *Caragana sinica*
   2. 叶轴脱落。小叶5-10对。荚果圆筒形，长4-5厘米，宽4-5毫米。

················ **小叶锦鸡儿** *Caragana microphylla*
1. 小叶2对，全部假掌状。
   3. 萼筒基部具囊状凸起，荚果密被长柔毛；花冠长25-28毫米，旗瓣倒
   卵状楔形，黄色或带浅红色。 ········· **毛掌叶锦鸡儿** *Caragana leveillei*
   3. 萼筒基部不为囊状凸起或仅下部有时稍扩大，旗瓣较窄，狭倒卵形，

常带紫红色或淡红色，凋时变红色；小叶、子房、荚果均无毛。……
……………………………………………… **红花锦鸡儿** *Caragana rosea*

槐蓝属 *Indigofera*

1. 茎、叶轴及花序轴至少在幼时有二歧状开展毛，有时为多节毛或腺毛。小叶（2-）4-6（-12）对，椭圆形、卵形至披针形，长 1.3-3（-5）厘米；总状花序常短于复叶，长 3-13 厘米，总花梗长不超过 1.5 厘米；花长 1-1.3 厘米。……………………………… **浙江木蓝** *Indigofera parkesii*
1. 茎或小枝、叶轴及花序无毛或具平贴丁字毛。
　　2. 花小，长在 10 毫米以下，稀达 11.5 毫米。
　　　　3. 花长在 5 毫米以下，稀达 6.5 毫米。总状花序顶端不成刺状。
　　　　　　4. 枝圆柱形；花 10-15 朵，稍疏生，萼齿略近相等；荚果长不超过 2.5 厘米。……………… **河北（本氏）木蓝** *Indigofera bungeana*
　　　　　　4. 枝常具棱；花常在 20 朵以上，较密生，花萼下方 3 齿较长；荚果长 2.5-5.5 厘米。……………… **马棘** *Indigofera pseudotinctoria*
　　　　3. 花长 5-11.5 毫米，若为 5 毫米时，则花序轴上常具红色腺体。
　　　　　　5. 茎、叶轴、花序轴及荚果通常无毛；小叶 3-7 对，仅幼时在叶缘及下面中脉上被少量丁字毛，细脉显著；花长 8.5-10（-11.5）毫米。……………… **华东木蓝** *Indigofera fortunei*
　　　　　　5. 茎、叶轴及花序轴至少在幼时具平贴丁字毛；小叶两面或至少在下面具丁字毛。
　　　　　　　　6. 总状花序通常短于复叶，如长于复叶时则花的旗瓣外面有毛。小叶较大，长 1-3.7（-6.5）厘米，下面细脉不明显，叶柄长 2-5厘米，荚果线状圆柱形，长 3.5-6（-7）厘米。…………
………………………………………… **多花木蓝** *Indigofera amblyantha*
　　　　　　　　6. 总状花序常长于复叶或之近等长。总花梗短于叶柄；荚果线状圆柱形，长 2.5-5.5 厘米；小叶（2-）3-5 对；花较小，长 5-6.5 毫米，旗瓣外面被柔毛。……………………………………
………………………………………… **马棘** *Indigofera pseudotinctoria*
　　2. 花大，长 10 毫米以上。旗瓣外面具毛。
　　　　7. 花梗长 3 毫米以上，稀 2 毫米。
　　　　　　8. 萼齿三角形，稀近披针形，常短于萼筒，稀与之等长；小叶长 2-7.5 厘米，先端渐尖或急尖，偶为圆钝，上面无毛或具脱落性毛；花长达 18 毫米，花梗长 3-6 毫米。…… **庭藤** *Indigofera decora*

8. 萼齿披针形或披针状钻形，常长于萼筒或近等长；小叶长 0.6–5
厘米，先端常圆钝或急尖，两面均密被毛。小叶长 2–5 厘米，托
叶线状披针形，长 7–10 毫米；花长 13–18 毫米；小叶 2–4（–6）
对，椭圆形或卵状椭圆形，稍阔卵形，下面常呈灰绿色。 ⋯⋯⋯
⋯⋯⋯⋯⋯⋯⋯⋯⋯⋯⋯⋯⋯⋯⋯⋯⋯ 苏木蓝 *Indigofera carlesii*
 7. 花梗长不超过 3 毫米，稀达 4 毫米。托叶长 7–10 毫米，小叶 2–4（–
6）对，卵状椭圆形或椭圆形，稀阔卵形，长 2–5 厘米；荚果长达 6
厘米。 ⋯⋯⋯⋯⋯⋯⋯⋯⋯⋯⋯⋯⋯⋯⋯⋯ 苏木蓝 *Indigofera carlesii*

芸香科 RUTACEAE

1. 心皮离生或彼此靠合，成熟时彼此分离，果为开裂的蓇葖，蓇葖由数个
分果瓣组成，分果瓣沿心皮的背、腹缝线或腹缝线开裂，内外果皮通常
分离，种子贴生于果期增大的珠柄上。
 2. 乔木、灌木或木质藤本；花单性，每心皮有 2 或 1 胚珠。
  3. 叶互生。
   4. 奇数羽状复叶，稀 3 小叶或单小叶；茎枝有皮刺；每心皮有 2 胚
珠；花序直立。 ⋯⋯⋯⋯⋯⋯⋯⋯⋯⋯⋯ 花椒属 *Zanthoxylum*
   4. 单叶；茎枝无刺；每心皮有 1 胚珠；雄花序下垂，整序脱落；雌
花常单生。 ⋯⋯⋯⋯⋯⋯⋯⋯⋯⋯⋯⋯⋯⋯ 臭常山属 *Orixa*
  3. 叶对生。雄花的雄蕊 5 或 4 枚，雌花的雌蕊有明显的花柱；奇数羽状
复叶或 3 小叶，稀单小叶。 ⋯⋯⋯⋯⋯⋯⋯⋯⋯ 吴茱萸属 *Evodia*
 2. 草本，茎基部木质化；花两性；每心皮有胚珠 3 颗或更多。花辐射对
称；花瓣长稀 1 厘米以上；子房无毛；内果皮宿存；胚弯生。心皮 5 或
4 个；花组成花序，稀单花顶生。花黄色；总状或聚伞花序，稀单花顶
生。聚伞花序；花瓣边缘撕裂如流苏状；叶二至三回羽状复裂。 ⋯⋯
⋯⋯⋯⋯⋯⋯⋯⋯⋯⋯⋯⋯⋯⋯⋯⋯⋯⋯⋯⋯⋯ 芸香属 *Ruta*
1. 心皮合生；果为核果，翅果或浆果，若为蒴果，则室间或室背开裂。翅
果，核果或浆果；种子无翅。乔木或灌木；茎枝无刺；单叶或复叶；花
单性或两性。
 5. 含黏液或水液的核果，5 或 4 室，有小核 5–8 个，稀 10 个，或为近圆
形、有 2–3 膜质翅的翅果。
  6. 单叶小或叶具 3–7 小叶。核果。雄蕊与花瓣同数。花单性；落叶乔
木；奇数羽状复叶。 ⋯⋯⋯⋯⋯⋯⋯⋯ 黄檗属 *Phellodendron*

6. 单叶；核果；雄蕊与花瓣同数；花单性或杂性；常绿灌木或小乔木。
……………………………………………………………… **茵芋属** *Skimmia*

5. 浆果；花两性；种子无胚乳。

7. 茎枝无刺；羽状复叶，若单叶或单小叶，则幼芽及花梗均被红或褐锈色微柔毛；有黏液的浆果，无汁胞。花瓣覆瓦状排列或有时镊合状排列；子房室不扭转；子叶厚，平凸，不折合。花蕾短筒状或椭圆形；花柱远比子房纤细且长，柱头增粗，头状。…………………
…………………………………………………… **九里香属** *Murraya*

7. 茎枝有刺；单叶，单小叶，3 小叶，稀羽状复叶（则叶轴常有翼叶）；浆果有汁胞，果无汁胞则为藤本植物或为落叶乔木，其果皮硬木质或厚革质且种子有绵毛。果皮非硬木质，亦非厚革质；种子无毛。乔木或灌木；果通常有汁胞。雄蕊为花瓣数的 4 倍或更多；花直径约 1 厘米以上；复叶，极少单叶。

8. 落叶小乔木；叶具 3 小叶：子房及果均被毛或至少子房被毛。
……………………………………………………………… **枳属** *Poncirus*

8. 常绿乔木或灌木；单小叶，稀单叶；子房与果极少被毛。

9. 子房 2-5（-6）室，每室有胚珠 2 颗。…… **金橘属** *Fortunella*

9. 子房（6）7-15 室或更多，每室有胚珠多颗。
………………………………………………………… **柑橘属** *Citrus*

柑桔属 *Citrus*

1. 叶顶部短尖至渐尖，叶缘无裂齿或很少在近顶部边缘有疏而浅的少数钝齿。翼叶长至少为其叶身长的一半。野生植物。翼叶比叶身稍长以至略短；花单生或兼有少花的总状花序；果皮厚稀达 10 毫米。……………
……………………………………………… **宜昌橙** *Citrus ichangensis*

1. 叶无翼叶，或有狭小至明显的翼叶，但其长度不到叶身长的一半，但萌发枝的叶其翼叶有时较其叶身稍长。

2. 叶为单叶（杂交种偶有具关节），无翼叶；果皮比果肉厚，或横切面果皮的厚度约为果厚度的一半。若果皮甚薄，则果顶部有封闭型的附生心皮群。果皮比果肉厚或为果肉厚度的一半。

3. 果不分裂。……………………… **香橼** *Citrus medica* var. *medica*

3. 果顶部分裂成手指状肉条。

…………………………………… **佛手** *Citrus medica* var. *sarcodactylis*

2. 单身复叶，翼叶甚狭窄或宽阔；果肉比果皮厚。

4. 子叶乳白色。

　　5. 总状花序，有时兼有腋生单花；果皮不易剥离。

　　　　6. 果径 10 厘米以上，可育种子常呈不定形的多面体，顶部扁平而宽阔且截平。嫩枝、叶背至少沿中脉被毛，花梗，萼片及子房均被毛种子具单胚。 ·················· **柚** *Citrus maxima*

　　　　　＊叶形及质地与柚的相类似，但网状叶脉甚明显，翼叶远较狭窄而近似香橙。················· **香抛（圆）** *Citrus grandis*

　　　　6. 果径 10 厘米以内，可育种子的种皮圆滑，或有细肋纹，顶端尖或兼有稍宽阔而截平的种子。

　　　　　　7. 果皮蜡黄色或淡绿黄色，果顶端有长或短的乳头状突尖，果肉甚酸。叶宽通常超过 4 厘米，花瓣长 1.5 厘米或更长，果径通常 5 厘米以上。 ················· **柠檬** *Citrus limon*

　　　　　　7. 果皮橙红，果顶通常无乳头状突，果肉味酸或甜。

　　　　　　　　8. 果肉味酸，有时带苦味或特异气味。

　　　　　　　　·················· **酸橙** *Citrus aurantium*

　　　　　　　　＊代代酸橙，简称代代，又名回青橙、春不老、玳玳圆。曾被作为一个独立的种。 ·················

　　　　　　　　·············· **代代酸橙** *Citrus aurantium* cv. *Daidai*

　　　　　　　　8. 果肉味甜或酸甜适度，稀带苦味。

　　　　　　　　················· **甜橙** *Citrus sinensis*

　　5. 腋生单花，果皮颇易剥离。 ·················· **香橙** *Citrus junos*

4. 子叶绿色，通常多胚，果皮稍易剥离或甚易剥离；腋生单花或少花簇生。果肉甜或酸，无柠檬气味，花瓣白色（极少半野生状态时为淡紫红色）；单花腋生或数花簇生。叶柄颇长。 ·················

　　·················· **柑橘** *Citrus reticulata*

吴茱萸属 *Evodia*

　　注：下列种具有以下共同特征。奇数羽状复叶；雌花的不育雄蕊无花药或偶有可育或不育的花药，花丝鳞片状；雄花的退化雌蕊短棒状，上部 4–5 浅裂，稀不裂；枝、叶有或无特殊气味。

1. 每分果瓣有成熟种子 1 粒。萼片及花瓣均 5 片，稀兼有 4 片。

　　2. 嫩枝及鲜叶揉之有腥臭气味；当年生枝、小叶两面及花序轴均被长毛；小叶片的油点对光透视时肉眼可见。雌花密集成簇，结果时，果密集成团；分果瓣无皱纹。 ··· **吴茱萸** *Evodia rutaecarpa* var. *rutaecarpa*

2. 嫩枝及鲜叶揉之无腥臭气味；当年生枝无毛或被短柔毛。小叶无毛或叶背面沿中脉两侧或在脉腋有小丛毛但无腺点。小叶背面有毛。小叶基部两侧不对称，叶背在脉腋上有丛毛。 ……………………………………………………………………… 臭辣吴茱萸 *Evodia fargesii*

1. 每分果瓣有成熟种子2粒；分果瓣顶部有或无喙状芒尖。成熟分果瓣有明显的喙状芒尖；分果瓣两侧被短伏毛。单个分果瓣长5-6毫米，喙状芒尖长1-3毫米。花梗及花序轴被灰白色短柔毛。 ……………………………………………………………………… 臭檀吴茱萸 *Evodia daniellii*

金桔属 *Fortunella*

1. 单叶，叶柄长不超过5毫米；果径不及1厘米；小灌木，高稀超过1米。
……………………………………………………… 金豆 *Fortunella venosa*

1. 单小叶，稀兼有少数单叶。小叶柄长5毫米以上；果圆或椭圆形，基部不收缩呈短柄状；通常多胚或兼有单胚。
  2. 小叶顶端圆或有时狭而钝；叶柄长不超过1厘米；果横径8-10毫米，稀较大；高2米以下的灌木。 ………………… 山橘 *Fortunella hindsii*
  2. 小叶顶端尖或有时狭而钝；叶柄长1厘米以上；果横径1厘米以上；树高达4米。
    3. 果圆球形或宽卵形，果皮甜，果肉酸或个别栽培品种的味甜，野生及栽培。 ……………………………… 金柑 *Fortunella japonica*
    3. 果椭圆形或卵状椭圆形，果皮甜，果肉酸。
    ……………………………………………… 金橘 *Fortunella margarita*

九里香属 *Murraya*

注：下列种具有以下共同特征。花瓣长而宽，长10毫米以上，花柱比子房长3-5倍，种皮有绵毛。

1. 叶轴有或宽或窄的翼叶，有花3数朵的腋生聚伞花序。
……………………………………………… 翼叶九里香 *Murraya alata*

1. 叶轴无翼叶，多花的伞房状聚伞花序，花序顶生或兼有近顶生。小叶倒卵形至倒披针形，中部以上最宽，顶端圆或钝，稀急尖。 …………………………………………………………………… 九里香 *Murraya exotica*

臭常山属 *Orixa*

高1-3米的灌木或小乔木；树皮灰或淡褐灰色，幼嫩部分常被短柔毛，枝、叶有腥臭气味，嫩枝暗紫红色或灰绿色，髓部大，常中空。叶薄纸质，全缘或上半段有细钝裂齿，下半段全缘，大小差异较大，同一枝条上有长达 15 厘米，宽 6 厘米，也有长约 4 厘米，宽 2 厘米，倒卵形或椭圆形，中部或中部以上最宽，两端急尖或基部渐狭尖，嫩叶背面被疏或密长柔毛，叶面中脉及侧脉被短毛，中脉在叶面略凹陷，散生半透明的细油点。 ·················· **臭常山** *Orixa japonica*

黄檗属 *Phellodendron*

1. 叶轴和叶柄无毛或几无毛；小叶背面无毛或沿中脉两侧或中脉的基部两侧有毛；果序上的果通常不密集。
   2. 叶轴及花、果序轴较纤细；小叶薄纸质，顶部长渐尖，背面仅基部两侧密被长柔毛，叶缘有整齐的细钝齿及缘毛。 ····················
   ················· **黄檗** *Phellodendron amurense*
   2. 叶轴及花、果序较粗壮；小叶质地较厚，顶部短尖至长渐尖，叶背无毛或沿中脉两侧、至少在中部以下被疏柔毛，叶缘浅波浪状或有浅裂齿或全缘。 ··· **秃叶黄檗** *Phellodendron chinense* var. *glabriusculum*
1. 叶轴及叶柄密被褐锈色短柔毛；小叶背面密被毛或至少在叶脉上有长柔毛；果序上的果较密集成团。 ····························
   ················· **川黄檗（黄皮树）** *Phellodendron chinense*

枳属 *Poncirus*

冬季落叶；花瓣无毛，雄蕊约 20 枚。 ··············· **枳** *Poncirus trifoliata*

芸香属 *Ruta*

叶二至三回羽状复叶，长 6–12 厘米，末回小羽裂片短匙形或狭长圆形，长 5–30 毫米，宽 2–5 毫米，灰绿或带蓝绿色。花金黄色，花径约 2 厘米；萼片 4 片；花瓣 4 片；雄蕊 8 枚，花初开放时与花瓣对生的 4 枚贴附于花瓣上，与萼片对生的另 4 枚斜展且外露，较长，花盛开时全部并列一起，挺直且等长，花柱短。
·· **芸香** *Ruta graveolens*

茵芋属 *Skimmia*

花通常两性，果红色。 ················· **茵芋** *Skimmia reevesiana*

花椒属 *Zanthoxylum*

1. 花被片两轮排列，外轮为萼片，内轮为花瓣，二者颜色不同，均 4 或 5

片；雄蕊与花瓣同数；雌花的花柱为挺直的柱状。

2. 萼片与花瓣均4片，萼片顶部紫红色；小叶片顶部长或短尖。单个分果瓣长5-6毫米；小叶至少在顶部叶缘有细裂齿或稀为全缘。果序轴及果梗均无毛或有稀疏微柔毛；叶有小叶13-31片。⋯⋯⋯⋯⋯⋯

⋯⋯⋯⋯⋯⋯⋯⋯⋯⋯⋯⋯⋯⋯⋯⋯ **花椒簕** *Zanthoxylum scandens*

2. 萼片及花瓣均5片，萼片绿色；近于平顶的伞房状聚伞花序，顶生；单个分果瓣很少达5毫米，顶侧无或有甚短的芒尖；落叶乔木，稀灌木。

3. 乔木；小叶通常宽2厘米以上，叫面无毛，若有则两面被毛。着生花序的小枝有颇劲直的小刺且空心，即横切面木质部狭窄而髓部甚大；叶轴至少下半段浑圆，无叶质边缘；雌蕊由3（稀4）个心皮组成。

4. 小叶两面无毛，但油点多且大，肉眼可见。小叶背面有灰白色粉霜，叶片干后暗绿或淡黄绿色。⋯⋯⋯⋯⋯⋯⋯⋯⋯⋯

⋯⋯⋯⋯⋯⋯⋯⋯⋯⋯⋯ **椿叶花椒** *Zanthoxylum ailanthoides*

4. 小叶一或两面被疏柔毛。

⋯⋯⋯⋯ **毛椿叶花椒** *Zanthoxylum ailanthoides* var. *pubescens*

3. 灌木；小叶宽稀超过2厘米，叶面被短毛或毛状凸体，叶背无毛。

⋯⋯⋯⋯⋯⋯⋯⋯⋯⋯⋯⋯ **青花椒** *Zanthoxylum schinifolium*

1. 花被片一轮排列，颜色相同。

5. 分果瓣基部浑圆，无突然缢窄而稍延长呈短柄状部分。

6. 叶轴有翼叶或至少有狭窄，绿色的叶质边缘。花序有明显的总花梗；果梗长2-6毫米或稍更长。小叶中脉在叶面平坦或凹陷。

7. 枝、叶均无毛或嫩枝被疏短毛。

⋯⋯⋯⋯⋯⋯⋯⋯⋯⋯⋯ **竹叶花椒** *Zanthoxylum armatum*

7. 小枝及花序轴密被褐色锈色柔毛。

⋯⋯⋯⋯ **毛竹叶花椒** *Zanthoxylum armatum* var. *ferrugineum*

6. 叶轴无翼叶或仅有甚狭窄的叶质边缘，则叶轴腹面有浅的纵沟。分果瓣无毛；茎枝上的刺不连生成翼状。小叶通常长超过3厘米，宽1.5厘米。邻接花序的叶有小叶5片以上，其顶端的一片通常宽不超过3.5厘米。

8. 叶轴有狭窄的翼状边缘，若叶轴腹面近于平坦，则叶轴被柔毛。小叶腹面无毛，背面仅基部中脉两侧有小丛毛。小叶仅叶缘及齿缝处有油点。⋯⋯⋯⋯⋯⋯⋯⋯ **花椒** *Zanthoxylum bungeanum*

8. 叶轴浑圆，有时上半段腹面略平坦甚或有浅纵沟；小叶的油点甚多。小叶无毛，干后红棕至暗黑褐色。 …………………………………………………… **岭南花椒** *Zanthoxylum austrosinense*

5. 分果瓣基部突然缢窄并稍延长呈短柄状；小叶密布油点。小叶腹面常有倒伏细刺，背面无毛或沿中脉两侧被疏柔毛，干后黄绿或暗绿褐色。 …………………………………………………… **野花椒** *Zanthoxylum simulans*

苦木科 SIMAROUBACEAE

注：下列属具有以下共同特征。直立灌木或乔木，枝无刺。奇数羽状复叶，小叶通常有锯齿，宽2厘米以上；每心皮或子房每室有胚珠1颗。

1. 果为翅果，扁平，长椭圆形。 ………………………………… **臭椿属** *Ailanthus*
1. 果为核果，卵形、长卵形或卵珠形。核果具宿存萼片；小叶两面无毛或仅幼时背面中肋或侧脉上有柔毛。 ……………… **苦树属** *Picrasma*

臭椿属 *Ailanthus*

幼嫩枝条无软刺，小叶基部每侧通常仅有1-2粗锯齿，叶柄无刺。幼嫩枝条初被黄色或黄褐色柔毛，后脱落，叶片全缘。心皮5。
…………………………………………………… **臭椿** *Ailanthus altissima*

苦木属 *Picrasma*

叶有小叶9-15，边缘具不整齐的粗锯齿；核果成熟后蓝绿色，长6-8毫米，宽5-7毫米。 …………………………………… **苦树** *Picrasma quassioides*

楝科 MELIACEAE

1. 果为蒴果；种子具翅。雄蕊花丝全部分离，花盘短柱状，短于子房，种子两端或仅于上端有翅。 …………………………………… **香椿属** *Toona*
1. 果为核果或浆果，或蒴果但种子无翅。羽状复叶。雄蕊花丝全部或几乎全部合生成一管。
   2. 雄蕊管球形或陀螺形，花柱极短或缺。果为浆果。花药通常5-6枚，稀7-10枚，1轮排列。 ………………………… **米仔兰属** *Aglaia*
   2. 雄蕊管圆筒形或圆柱形，花柱延长。果为核果，近肉质，小叶片通常有齿缺或有不明显的钝齿或全缘。 ………………… **楝属** *Melia*

香椿属 *Toona*

1. 雄蕊 10，其中 5 枚不育或变成假雄蕊；子房及花盘无毛；蒴果具苍白色小皮孔；种子仅上端具膜质翅；小叶全缘或具小锯齿。 ……………………………………………………………………………… 香椿 **Toona sinensis**

1. 雄蕊 5；小叶通常全缘。子房与花盘被毛；蒴果长 2–3.5 厘米；子房每室具胚珠 8–10 颗。种子两端均具膜质翅。 …………… 红椿 **Toona ciliata**

米仔兰属 *Aglaia*

小叶片两面完全无毛。叶柄和叶轴具狭翅；小叶对生，侧脉 8 对；圆锥花序无毛。 ……………………………………………… 米仔兰 **Aglaia odorata**

楝属 *Melia*

1. 子房 5–6 室；果较小，长通常不超过 2 厘米，小叶具钝齿；花序常与叶等长。 …………………………………………… 楝 **Melia azedarach**

1. 子房 6–8 室；果较大，长约 3 厘米；小叶近全缘或具不明显的钝齿；花序长约为叶的一半。 …………………… 川楝 **Melia toosendan**

无患子科 SAPINDACEAE

1. 子房内有一枚胚珠，乔木。 ……………………… 无患子属 **Sapindus**
1. 子房内有 2–8 枚胚珠。
　2. 具 2 个胚珠，果皮薄。 …………………… 栾树属 **Koelreuteria**
　2. 具 7–8 个胚珠，果皮木质。 …………… 文冠果属 **Xanthoceras**

栾树属 *Koelreuteria*

1. 一回或不完全的二羽状复叶，小叶边缘有稍粗大、不规则的钝锯齿，近基部的齿常疏离而呈深缺刻状；蒴果圆锥形，顶端渐尖。 …………………………………………………… 栾树 **Koelreuteria paniculata**

1. 二回羽状复叶；小叶边缘有小锯齿，无缺刻；蒴果椭圆形、阔卵形或近球形，顶端圆或钝。小叶基部略偏斜，先端短尖至短渐尖；花瓣 4 片，很少5片。小叶通常全缘，有时一侧近顶端边缘略有锯齿。……………
…………………… **全缘叶栾树** *Koelreuteria bipinnata* var. *integrifoliola*

无患子属 *Sapindus*

花辐射对称；花瓣5，有长爪，内面基部有2个耳状小鳞片。
……………………………………………… **无患子** *Sapindus mukorossi*

文冠果属 *Xanthoceras*

特征同属。……………………………… **文冠果** *Xanthoceras sorbifolia*

槭树科 ACERACEAE

果实仅一侧具长翅；叶常系单叶稀复叶，如系复叶仅有3-7小叶；冬芽有鳞
片。…………………………………………………………… **槭属** *Acer*

槭属 *Acer*

1. 花常5数，稀4数，各部分发育良好，有花瓣和花雄，两性或杂性，稀单
   性，同株或异株，常生于小枝顶端，稀生于小枝旁边。叶常系单叶，稀
   羽状或掌状复叶（有小叶3-7枚）。
   2. 单叶，不分裂或分裂成裂片，全缘或边缘有各种锯齿。
      3. 花两性或杂性，雄花与两性花同株或异株，生于有叶的小枝顶端。
         4. 冬芽通常无柄，鳞片较多，通常覆瓦状排列；花序伞房状或圆
            锥状。
            5. 叶纸质，稀7-11裂，冬季脱落。叶3-7裂，裂片的先端锐尖或
               钝尖。
               6. 翅果扁平抑或压扁状；叶的裂片全缘或浅波状，叶柄有乳汁。
                  7. 果序的总果梗较长，通常长1-2厘米。
                     8. 叶下面无毛。叶较大，宽7-20厘米，长5-17厘米，宽
                        度大于长度，轮廓近于椭圆形。小株灰色或灰褐色；叶
                        宽7-14厘米，长5-10厘米；翅果长2-4厘米，张开成
                        各种大小不同的角度。
                        9. 叶宽8-1.2厘米，长5-10厘米，5-7裂，基部截形稀
                           近于心脏形；小坚果压扁状，长1.3-1.8厘米，宽1-

1.2厘米，翅和小坚果近于等长，张开成锐角或钝角。
·············· 元宝槭 *Acer truncatum*

   9. 叶宽9–11厘米，长6–8厘米；常5裂；基部近于心脾形或截形；小坚果压扁状，长1–1.3厘米，宽5–8毫米，翅较小坚果长2–3倍，张开成锐角或钝角。······
·············· 色木槭（五角枫）*Acer mono*

  8. 叶下面有宿存的毛。叶长8–12厘米，宽7–13厘米，下面有灰色短柔毛；子房有腺体；翅果长3–3.5厘米，张开成锐角。 ·············· 长柄槭 *Acer longipes*

7. 果序的总果梗较短，通常长度在1厘米以内，其中最短的仅长5毫米至近于无总果梗。

   10. 叶下面有毛或至少沿叶脉有毛。叶5裂或7裂。叶长9–15厘米，宽6–20厘米。常7裂，稀槭5裂，下面被短柔毛；翅果长3–3.5厘米，张开成锐角。 ··············
·············· 锐角槭 *Acer acutum*

   10. 叶下面无毛（有时脉腋有丛毛除外）。叶的宽度大于长度，轮廓近于椭圆形。叶宽10–18厘米，长9–16厘米，常5裂，稀3裂或不裂；果序长8–10厘米，直径15–20厘米；翅果长3.5–4.5厘米，张开成钝角。 ··············
·············· 阔（大）叶槭 *Acer amplum*

6. 翅果凸起；叶的裂片的边缘锯齿状或细锯齿状，叶柄无乳汁。

   11. 叶通常7–13裂，稀5裂；花序伞房状，每花序只有少数几朵花。

    12. 子房有毛；叶柄和花梗通常嫩时有毛。

     13. 叶通常9–13裂。叶较小，直径5–6厘米，常9裂，稀7–8裂，除脉腋有丛毛外两面均无毛；子房有淡黄色长柔毛；小枝有蜡质白粉。 ··············
·············· 临安槭 *Acer linganense*

     13. 叶常5裂。叶较大，通常直径在5厘米以上；子房有长柔毛；翅果长达2厘米，张开成钝角。

      14. 当年生嫩枝有白色绒毛；叶下面和叶柄嫩时有白色长柔毛，渐老时毛均陆续脱落；叶宽5–7.15厘米，长4–5.5厘米，常5裂，稀7裂，裂片披针形。
·············· 毛鸡爪槭 *Acer pubipalmatum*

14. 当年生嫩枝、叶下面和一叶柄有宿存的灰色或浅黄色长柔毛；叶的直径 4-5 厘米，常 5 裂，裂片长圆、卵形。…… （小）昌化槭 *Acer changhuaense*

12. 子房无毛；叶柄和花梗通常无毛。翅果较小，长度在 3 厘米以下，张开成钝角。

15. 叶较小，直径约 7-10 厘米，通常 7 裂，裂片长圆卵形或披针形，两面无毛，叶柄长 4-6 厘米；翅果长 2-2.5 厘米（长江中下游及其邻近各省区）。…… …… 鸡爪槭 *Acer palmatum*

15. 叶较大，直径 13-14 厘米，通常 9 裂，裂片长圆卵形，下面有宿存的灰色短柔毛，叶柄长 5-6 厘米；翅果较大，长 2.6-2.8 厘米。…… …… 安徽槭 *Acer anhweiense*

11. 叶 3-7 裂；花序伞房状、圆锥状或总状圆锥状，每花序有多数的花。翅果较小，长 2-3.5 厘米；冬芽较小，长 2-4 毫米，通常有几个覆叠的鳞片。

16. 小坚果的基部常 1 侧较宽，另 1 侧较窄致成倾斜状。叶纸质，较大，长 6-10 厘米，宽 4-6 厘米，常 3-5 深裂，边缘有不整齐的钝尖锯齿；伞房花序长 6 厘米，无毛；翅果无毛，长 2.5-3 厘米，张开近于直立或成锐角（东北和华北各省）。…… 茶条槭 *Acer ginnala*

16. 小坚果凸起成卵圆形、长圆卵圆形或近于球形，基部不倾斜。花常成圆锥花序或伞房花序；翅果较小，长 1-3 厘米，稀达 3.5 厘米，张开近于水平或成钝角，稀成锐角。叶通常纸质，常自叶片中段以下 3-7 裂，裂片卵形至披针形，边缘有锯齿或细锯齿，稀全缘或浅波状，叶柄比较长而细瘦。叶常 5 裂，有时同一株上的叶既有 5 裂又有 3 裂的。翅果张开成钝角或近水平。

17. 叶下面沿叶脉和叶柄有毛。翅果长 2.3-2.5 厘米，子房有淡黄色疏柔毛；翅果张开成钝角，稀近于水平；叶较大，长 10-12 厘米，宽 11-14 厘米，5 裂，裂片边缘有钝尖锯齿，下面沿叶脉有淡黄色短柔毛或长柔毛。…… …… 毛脉槭 *Acer pubinerve*

17. 叶下面和叶柄无毛或近于无毛。

    18. 翅果较大，长 2.8-3.5 厘米。花序圆锥状；叶较小，直径约 7-9 厘米，5 裂，裂片长圆卵形或近于卵形，边缘有紧贴的钝尖锯齿，下面无毛；翅果长 2.8-3 厘米，张开近于水平。…………………
………………… **婺源槭** *Acer wuyuanense*

    18. 翅果较小，长 2-2.5 厘米。

        19. 叶纸质，绿色，长 5.15-8 厘米，宽 7-10 厘米，5 裂，裂片卵形或三角状卵形，边缘有紧贴的细圆齿，叶柄长 2-4 厘米；翅果长 2-2.3 厘米，张开近于水平。……… **秀丽槭** *Acer elegantulum*

        19. 叶革质，橄榄色，长 6.5-8 厘米，宽 7-10 厘米，5 裂（稀 7 裂），裂片卵形或三角状卵形，边缘有钝尖锯齿；翅果长 2-2.5 厘米，张开成钝角稀近于水平。…………………… **橄榄槭** *Acer olivaceum*

5. 叶革质或纸质，多系常绿，长圆形，披针形或卵形，通常不分裂，稀 3 裂。

  20. 叶常 3 裂裂，片全缘，稀浅波状或锯齿状。叶的侧裂片与中裂片大小近于相等。叶纸质，下面有白粉，嫩时沿叶脉有短柔毛，叶柄较短，长 2.5-5 厘米；果序嫩时有短柔毛；小坚果凸起，直径约 6 毫米，连同翅长 2.5-3 厘米，张开成锐角或近于直立。…………………… **三角槭** *Acer buergerianum*

  20. 叶常不分裂成裂片。叶基部生出的一对侧脉较长于由中脉生出的侧脉，常达于叶片的中段。

    21. 小枝、叶柄和叶下面有黄色或淡黄色绒毛；翅果较大，长约 3 厘米。小枝淡紫褐色；叶革质，长椭圆形，长 8-12 厘米，宽 4-5 厘米，侧脉 3-4 对；翅果长 2.8-3.2 厘米，张开近于锐角。………… **樟叶槭** *Acer cinnamomifolium*

    21. 小枝和叶柄无毛，叶下面常有白粉，但无毛。叶长圆卵形，小叶脉发育，在叶下面成网状。叶纸质，长 6-9 厘米，宽 3-4.5 厘米，基部近于心脏形，近先端有细锯齿；翅果紫色，长 2 厘米，张开成钝角或近于水平。………
………………………………… **紫果槭** *Acer cordatum*

4. 冬芽有柄，鳞片通常 2 对，镊合状排列；花序总状。叶的长度很显著地大于宽度，通常长度较宽度大 1/3 至 1 倍，常不分裂，稀 3-5 浅裂，侧裂片，钝形，较小；翅果张开近于水平或成钝角，稀成锐角。

22. 叶通常不分裂。果梗较长，常长 1-1.5 厘米。叶纸质，卵形或长圆卵形，长 6-14 厘米，宽 4-9 厘米，边缘有不整齐的细圆齿，下面嫩时沿叶脉有紫褐色短柔毛，侧脉 11-12 对；果序长 7-12 厘米，果梗长 1-1.5 厘米，翅果长 2.5-2.8 厘米，张开成钝角或近于水平。 ·························· 青榨槭 *Acer davidii*

22. 叶 3-5 浅裂，侧裂片较小，钝尖或钝形，基部裂片微发育或不发育。叶卵形，长 5-6 厘米，宽 4-5 厘米，先端钝尖，边缘有锐尖的重锯齿，叶柄长 2-3 厘米；翅果长 2.5-2.9 厘米，张开成钝角或近于水平，果梗长 5-7 毫米。 ··· 葛萝槭 *Acer grosseri*

3. 花单性，稀杂性，常生于小枝旁边部分雌花序由有叶的小枝顶端生出除外。叶冬季凋落，常分裂成裂片或边缘有锯齿；翅果常凸起，翅果较大，长 3-4 厘米。叶长 5-7 厘米，宽 6-8 厘米，3-5 裂，裂片长圆卵形或三角状卵形，边缘全缘或有稀疏的钝锯齿；翅果有短柔毛，长 3.5-3.7 厘米，张开近于直角。 ····················· ·························· 天目槭 *Acer sinopurpurascens*

2. 三小叶复叶，小叶下面有很稠密的毛。小叶长圆椭圆形或长圆披针形，长 7-14 厘米，宽 3-6 厘米，先端锐尖，边缘有稀疏的钝锯齿，下面有长柔毛，叶柄长 3-5 厘米，有长柔毛；翅果有短柔毛，长 4-5 厘米，张开成钝角。 ·························· 毛果槭 *Acer nikoense*

1. 通常 4 数，花盘和花瓣不发育或微发育，花单性，雌雄异株，常生于无叶的小枝旁边；羽状复叶有小叶 3-5，稀 7-9 枚。

23. 雌花和雄花均成下垂的长总状花序或穗状花序，由无叶的小枝旁边生出（稀雌花序由小枝顶端生出），花梗很短至无花梗，花盘和花瓣微发育；羽状复叶有小叶 3 枚。 ····················· 建始槭 *Acer henryi*

23. 雌花成下垂的总状花序，雄花成下垂的聚伞花序，均由无叶的小枝旁边生出，花缺花瓣和花盘，花梗较长，长 1.5-3 厘米；羽状复叶，有小叶 3-5，稀 7-9 枚。 ················· 梣（羽）叶槭 *Acer negundo*

七叶树科 HIPPOCSATANACEAE

七叶树属 *Aesculus*

小叶有显著的小叶柄；花序窄小近于圆柱形；蒴果平滑。聚伞圆锥花序有很紧密的小花序；小叶近于披针形或倒披针形。小叶长 8–16 厘米，宽 3–5 厘米，侧脉 13–17 对。 ······························· **七叶树 *Aesculus chinensis***

省沽油科 STAPHYLEACEAE

1. 叶互生，为奇数羽状复叶；花萼多少联合成管状；花盘小或缺；子房每室内仅 1–2 枚胚珠；果为浆果状；果皮肉质或革质；胚乳角质。 ··········
   ···························· **瘿椒树（银鹊树）属 *Tapiscia***
1. 叶对生，常为三小叶，稀为单叶，有托叶；花萼多少分离，从不联合为管状；花盘明显；子房 3 室，胚珠多数。
   2. 果为膜质。肿胀的蒴果，果皮薄，沿复缝线开裂；雄蕊与花瓣互生，生于花盘边缘。 ····················· **省沽油属 *Staphylea***
   2. 果为浆果、核果或为蓇葖。心皮 3（2）枚，仅在基部稍合生，雄蕊着生于花盘上；蓇葖果革质，种子黑色，具薄假种皮；花萼宿存。 ·········
   ···························· **野鸦椿属 *Euscaphis***

野鸦椿属 *Euscaphis*

回锥花序；蓇葖果外面肋脉明显；叶长卵形。
························· **野鸦椿 *Euscaphis japonica***

银鹊树属 *Tapiscia*

叶两面无毛或仅脉腋被毛，背面带灰白色，密被近乳头状白粉点，花萼花瓣边缘具毛。 ··················· **瘿椒树 *Tapiscia sinensis***

省沽油属 *Staphylea*

1. 顶生小叶柄短，长仅 1 厘米，蒴果扁平，2 裂。
   ····················· **省沽油 *Staphylea bumalda***
1. 顶生小叶柄较长，长 1.5–4 厘米，蒴果 3（–4）裂。广展的伞房花序，

叶长圆状披针形至狭卵形，近革质。 ······ **膀胱果** *Staphylea holocarpa*

远志科 POLYGALACEAE

直立或攀援状灌木；雄蕊4-8，合生；子房1-2室，中轴胎座，每室有胚珠1枚。雄蕊8，稀6-7；直立灌木或草木；蒴果。················ **远志属** *Polygala*

远志属 *Polygala*

1. 萼片花后全部脱落，稀1枚外萼片宿存，龙骨瓣具狭条状或片状鸡冠状附属物。直立灌木；叶片两面均被短柔毛，至少沿脉被短柔毛；蒴果两粒种子全部发育成熟，种子被短柔毛，稀无毛。小枝、叶柄、叶及花序均密被短柔毛。总状花序与叶对生；内萼片长圆状倒卵形，且与花瓣成直角着生，鸡冠状附属物无柄；蒴果具狭翅。 ·················

·························· **荷包山桂花（黄花远志）** *Polygala arillata*

1. 萼片花后全部宿存；龙骨瓣具丰富的丝状流苏或稀为蝶结状附属物。

  2. 雄蕊之花丝全部合生成一侧开放的鞘，或仅中间的2枚2/3以上分离。

    3. 花丝全部合生成一侧开放的鞘。侧生花瓣与龙骨瓣等长或稍短；花丝鞘内侧无毛，仅具缘毛；花柱顶端不为画笔状；蒴果圆形或倒心形，种子被短柔毛。叶片近革质，卵形至卵状披针形，两面无毛或沿脉被短柔毛，侧脉3-5对，两面突起；花序与叶对生；蒴果圆形，直径6毫米，具阔翅，无缘毛。 ··········· **瓜子金** *Polygala japonica*

    3. 花丝两侧各3枚全部合生，中间2枚2/3以上分离。

      4. 一年生铺散小草本，茎基木质化，高不及15厘米；总状花序腋生或腋外生，极短，长不及叶；花白色，稀紫红色，侧瓣三角状菱形，边缘皱波状；蒴果无翅，直径约2毫米。 ·················

       ················· **小花远志** *Polygala arvensis*

      4. 多年生直立草本，茎基木质化，高15厘米以上；总状花序顶生、或呈偏侧状生于小枝顶端，稀腋生、较叶长；花紫红色，侧瓣长圆形或椭圆形，边缘不为皱波状；蒴果具狭翅，直径约4毫米。

        5. 总状花序顶生，有时腋生，长不及2厘米；花瓣仅2枚，雄蕊6-8，蒴果边缘具缘毛，种阜3裂；叶片线形至椭圆状披针形，宽3-4毫米。 ··············· **单瓣远志** *Polygala monopetala*

        5. 总状花序呈偏侧状生于小枝顶端，长5-7厘米，略俯垂；花瓣3

枚，雄蕊8；蒴果边缘无毛，种阜2裂；叶片线形至狭长圆状披针形，宽0.5-1（-3）毫米。 ⋯⋯⋯ 远志 *Polygala tenuifolia*

2. 雄蕊之花丝2/3以下合生成鞘，以上分离。植物体仅被卷曲短柔毛或近无毛，决不为平展的长柔毛。花柱顶部不扩大为杯状或马蹄形，柱头2。多年生草本。叶片无光泽，侧脉不明显。

  6. 茎、枝、花序均被卷曲短柔毛；花序顶生或与叶对生；蒴果圆形，具阔翅。总状花序顶生，长3-6厘米，具7-18花，花长7-9毫米，舟状外萼片背面沿中肋具狭翅，内萼片斜卵形，先端圆形。⋯⋯⋯
⋯⋯⋯⋯⋯⋯⋯⋯⋯⋯⋯⋯ 香港远志 *Polygala hongkongensis*

  6. 茎、枝和花序被直而不卷曲的短柔毛；总状花序腋外生或假顶生；蒴果倒心形，具狭翅，疏具短缘毛。⋯⋯⋯⋯⋯⋯⋯⋯⋯
⋯⋯⋯⋯⋯⋯⋯⋯⋯⋯⋯ 西伯利亚远志 *Polygala sibirica*

大戟科 EUPHORBIACEAE

1. 子房每室2颗胚珠；植株无内生韧皮部；叶柄和叶片均无腺体。

  2. 植物体无白色或红色液汁；有花瓣和花盘，或只有花瓣或花盘；单叶。花无花瓣。

    3. 雄蕊着生在花盘的内面；子房15-3室；果实为蒴果或浆果状或核果状。

      4. 雄花具有退化雌蕊。叶2列，叶片全缘或有细齿；花簇生或单生，长7毫米以下。 ⋯⋯⋯⋯⋯⋯⋯⋯ 白饭树属 *Flueggea*

      4. 雄花无退化雌蕊。萼片和雄蕊6-2；种子非蓝色或淡蓝色。萼片背面中肋不隆起，顶端不呈尾状渐尖；花盘呈腺体状，小，不呈条形；雄蕊6-2，花丝分离或合生，药隔无突起。 ⋯⋯⋯⋯⋯⋯⋯
⋯⋯⋯⋯⋯⋯⋯⋯⋯⋯⋯⋯ 叶下珠属 *Phyllanthus*

    3. 花无花盘。叶片全缘；花丝合生。

      5. 萼片分离；雄蕊3-8，花丝和花药全部合生成圆柱状，顶端稍分离，药隔突起成圆锥状；子房15-3室，花柱合生呈圆柱状、圆锥状、棍棒状或卵状；果具有多条明显或不明显的纵沟，成熟后开裂为15-3个分果爿。 ⋯⋯⋯⋯⋯⋯ 算盘子属 *Glochidion*

      5. 雄花花萼盘状、雌花花萼陀螺状、钟状或辐射状，果期时不增厚而呈盘状；蒴果浆果状，不开裂。 ⋯⋯⋯⋯⋯ 黑面神属 *Breynia*

  2. 植物体具有红色或淡红色液汁，无花瓣和花盘；三出复叶。

.... 秋枫属 *Bischofia*

1. 子房每室 1 颗胚珠；植株通常存在内生韧皮部；叶柄上部或叶片基部通常具有腺体。

   6. 植株无乳汁管组织；单叶，稀复叶；花瓣存在或退化。

      7. 叶对生。对生的叶片不等大，非卵形，通常具颗粒状腺体，雌花序具花 5 朵以上，蒴果被毛和具软刺。··········· 野桐属 *Mallotus Lour*

      7. 叶互生。

         8. 叶具散生颗粒状腺体，无小托叶。花序顶生，稀腋生，花药 2 室，花柱粗壮。 ··········· 野桐属 *Mallotus Lour*

         8. 叶无颗粒状腺体。嫩枝、叶被柔毛，稀无毛。

            9. 圆锥花序。叶片基部或叶柄顶端均无小托叶，雄花的雄蕊通常 8 枚，药室合生，花柱不分裂。 ··········· 山麻杆属 *Alchornea*

            9. 穗状花序或总状花序。雌花排成花序，花梗或果梗均长不及 5 毫米，花药 2 室。

               10. 药室彼此分离，花序穗状。雄花的雄蕊通常 8 枚，花药水平叉开或悬垂，花柱撕裂为多条花柱枝，灌木。 ··········
               ··········· 铁苋菜属 *Acalypha*

               10. 药室合生，花序单性的，雄花序穗状，雌花排成总状花序或圆锥花序。

                  11. 叶片基部具小托叶，雄花具雄蕊 7-8 枚，花柱线状。
                  ··········· 山麻杆属 *Alchornea*

                  11. 叶片基部无小托叶，雄花具雄蕊 10 枚以上，花柱较粗，柱头具羽毛状或乳头状突起。 ··········· 野桐属 *Mallotus*

   6. 植株具有乳汁管组织；单叶全缘至掌状分裂，或复叶；花瓣大多数存在；花粉粒双核或三核。

      12. 液汁透明至淡红色或乳白色；二歧圆锥花序至穗状花序；苞片基部通常无腺体；萼片覆瓦状或镊合状排列。

         13. 雄花花萼裂片镊合状排列；花排成聚伞圆锥花序。

            14. 花无花瓣，蒴果，叶为指状复叶。 ··········· 橡胶树属 *Hevea*

            14. 花具花瓣，花长于 1.5 厘米，花萼 2-3 裂，呈佛焰苞状，雄蕊 8-12 枚，果皮壳质。果为核果状，嫩枝被柔毛；叶为单叶。
            ··········· 油桐属 *Vernicia*

         13. 雄花花萼裂片或萼片覆瓦状排列。

            15. 雄花具花瓣 叶互生。

16. 总状花序,两性的。花瓣短于花萼,细小,雄蕊20-30枚,离生;叶具彩色。 ························ **变叶木属** *Codiaeum*

16. 聚伞状花序或聚伞圆锥花序;伞房状聚伞圆锥花序,两性的。

························ **麻疯树属** *Jatropha*

15. 雄花无花瓣。花萼钟状,长7-10毫米,具彩色斑;叶分裂。

························ **木薯属** *Manihot*

12. 乳汁白色;总状花序、穗状花序或大戟花序;苞片基部通常具2枚腺体;萼片覆瓦状排列或无萼片而由4-5枚苞片联合成花萼状总苞;雄蕊在花蕾中通常直立;无花瓣;花盘中间通常无退化雄蕊;花粉粒具三孔沟,沟通常有边,表面具有网纹和孔。

17. 穗状花序,稀总状花序;雄花萼片2-5枚,分离或合生;雄蕊2-3枚,稀多数。苞片鳞片状,不裂,基部具2枚腺体。

18. 雄花萼片离生,通常3片,罕为2片。

························ **海漆属** *Excoecaria*

18. 雄花花萼杯状或管状2-3浅裂或为2-3细齿。

························ **乌桕属** *Sapium*

17. 杯状聚伞花序(即大戟花序);雄花无花萼;雄蕊1枚。

19. 花序杯状,总苞呈辐射对称,不偏斜。

························ **大戟属** *Euphorbia*

19. 花序舟状或鞋状,总苞呈左右对称,偏斜。

························ **红雀珊瑚属** *Pedilanthus*

麻疯树属 *Jatropha*

1. 花瓣合生几达中部,黄绿色。叶不分裂或3-5浅裂,非盾状着生。

························ **麻疯树** *Jatropha curcas*

1. 花瓣离生或近离生,红色;叶浅裂至深裂。

2. 叶盾状着生,全缘或2-5浅裂;托叶分裂成刺状。

························ **佛肚树** *Jatropha podagrica*

2. 叶非盾状着生,掌状9-11深裂,裂片线状披针形,托叶细裂成分叉的刚毛状。 ························ **珊瑚花** *Jatropha multifida*

白饭树属 *Flueggea*

注：下列种具有以下共同特征。植株无刺。

1. 叶片全缘或间中有不整齐的波状齿或细锯齿，下面浅绿色；蒴果三棱状扁球形，淡红褐色，果皮开裂。 ………… **一叶萩** *Flueggea suffruticosa*
1. 叶片全缘，下面白绿色；蒴果浆果状，近圆球形，淡白色，果皮不开裂。
   …………………………………… **白饭树** *Flueggea virosa*

叶下珠属 *Phyllanthus*

1. 叶片基部两侧对称，果实呈浆果状；雄蕊 5，稀 3–4（–6）果实呈浆果状或核果状，干后不开裂，成熟后黑色。
   2. 果时萼片宿存。 ……………… **青灰叶下珠** *Phyllanthus glaucus*
   2. 果时萼片脱落。 ………… **（曲枝）落萼叶下珠** *Phyllanthus flexuosus*
1. 果实为蒴果，干后开裂，成熟后褐色或淡棕色。花或花序生于叶腋，苞片远小于花；雄花萼片覆瓦状排列。
   3. 雄花萼片 4–6，雄蕊 2–4，2 枚的花丝离生，3–4 枚的花丝为合生，叶全缘。叶片下面边缘有 1–3 列短硬毛；子房和果有小疣状凸起。……
      …………………………… **叶下珠** *Phyllanthus urinaria*
   3. 雄花萼片 4，边缘流苏状、齿状或啮蚀状。
      4. 雄蕊 4。枝条、叶下面、叶柄均被毛；叶片长 2.5–12 厘米，宽 1.5–4.5 厘米；叶斜长圆状披针形，基部两侧对称；花梗无毛；雄花花梗长 5 毫米；雌花萼片 6；雌花花盘仅达子房基部。花组成腋生聚伞花序。
         …………………………… **毛果叶下珠** *Phyllanthus gracilipes*
      4. 雄蕊 2。花单生或组成腋生聚伞花序；雌花萼片 6，花丝合生。小枝具棱，均匀排成二列；花梗长 1.5 厘米；花柱分离。 ………………
         …………………………… **细枝叶下珠** *Phyllanthus leptoclados*

算盘子属 *Glochidion*

注：下列种具有以下共同特征。雄蕊 3。

1. 叶片或叶脉被毛。花柱与子房等长；萼片内面无毛。
   2. 乔木；叶片宽 3–7 厘米；雄花萼片椭圆形，长约 2 毫米；雌花萼片卵形；花柱合生呈圆柱状或近圆锥状。 … **山漆茎** *Glochidion lutescens*
   2. 灌木；叶片宽 1–2.5 厘米；雌雄花萼片狭长圆形或长圆状倒卵形，长 2.5–3.5 毫米；花柱合生呈环状。 ……… **算盘子** *Glochidion puberum*

1. 叶片光滑无毛，小枝具棱；叶柄被柔毛；叶片下面灰白色。中脉两面均凸起；子房无毛；花柱合生呈圆柱状。 ………………………………………………………………… 湖北算盘子 *Glochidion wilsonii*

黑面神属 *Breynia*

萼片6。小枝扁压状；叶片革质，顶端钝或急尖；雌花花萼钟状，顶端6浅裂，裂片近相等，结果时增大，上部辐射状张开呈盘状；蒴果顶端无圆锥状的喙。………………………………………………………………… 黑面神 *Breynia fruticosa*

重阳木属 *Bischofia*

落叶乔木；小叶片基部圆或浅心形，叶缘锯齿较密，每1厘米长有细锯齿4-5个；总状花序；木材导管管孔较密，每平方毫米64-113个，管孔直径50-53微米。 ………………………………………………… 重阳木 *Bischofia polycarpa*

野桐属 *Mallotus*

注：下列种具有以下共同特征。叶互生，有时小枝顶部的叶近轮生或对生。叶具掌状脉或基出脉3-7条。
1. 蒴果无软刺。
   2. 藤本或攀缘灌木；叶下面具黄色颗粒状腺体；蒴果较小，直径1厘米，密被黄色或黄褐色粉末状毛。花序有分枝，花序梗细长；蒴果具2（-3）个分果爿，花柱2（-3）枚。 ………… 石岩枫 *Mallotus repandus*
   2. 直立灌木；叶下面具红色或橙黄色颗粒状腺体；雄蕊18-30枚；蒴果密被红色或橙黄色颗粒状腺体和粉末状毛。 …………………………………………………… 粗糠柴 *Mallotus philippensis*
1. 蒴果具软刺，叶卵形或阔卵形，稀圆心形，干后上面黄绿色或暗绿色，下面被灰白色绒毛。 ………………………… 白背叶 *Mallotus apelta*

山麻杆属 *Alchornea*

叶基部具小托叶，基出脉3条，雄花序腋生，通常穗状雄花序长不及4厘米，荑荑花序状，苞片卵形，长2毫米；子房被绒毛，果皮平坦。果密生柔毛。………………………………………………… 山麻杆 *Alchornea davidii*

铁苋菜属 *Acalypha*

1. 雌雄花同序。叶菱形或卵状菱形，顶端钝尖，两面无毛，雌花苞片圆肾形，长约 6 毫米，子房密生长软刺。 ………………………………………
………………………… 菱叶铁苋菜（泰国红桑）*Acalypha siamensis*

1. 雌雄花异序，雌雄同株或异株；灌木。
   2. 雌雄异株，雌花序长且下垂，雌花苞片小，长约 1 毫米，全缘。
      3. 雌花苞片卵状菱形，苞腋具雌花 3-7 朵，花柱长 6-7 毫米，撕裂花柱几布满花序，脉腋无毛。 ………… 红穗铁苋菜 *Acalypha hispida*
      3. 雌花苞片卵形，苞腋具雌花 1 朵，花柱长 2-5 毫米，叶下面二级侧脉腋具簇生毛。花柱通常 2 枚，长 2-3 毫米。 ………………………
         ……………………………… 尖尾铁苋菜 *Acalypha caturus*
   2. 雌雄同株，异序，叶片具多种颜色；雌花苞片阔卵形，具粗肯齿 7-11 枚，子房具毛，花柱长 6-7 毫米。 ……… 红桑 *Acalypha wilkesiana*

橡胶树属 *Hevea*

大乔木，有丰富乳汁。指状复叶具小叶 3 片；叶柄长达 15 厘米，顶端有 2（3-4）枚腺体；小叶椭圆形，长 10-25 厘米，宽 4-10 厘米，顶端短尖至渐尖，基部楔形，全缘，两面无毛；侧脉 10-16 对，网脉明显；小叶柄长 1-2 厘米。
………………………………………… 橡胶树 *Hevea brasiliensis*

变叶木属 *Codiaeum*

灌木或小乔木，高可达 2 米。枝条无毛，有明显叶痕。叶薄革质，形状大小变异很大，线形、线状披针形、长圆形、椭圆形、披针形、卵形、匙形、提琴形至倒卵形，有时由长的中脉把叶片间断成上下两片。长 5-30 厘米，宽（0.3-）0.5-8 厘米，顶端短尖、渐尖至圆钝，基部楔形、短尖至钝，边全缘、浅裂至深裂，两面无毛，绿色、淡绿色、紫红色、紫红与黄色相间、黄色与绿色相间或有时在绿色叶片上散生黄色或金黄色斑点或斑纹。 …………………
………………………………… 变叶木 *Codiaeum variegatum*

木薯属 *Manihot*

叶稍盾状着生，裂片倒披针形至狭椭圆形；雄花的花萼内面被毛，果具 6 条狭纵翅。 ……………………………………… 木薯 *Manihot esculenta*

海漆属 *Excoecaria*

叶对生，稀兼有互生或 3 片轮生。花雌雄异株；叶背面紫红或血红色。
………………………………… 红背桂花 *Excoecaria cochinchinensis*

油桐属 *Vernicia*

1. 叶全缘，稀1–3浅裂；叶柄顶端的腺体扁球形；果无棱，平滑。
·· **油桐** *Vernicia fordii*
1. 叶全缘或2–5浅裂；叶柄顶端的腺体，杯状，具柄；果具三棱，果皮有皱纹。 ·························· **木油桐** *Vernicia montana*

乌桕属 *Sapium*

1. 种子被厚薄不等的蜡质层，无棕褐色斑纹。花雌雄同序，间有整个花序只有雄花，但绝无全为雌花者；叶全缘。
  2. 叶菱形。 ······························· **乌桕** *Sapium sebiferum*
  2. 叶卵形、长卵形或椭圆形，长为宽的2倍或2倍以上。雌花3基数（萼3裂，子房3室，柱头3）；叶柄顶端具2腺体。 ·········
··························· **山乌桕** *Sapium discolor*
1. 种子有雅致的棕褐色斑纹，但无蜡质层。叶长7–16厘米，宽4–8厘米，基部钝、截平或有时呈微心形；花序长4.5–11厘米；种子直径6–9毫米。
················· **白（乳）木乌桕** *Sapium japonicum*

大戟属 *Euphorbia*

1. 叶早落或叶仅存于枝的顶部，灌木或乔木，常肉质化或；腺体5枚。
  2. 乔木，茎与分枝均为绿色，无棱无刺；叶早落，常呈无叶状。
················· **绿玉树** *Euphorbia tirucalli*
  2. 灌木或蔓生灌木，茎与分枝绿色或褐色，刺状或肉质化并刺状，有棱；叶仅存于分枝的顶部。
    3. 蔓生灌木，茎与分枝均为褐色，刺锥状；总苞叶2枚，红色。
················· **铁海棠** *Euphorbia milii*
    3. 灌木，茎与分枝均为绿色，刺芒状；总苞叶绿色。
      4. 茎圆柱状，具5棱，棱角无脊，常扭转呈螺旋状；托叶刺2枚，生于棱上。 ········· **金刚纂** *Euphorbia neriifolia*
      4. 茎3–7棱，棱角具脊，翅状；托叶刺生于脊上。
        5. 茎常3棱，偶有4棱；脊薄且边缘具不规则齿，宽达1–2厘米。
················· **火殃勒** *Euphorbia antiquorum*
        5. 茎5–7棱；棱脊扁平而又肥厚，边缘具不规则的波状齿。
················· **霸王鞭** *Euphorbia royleana*

1. 叶不早落。茎顶部叶红色或至少一部分呈红色或白色。茎顶部叶完全红色。 ●●●●●●●●●●●●●●●●●●●●●●●●●●●●●● 一品红 *Euphorbia pulcherrima*

红雀珊瑚属 *Pedilanthus*

直立亚灌木，高 40-70 厘米；茎、枝粗壮，带肉质，作"之"字状扭曲，无毛或嫩时被短柔毛。叶肉质，近无柄或具短柄，叶片卵形或长卵形。 ●●●●●●●●●●●●●●●●●●●●●●●●●●●●●●●●●●●● 红雀珊珊 *Pedilanthus tithymaloides*

虎皮楠科 DAPHNIPHYLLACEAE

交让木属 *Daphniphyllum*

注：下列种具有以下共同特征。花萼不育或果时脱落。

1. 子房为不育雄蕊环绕。雌花具不育雄蕊 10；叶背无乳突体，侧脉纤细而密，近于水平伸展而平行，两面清晰。 ●●●●●●●●●●●●●●●●●●●●●● 交让木 *Daphniphyllum macropodum*
1. 子房无不育雄蕊环绕。叶披针形或倒披针形或长圆状披针形，长 9-14 厘米，宽 2.5-4.5 厘米，叶背明显被白粉和具细小乳突体；果序较短，长 6-8 厘米。果基部圆形，不为上述，先端宿存花柱极短，柱头长，向外拳卷状。 ●●●●●●●●●●●●●●●●●●●● 虎皮楠 *Daphniphyllum oldhamii*

黄杨科 BUXACEAE

1. 叶对生，全缘，羽状脉；雌花单生于花序顶端；果实为室背裂开的蒴果。 ●●●●●●●●●●●●●●●●●●●●●●●●●●●●●●●●●● 黄杨属 *Buxus*
1. 叶互生，绝大多数具离基三出脉；雌花生花序下方；果实多少带肉质。叶绝大多数上半部有齿牙；果上宿存的花柱长而挺出呈角状，长 8-15 毫米，和果实约略等长。 ●●●●●●●●●●●● 板凳果属（三角咪属）*Pachysandra*

黄杨属 *Buxus*

注：下列种具有以下共同特征。雌花在受粉期间，花柱和子房等长，或稍超过，或短于子房。不育雄蕊高度和萼片长度相等，或超过萼片（稀为萼片长度的 2/3，但此时叶决非线形）。

1. 叶两面中脉及侧脉均明显凸出；叶形为匙形至倒卵形，长 2-4 厘米，宽

8-18毫米。……………………………………… 雀舌黄杨 *Buxus bodinieri*

1. 仅叶面有侧脉；叶形种种雄花无花梗；叶形通常阔椭圆形至长椭圆形，长 1.5-3.5 厘米，宽 0.8-2 厘米（亚种、变种的叶形和大小有很大变化）。
……………………………………………………… 黄杨 *Buxus sinica*

＊叶椭圆状披针形或披针形，长 2-3.5 厘米，宽 1-1.3 厘米，两端均渐尖，顶尖锐或稍钝，中脉两面均凸出，叶面侧脉多而明显。…………
…………………………………… 尖叶黄杨 *Buxus sinica* ssp. *aemulans*

＊叶长 7-10 毫米，宽 5-7 毫米，叶面无光或光亮，侧脉明显凸出。 …
……………………………… 小叶黄杨（珍珠黄杨）*Buxus sinica* var. *parvifolia*

板凳果属 *Pachysandra*

花序顶生，长 2-4 厘米；叶菱状倒卵形，长 2.5-5（-9）厘米，宽 1.5-3（-6）厘米，基部楔形，叶背无毛；花柱 2。………………………………………
……………………………………… 顶花板凳果 *Pachysandra terminalis*

漆树科 ANACARDIACEAE

注：下列属具有以下共同特征。乔木或灌木，少有木质藤本；叶多为羽状复叶，少有掌状 3 小叶或单叶；心皮通常 3-5，合生。

1. 心皮通常 5，子房 5 室。乔木，花杂性；花瓣覆瓦状排列；花柱 5，分离；果椭圆形，果核与果同形，不压扁。 ……… 南酸枣属 *Choerospondias*

1. 心皮 3，子房 1 室。叶多为羽状复叶，少有掌状 3 小叶和单叶；花托不下凹，不膨大。

  2. 花为单被花。 ……………………………… 黄连木属 *Pistacia*

  2. 花有花萼和花瓣。

    3. 单叶；果期不孕花的花梗伸长，被长柔毛。 ……… 黄栌属 *Cotinus*

    3. 羽状复叶或掌状 3 小叶；花梗不如上述。

      4. 圆锥花序顶生；果被腺毛和具节柔毛或单毛，成熟后红色，外果皮与中果皮连合，内果皮分离。 ………………… 盐肤木属 *Rhus*

      4. 圆锥花序腋生或顶生；果无毛或疏被微柔毛或刺毛，但无腺毛，成熟后黄绿色，外果皮薄，与中果皮分离，中果皮厚，与内果皮连合。圆锥花序腋生；中果皮蜡质，白色，具褐色树脂道条纹。
……………………………………………… 漆属 *Toxicodendron*

南酸枣属 *Choerospondias*

特征同属。·················· **南酸枣** *Choerospondias axillaris*

黄连木属 *Pistacia*

羽伏复叶有小叶9-9对；果球形，较小，径约5毫米。小叶纸质，披针形或卵状披针形，先端渐尖或长渐尖；先花后叶，雄花无不育雌蕊。···········
················· **黄连木** *Pistacia chinensis*

黄栌属 *Cotinus*

注：下列种具有以下共同特征。灌木，高2米以上；叶较大，长和宽超过2厘米，纸质，多少被毛；果无毛。
1. 叶倒卵形或卵圆形或阔椭圆形或倒卵形，无毛或被毛。
  ················· **黄栌** *Cotinus coggygria*
1. 叶多为阔椭圆形，稀圆形，叶背尤其沿脉上和叶柄密被柔毛。
  ········· **毛黄栌** *Cotinus coggygria* var. *pubescens*

盐肤木属 *Rhus*

1. 小叶边缘具粗锯齿，叶片较大，长6-12厘米，宽3-7厘米。
  2. 奇数羽状复叶有小叶（2-）3-6对，叶轴具宽的叶状翅。
    ············· **盐肤木** *Rhus chinensis*
  2. 奇数羽状复叶，小叶9-12对，叶轴无叶状翅。
    ················ **火炬漆** *Rhus typhina*
1. 小叶全缘或稀有小锯齿。叶轴无翅或稀上部具极狭的翅。小叶3-6对，小枝无毛；小叶3-5对，长圆形或长圆状披针形，先端渐尖，基部阔楔形至圆形，叶背绿色，沿中脉被稀疏微柔毛或无毛，明显具小叶柄。···
  ················ **青麸杨** *Rhus potaninii*

漆树属 *Toxicodendron*

1. 乔木或灌木；叶为奇数羽状复叶；雄蕊伸出，花丝线形。小枝、叶轴、叶柄及花序轴纤细，小叶片较小；果序下垂；果无毛或稀被短刺毛，成熟时外果皮不开裂。
  2. 小枝、叶轴、叶柄及花序均被毛。
    3. 花序总状或圆锥状、与叶等长或近等长或超过。小叶沿叶背中脉上被平伏柔毛，边缘无毛，小叶柄长 4-7 毫米；圆锥花序与叶等长或超过，分枝纤细；核果对称，横椭圆形。 ……………………………

…………………………………………… 漆 *Toxicodendron vernicifluum*

  3. 花序圆锥状，长不超过叶长之半。

    4. 小枝、叶轴及花序密被硬毛；小叶边缘具睫毛，无柄；核果宽过于长，被刺毛。 ……………… 毛漆树 *Toxicodendron trichocarpum*

    4. 小枝、叶轴及花序密被绒毛；小叶边缘无毛；核果长过于宽，无毛。 ……………… 木蜡树 *Toxicodendron sylvestre*

 2. 植物体各部无毛（稀花序被毛）。花序无毛；核果极偏斜。乔木或小乔木；花序圆锥状。小叶薄革质，卵形或卵状椭圆形或卵状长圆形，先端长渐尖或尾伏渐尖；花序不超过叶长之半；花瓣不具褐色羽状脉或不显。 ……………… 野漆 *Toxicodendron succedaneum*

1. 攀援状灌木；掌状 3 小叶；雄蕊内藏；花丝钻形；果被刺毛。

………………………………… 毒漆藤（野葛） *Toxicodendron radicans*

冬青科 AQUIFOLIACEAE

冬青属 *Ilex*

1. 常绿乔木或灌木；枝均为长枝，无缩短枝；当年生枝通常无皮孔；叶片革质，厚革质，稀纸质。

 2. 雌花序单生于叶腋内；分核具单沟或 3 条纹及 2 沟，或平滑而无沟，或具不明显的雕纹状条纹。

  3. 雄花序单生于当年生枝的叶腋内；分核背部具单沟或 3 条纹及 2 沟；内果皮革质或近木质。

    4. 叶片具锯齿，圆齿，稀为全缘；花序聚伞状；分核背面具单沟。

     5. 叶片全缘或偶在叶先端具锯齿，叶片主脉在叶面被短柔毛，网脉不明显；叶柄长 1.5-2 厘米，多少被短柔毛；果皮干后平滑。

………………………………… 木姜冬青 *Ilex litseifolia*

     5. 叶片具圆齿、锯齿或圆齿状锯齿，稀全缘叶片较大，长约 5-10 厘米，宽 2.5-4 厘米。 ……………… 香冬青 *Ilex suaveolens*

    4. 叶片全缘；叶片长 4-9 厘米，宽 1.8-4 厘米。花序通常为伞形，稀聚伞状；分核背部具 3 棱 2 沟，或光滑。 …………………………

………………………………… 铁冬青 *Ilex rotunda*

3. 雄花序簇生于二年生枝的叶腋内，稀单生于当年生枝叶腋内；分核平滑，或具条纹而无沟，或略粗糙；内果皮革质。

　6. 叶片背面具腺点；分核4，宽约4毫米，背部具皱纹状条纹。小枝直，不为之字形。

　　7. 叶片较小，长1-3.5厘米，宽5-15毫米；果柄长4-6毫米，果的宿存柱头厚盘状；分核长圆状椭圆形，背部平滑，具条纹而无沟。
　　　　…………………………………………… 齿叶冬青 *Ilex crenata*

　　7. 叶片较大，长2-7厘米，宽1-3厘米；叶柄长4-6毫米，叶片侧脉两面明显；果梗长8毫米以上；分核背部具皱纹或微凸起的条纹。果梗长10-17毫米，果直径9-11毫米，宿存柱头盘状乳头形，分核椭圆体形，背部具稍隆起的皱纹。…………………
　　　　…………………………………………… 绿（亮叶）冬青 *Ilex viridis*

　6. 叶片背面无腺点；分核背部中央具1纵条纹；雄花序之总花梗长达2.5厘米，雌花梗长1-1.5厘米，果梗长2-6厘米；叶较大，长4-9厘米，全缘或近顶端具少数不明显的锯齿，叶柄长1.5-2.5厘米。…………………………………… 具柄冬青 *Ilex pedunculosa*

2. 雌花序及雄花序均簇生于二年生，甚至老枝的叶腋内；分核具皱纹及洼点，或具凸起的棱；内果皮革质、木质或石质。

　8. 雌花序的个体分枝具1花；分核4，稀较少；内果皮石质或木质。

　9. 叶具刺或全缘，而先端具1刺。

　　10. 每果总是具4个分核，分核石质，具不规则的皱纹和洼穴，稀木质。

　　　11. 叶片厚革质，四角状长圆形，稀卵形，全缘或波状，每边具1-3坚挺的刺；果梗长8-14毫米。 …… 枸骨 *Ilex cornuta*

　　　11. 叶片革质或薄革质，圆状披针形，长4-9厘米，宽1.5-2.8厘米，先端具刺状尖头，边缘具3-10对刺状牙齿，侧脉7-8对，在叶面模糊；果梗长2毫米，果球形，直径6-7毫米，宿存柱头薄盘状，分核背部中央具1纵脊。…………………
　　　　…………………………………………… 华中枸骨 *Ilex centrochinensis*

　　10. 每果通常具2分核，稀3-4，分核木质，具掌状条纹。

　　　12. 灌木或小乔木。叶卵状披针形，长1.3-2.5厘米，稀达3厘米，叶缘每边具1-3刺，侧脉1-3对，在叶面不明显；分核倒卵形或长圆形，背面较宽的一端凹，具掌状条纹及沟。
　　　　…………………………………………… 猫儿刺 *Ilex pernyi*

12. 乔木。分核 3，卵状椭圆形，长 5 毫米，宽 3 毫米；叶片卵状长圆形、卵形或椭圆形，长 5.5-8 厘米，基部圆形或钝，边缘具 4-8 对刺齿；叶柄长 5-8 毫米。 …………………………………… **大别山冬青** *Ilex dabieshanensis*

9. 叶片全缘、具锯齿或圆齿状锯齿，成熟植物的叶片绝无刺。

13. 顶芽、幼枝、叶柄均被短柔毛或微柔毛，果梗短，长仅 1 毫米，果球形或近球形，宿存柱头盘状；叶片卵形、卵状披针形或长圆形，长 4-8 厘米，边缘具不规则的疏浅齿。 ………………………………………… **短梗冬青** *Ilex buergeri*

13. 顶芽、幼枝及叶柄均无毛，或变无毛。雄蕊长于花瓣，伸出花冠外，花瓣卵状长圆形，上部边缘具缘毛；果在扩大镜下可见小瘤。 ……………………… **榕叶冬青** *Ilex ficoidea*

8. 雌花序的单个分枝伞形状或具单花；分核 6 或 7，稀较少或更多，内果皮革质或近木质。

14. 分核背部具 3 纵条纹及 2 沟，叶片纸质或膜质，椭圆形或长卵形，长 2-6 厘米，宽 1-2.5 厘米，边缘具疏而尖的细锯 齿或近全缘；小枝、叶片、叶柄及花序均密被长硬毛。 ………………………………………… **毛冬青** *Ilex pubescens*

14. 分核平滑，或具条纹而无沟，条纹易与内果皮分离；内果皮革质；小枝圆柱形。

15. 果柄长 8-20 毫米，总是长于果的直径；果簇生或假总状。

16. 果直径 5-8 毫米，稀 4 毫米，宿存柱头柱状或头状；花柱明显。

17. 叶片背面无腺点，先端通常急尖、渐尖或钝，但不凹缺。叶片厚革质，椭圆形或长圆状椭圆形，长 5-9 厘米，宽 2-3.5 厘米，全缘；雄花序的个体分枝具 1 花，花梗长 5-10 毫米；花 5-8 基数，花萼盘状，退化子房圆锥形；分核 6 或 7，背部平滑，具 1 纤细的纵脊，脊的下端稍分枝。… ……………………… **厚叶冬青** *Ilex elmerrilliana*

17. 叶片背面具小腺点，先端通常圆形或微缺，或渐尖而微凹，钝或急尖。叶片厚革质，侧脉和网状脉两面均不明显，叶柄长 4-8 毫米；果柄长 8-10 毫米，被微柔毛，果直径 5 毫米，宿存柱头头状；分核 5 或 6（-7）。……… ……………………… **罗浮冬青** *Ilex tutcheri*

16. 果直径 3–4（–5）毫米，花柱无，宿存柱头薄盘状。叶片厚革质，基部钝，稀圆形，叶面具光泽，主脉在叶面平坦，侧脉 7–8 对。 ···························· 尾叶冬青 *Ilex wilsonii*

15. 果梗长 1–3 毫米，总是短于果径，或 6–9 毫米，长于果径；果通常双生。叶片纸质或薄革质，长圆形或椭圆形，稀倒卵形或菱形，长 1–2.5 厘米，基部楔形；小枝、叶面主脉和叶柄等密被短柔毛。 ···················· 矮冬青 *Ilex lohfauensis*

1. 落叶乔木或灌木；枝通常具长枝及缩短枝，当年生枝条通常具明显的皮孔；叶片膜质、纸质，或稀亚革质。

18. 果成熟后红色，分核 6–13 粒，背面稍凸起，具纵条纹，内果皮革质，稀木质。花序为复合三歧聚伞花序，二级轴及三级轴均发育，均较花梗长；果较小，直径约 3 毫米；叶片具侧脉 6–8 对，叶柄上面平坦，无沟。 ························ 小果冬青 *Ilex micrococca*

18. 果成熟后黑色，稀红色，分核 4–9，背面多皱，具条纹及槽，或具 2 沟，内果皮石质，稀木质。

19. 果直径 10 毫米以上，花柱明显，宿存柱头头状或柱状。直径 12–14 毫米，宿存柱头圆柱形，分核 7–9；雄花的花瓣倒卵状长圆形，退化子房垫状，中央稍凹陷；叶片纸质，卵形或卵状椭圆形，稀长圆状椭圆形，长 5–11 厘米，宽 3–7 厘米。 ····················· ······················ 大果冬青 *Ilex macrocarpa*

19. 果较小，直径不及 10 毫米，宿存柱头盘状，稀头状，无花柱。雌花花梗及果梗长不及 10 毫米。

20. 果较小，直径约 5 毫米，成熟时红色，果梗长 6–7 毫米；分核 5；雄花的花萼直径 2.5 毫米，5 浅裂，裂片边缘啮蚀状；退化子房垫状，中央略凹陷。 ················ 大柄冬青 *Ilex macropoda*

20. 果较大，直径 6–8 毫米，成熟时紫黑色，果柄长 2–3 毫米；分核 6；雄花的花萼较大，直径 4 毫米，6 裂，裂片全缘；退化子房垫状，中央平坦不凹陷。 ············· 紫果冬青 *Ilex tsoi*

卫矛科 CELASTRACEAE

1. 蒴果或具翅蒴果，胞背裂，少为胞间裂或半裂。聚伞花序通常排成圆锥状或总状；花萼花冠明显异形二轮；花盘肥厚扁平或浅杯状；蒴果具 2 至数个种子，无种子柄或稀有短柄，种子被假种皮，稀缺（假卫矛属）。

2. 花部等数；花盘肥厚；心皮不减数；种子被具色肉质假种皮。

  3. 叶对生；托叶细小早落；花瓣在花后脱落。花 4-5 数；花盘扁平，边缘不卷，不抱合子房；子房每室具 2-12 胚珠；蒴果开裂后果皮不卷曲，中央无明显宿存中轴；种子具不分枝种脊。…………
………………………………………………………… **卫矛属** *Euonymus*

2. 叶互生；托叶细长，边缘有细长丝状流苏，宿存；花瓣在果时宿存，明显增大成 4 翅状。………………… **永瓣藤属** *Monimopetalum*

2. 花部减数；花盘薄或近缺；心皮 2-3；种子有假种皮，稀无。

  4. 叶互生，稀对生；叶具不规则疏散网状脉；叶柄顶端直而不曲，也不增粗；花序 1 至多次二歧分枝成圆锥花序状；假种皮肉质，具鲜明彩色。子房 3 心皮，3 室，稀 1 室，柱头 3 裂再 2 裂呈 6 裂状；蒴果开裂后留有宿存中轴；假种皮肉质红色，包围种子全部。………
………………………………………………………… **南蛇藤属** *Celastrus*

  4. 叶对生；花盘浅杯状或近缺；蒴果 2 裂，无宿存中轴；种子无假种皮。
………………………………………………………… **假卫矛属** *Microtropis*

1. 翅果、核果、浆果或 1 室蒴果，果时子房室数由于败育，一般较心皮数少。翅果；全为藤状灌木。………………… **雷公藤属** *Tripterygium*

卫矛属 *Euonymus*

1. 蒴果无翅状延展物；花药 2 室，有花丝或无花丝；冬芽一般较圆阔而短，长多在 4-8 毫米之间，较少达到 10 毫米。

  2. 果实发育时，心皮各部等量生长；蒴果近球状，仅在心皮腹缝线处稍有凹入，果裂时果皮内层常突起成假轴；假种皮包围种子全部；小枝外皮常有细密瘤点。

   3. 果皮平滑无刺突；冬芽较粗大，长可达 10 毫米，直径可达 6 毫米。果皮平滑无刺突；冬芽较粗大，长可达 10 毫米，直径可达 6 毫米。

    4. 茎枝具随生根（气生根）。侧脉在叶片两面明显隆起；聚伞花序多花。花白绿或黄绿色；雄蕊有花丝；叶近基部的侧脉不呈三出脉状；叶柄长 3-12 毫米。叶柄长 6-12 毫米；花黄绿色或白绿色；花丝长 1-3 毫米；小花梗长 5-8 毫米。

     5. 花白绿色，直径 6 毫米；果皮光滑无细点；常绿藤本灌木。叶柄无透明疣状突起；花序梗较长，长达 3 厘米；第二分枝明显，长达 5 毫米。………………… **扶芳藤** *Euonymus fortunei*

     5. 花黄绿色，直径 7-8 毫米；果皮有深色细点；半常绿灌木。

.... 胶州卫矛 *Euonymus kiautschovicus*

4. 茎枝无随生根（气生根）。叶边缘具粗圆锯齿或浅细钝齿及锯齿。叶不簇生枝端；蒴果干时非紫色，无白色小斑点。叶柄长 5-10 毫米。叶片倒卵状或椭圆形，较小，长 3-5 厘米，宽 2-3 厘米；花序梗扁粗；花白绿色；花丝长 2-4 毫米。.....................
.... 冬青卫矛 *Euonymus japonicus*

3. 果皮外被刺突；冬芽较细小，长达 6 毫米，直径 3-4 毫米。

6. 叶片通常较大，长多在 10 厘米以上，宽多达 4.5 厘米以上。叶柄长在 1 厘米以上。叶片较宽，长方椭圆形或窄卵形，革质，叶面平滑，网脉不显著；花序宽大，常 3-5 次分枝，间有 2 次分枝；多花；雄蕊有或无花丝。果刺长约 1-5 毫米；植株干后灰棕色。 ...
.... 刺果卫矛 *Euonymus acanthocarpus*

6. 叶片通常较小，长在 10 厘米以下，宽在 4 厘米以下。植株较高，为 100 厘米以上的灌木；叶柄长 1-4 毫米。叶片不为上述形状；基部一对叶脉不呈三出脉状；花序短小具 1-3 花；花淡绿色；花梗长 7-8 毫米。中央小花梗与两侧者等长或稍长。蒴果被疏刺，偶伴有近刺状。叶片绿色，不被白粉；蒴果上的刺先端直而不弯。
.... 陈谋（黄山）卫矛 *Euonymus chenmoui*

2. 果实发育时心皮顶端生长迟缓，其余部分生长超过顶端，便果实呈现浅裂至深裂状；果裂时果皮内外层一般不分离，果内无假轴；假种皮包围种子全部或一部，小枝外皮一般平滑无瘤突。

7. 蒴果上端呈浅裂至半裂状；假种皮包围种子全部，少为仅包围部分呈杯状或盔状。

8. 胚珠每室 4-12。

9. 雄蕊有明显花丝，长 1-3 毫米。叶对生；花 4 数或 5 数；花瓣中部有褶或有具色脉纹；花丝基部扩大；花盘平坦无垫状突起；蒴果近球状，有 4-5 棱，浅裂不明显。花 4 数；花瓣中央多少具皱褶。叶片长方椭圆形，叶柄长达 2.5 厘米。 ....
.... 肉花卫矛 *Euonymus carnosus*

9. 雄蕊无花丝或极短花丝。灌木或小乔木，通常常绿；叶较大，长达 10 厘米；叶柄较长，长 5-12 毫米；种子被全部假种皮包围。叶革质或薄革质；叶脉平坦不下凹；蒴果 4 浅裂；花序 3-4 次分枝，少为 1-2 次，花序梗及分枝 4 棱较粗壮；花淡黄绿色；果裂较浅。当年生枝、叶下面、叶柄、蒴果不被黄褐色绒毛。

10. 花序长而宽大；花直径 8–10 毫米；小花梗长约 7 毫米；蒴果大，长 1–1.5 厘米。 ……………………………………

………………………………… **大果卫矛** *Euonymus myrianthus*

10. 花序较小；花直径 5–7 毫米；小花梗长 2–3 毫米；蒴果小，长 1 厘米以下。 ………… **矩叶卫矛** *Euonymus oblongifolius*

8. 胚珠每室 2。雄蕊具明显花丝，长 1–3 毫米，种子全部被假种皮包围；花 4 数；落叶或常绿。

11. 茎枝通常无栓翅。落叶小乔木。

12. 叶片卵状椭圆形、卵圆形或窄椭圆形，长 4–8 厘米，宽 2–5 厘米；叶柄长 15–35 毫米；蒴果长不超过 1 厘米。 ………

………………………………… **白杜（丝绵木）** *Euonymus maackii*

12. 叶片长方椭圆形、卵状椭圆形或椭圆状披针形，长 7–12 厘米，宽 7 厘米；叶柄长达 50 毫米；蒴果长 1–1.5 厘米。 …

………… **西南卫矛（鬼见愁）** *Euonymus hamiltonianus*

11. 茎枝有 4 条纵向栓翅。栓翅较宽，最宽可达 6 毫米；叶片椭圆形或椭圆状倒披针形，长达 11 厘米，宽达 4 厘米；花序较疏散；花序梗长 10–15 毫米。 …………………………………

………………………………… **栓翅卫矛** *Euonymus phellomanus*

7. 蒴果全体呈深裂状，仅基部连合；假种皮包围种子全部或仅一部，呈盔状或舟状。

13. 落叶或半常绿灌木。

14. 雄蕊有明显花丝，长 1–3 毫米。小灌木；茎枝有 4 条宽扁木栓翅；雄蕊花丝较短，长约 1 毫米。 … **卫矛** *Euonymus alatus*

14. 雄蕊无花丝或有极短花丝，长 1 毫米以下。叶非 2 列，披针形，长 6–18 厘米；花 3–7；花序梗长达 15 毫米。 …………………

………………………………… **鸦椿卫矛** *Euonymus euscaphis*

13. 常绿藤本。花 4 数。叶无柄或具 5 毫米以下的短柄。叶非上述形状，最下一对侧脉不靠近叶缘。叶缘具密而深的尖锯齿，齿端常具黑色腺点。 ………………… **百齿卫矛** *Euonymus centidens*

1. 蒴果心皮背部向外延伸成翅状，极少无明显翅，仅呈肋状；花药 1 室，无花丝；冬芽一般细长尖锐，长多在 1 厘米左右。落叶灌木；冬芽显著长大。

15. 蒴果无明显果翅，仅中肋突起；果序梗细长下垂；花 5 数，淡绿色。

………………………………… **垂丝卫矛** *Euonymus oxyphyllus*

15. 蒴果有明显果翅；果序梗不下垂；花 4 数或 5 数。花白绿色，黄绿色或黄色。叶缘具细密锯齿。叶缘锯齿不为纤毛状；直立灌木。叶非上述形状，最宽在 2.5 厘米以上。叶质较厚，坚纸质或近革质。叶多为倒卵形，基部楔形；叶柄长约 5 毫米；果翅长 1 厘米以上。 ……… …………………………… **黄心卫矛（黄瓢子）** *Euonymus macropterus*

永瓣藤属 *Monimopetalum*

1. 特征同属。 ………………………… **永瓣藤** *Monimopetalum chinense*

南蛇藤属 *Celastrus*

注：下列种具有以下共同特征。果实 3 室，具 3-6 种子；落叶或常绿。

1. 花序通常仅顶生，如在枝的最上部有腋生花序时，则花序分枝的腋部无营养芽。小枝常具 4-6 纵棱；叶长方椭圆形，阔卵形、圆形、长 7-17 厘米，宽 5-13 厘米；花萼镊合状排列，长大于宽；花盘盘状，雄蕊着生其下。 ……………………………… **苦皮藤** *Celastrus angulatus*
1. 花序腋生或腋生与顶生并存，花序分枝的腋部具营养芽。
   2. 花序顶生及腋生；种子通常椭圆形。
      3. 叶背被白粉，呈灰白色。叶柄较长，长 12-20 毫米；果瓣内侧具棕色或棕褐色斑点。叶片较小，椭圆形或长方椭圆形，长 6-9.5 厘米，宽 2.5-5.5 厘米，基部阔楔形；顶生花序 7-10 厘米；小果梗长 10-25 毫米。 ………………… **粉背南蛇藤** *Celastrus hypoleucus*
      3. 叶背不被白粉，通常呈浅绿色。顶生花序短，通常长 1-6 厘米（仅滇边南蛇藤有时长至 9 厘米，但果皮内侧无斑点）。小脉不成长方状脉网；叶背无毛或仅有时脉上具稀疏短毛。
         4. 冬芽大，长 5-12 毫米；果实较大，直径 10-12 毫米；雄蕊的花丝上有时具乳突状毛。 ………… **大芽南蛇藤** *Celastrus gemmatus*
         4. 冬芽小，长 1-3 毫米；果实较小，直径 5.5-10 毫米；雄蕊的花丝上无乳突状毛。
            5. 叶柄长 2-8 毫米；叶片长达 9 厘米。叶背脉上微具细柔毛；花梗关节在中部或中部以下。 ……………………………… ………………………… **短梗南蛇藤** *Celastrus rosthornianus*
            5. 叶柄长通常在 10 毫米以上，最长达 20 毫米；叶片长达 13 厘米。顶生花序较短，长 1-3 厘米；花梗关节在中部以下或近基部；蒴果直径 8-10 毫米。 ………… **南蛇藤** *Celastrus orbiculatus*
   2. 花序通常明显腋生；种子一般为新月形或弓弯半环状，如为椭圆形，则枝有刺状芽鳞（刺苞南蛇藤）。小枝基部无钩刺；花序明显具梗；种子新月形或弓状半环形。

6. 叶柄较短，长在 9 毫米以下。叶片倒披针形，稀阔倒披针形，长 6.5-12.5厘米；叶柄长 4-9 毫米；花序梗不明显到长 2 毫米；果直径 7.5-8.5 毫米。 ············· **窄叶南蛇藤** *Celastrus oblanceifolius*

6. 叶柄较长；叶片长方椭圆形、稀近长方倒卵形；侧脉 5-7 对。果实大，直径 6.5-10 毫米；种子亦大，长 3-5 毫米。花序梗长 5-20 毫米；花梗关节在中部以下至基部。聚伞花序有花 3-7 朵。幼枝、花序梗、小花梗被黄白色极短硬毛。 ···························· ···························· **显柱南蛇藤** *Celastrus stylosus*

假卫矛属 *Microtropis*

花序无延长的花序轴，成二歧聚伞花序、密伞花序或团伞花序。花序梗极短或近无，稀具长在 1 厘米以下的花序梗；分枝及小花梗极短，不明显或近无，小花排列紧密。花序梗无、极短或稍长，但不超过 1 厘米，通体光滑无毛。密伞花序或团伞花序具短或稍长花序梗；叶纸质或近革质，从不肥厚，干后叶面平滑，无不规则细皱点。叶片上部宽于下部，成窄倒卵形，阔倒披针形，稀近菱状椭圆形。 ····························· **福建假卫矛** *Microtropis fokienensis*

雷公藤属 *Tripterygium*

1. 叶较小，椭圆形，倒卵椭圆形、长方椭圆形或卵形，通常长 8 厘米以下；叶片两面被毛，渐脱落；花序多较短小，长多在 5-7 厘米之间；翅果较小，长 1.5 厘米以下，中央果体较宽大，中脉 5 条长而显著，果翅较果体窄。 ···························· **雷公藤** *Tripterygium wilfordii*

1. 叶较大，长方卵形，窄卵形或阔椭圆形，长多在 10-16 厘米之间；花序较长大，分枝多开扩，长通常 8 厘米以上，宽 5-8 厘米，翅果较大，长 1.2-2 厘米，中央果体较短窄，中脉 3 条明显，翅较果体宽阔。叶背通常被白粉，无毛，叶片薄革质；果翅边缘平坦。 ···························· ···························· **昆明山海棠** *Tripterygium hypoglaucum*

小檗科 BERBERIDACEAE

1. 叶为 2-3 回羽状复叶；小叶全缘；花药纵裂；侧膜胎座。
···························· **南天竹属** *Nandina*

1. 叶为单叶或羽状复叶；小叶通常具齿；花药瓣裂，外卷，基生胎座。
  2. 单叶；枝通常具刺。 ………………………………… 小檗属 *Berberis*
  2. 羽状复叶；枝通常无刺。 ……………………… 十大功劳属 *Mahonia*

南天竹属 *Nandina*

常绿灌木，无根状茎。叶互生，2–3 回羽状复叶，叶轴具关节；小叶全缘，
叶脉羽状；无托叶。 ………………………… 南天竹 *Nandina domestrica*

小檗属 *Berberis*

1. 花多朵簇生。常绿灌木。叶缘每边具刺齿 20 以下。叶缘平展，花梗长 8–
  20 毫米。药隔先端不延伸，浆果顶端具宿存花柱，被白粉。 ……………
                             豪猪刺 *Berberis julianae*
1. 花序伞形状、总状或圆锥状。叶缘全缘。
  2. 伞形花序，花序不具总梗，枝无毛。落叶藻木，茎刺单生；叶全缘，
    两面叶脉不显，胚珠 1–2。 …………… 日本小檗 *Berberis thunbergii*
  2. 总状花序或圆锥花序。总状花序具总梗。
    3. 叶全缘。叶长圆状菱形，长 3.5–8 厘米，宽 2–3.5（–7）厘米。
      ………………………………… 庐山小檗 *Berberis virgetorum*
    3. 叶具刺齿。花萼 2 轮。果不具宿存花柱。叶背面苍白色，稍被白粉，
      胚珠 2–3。 ……………… 安徽小檗 *Berberis anhweiensis*

十大功劳属 *Mahonia*

注：下列种具有以下共同特征。总状花序不分枝。花瓣先端微缺或锐裂。
1. 叶柄长 2.5–9 厘米。总状花序 4–10 个簇生。小叶 2–5 对；披针形至椭圆
  状披针形或卵状披针形，无小叶柄。花梗与苞片等长；花瓣基部腺体显著。
                        ………………………… 十大功劳 *Mahonia fortunei*
1. 叶柄长 2 厘米以下或近无柄。小叶边缘具齿。小叶上面网脉扁平或不显，
  边缘每边具 2–16 牙齿。小叶背面被白粉；浆果直径 10–12 毫米。 ……
          ………………………… 阔叶十大功劳 *Mahonia bealei*

清风藤科 SABIACEAE

1. 雄蕊全部发育；花辐射对称，排列成聚伞花序，有时再呈圆锥花序式，
  有时单生；单叶；攀援木质藤本。 ………………… 清风藤属 *Sabia*

1. 雄蕊仅有 2 枚发育；花两侧对称，排列成圆锥花序；单叶或具近对生小叶的奇数羽状复叶；直立乔木或灌木。 ⋯⋯⋯⋯⋯ **泡花树属 Meliosma**

清风藤属 Sabia

1. 花盘肿胀，肥厚，枕状或短圆柱状，边缘环状或波状，很少稍具圆齿，但决无明显的尖齿或深裂。
    2. 花单生于叶腋，很少 2 朵并生；决不排成 2 朵的聚伞花序。花瓣不宿存，长 4-5 毫米；花盘高大于宽。花盘基部宽，枕状，无肋状突起，边缘环状或波状；萼片半圆形，无紫色斑纹；花瓣长圆状倒卵形，长约 5 毫米；叶背面网脉致密，带红色。 ⋯⋯⋯⋯⋯⋯⋯⋯⋯⋯
    ⋯⋯⋯⋯⋯⋯⋯ **鄂西清风藤 Sabia campanulata subsp. ritchieae**
    2. 花排成聚伞花序，通常有花 1-5 朵。萼片较小，近相等，长 0.4-1.2 毫米，半圆形、卵形或阔卵形，不具明显的脉纹。叶两面无毛；子房无毛。萼片、花瓣、花丝及花盘均无红色腺点；花盘的肋状凸起不明显；聚伞花序有花 1-3 朵；叶长圆状卵形，长 3-13 厘米，宽 1.5-3.5 厘米，叶背淡绿色。 ⋯⋯⋯⋯⋯⋯ **四川清风藤 Sabia schumanniana**
1. 花盘不肿胀，不肥厚，浅杯状，边缘有不规则的浅齿，深裂或深裂至基部，但决不全缘。
    3. 花单生于叶腋。花基部有苞片 4 枚；叶柄基部木质化成单刺状在老枝上宿存。 ⋯⋯⋯⋯⋯⋯⋯⋯⋯⋯⋯ **清风藤 Sabia japonica**
    3. 花排成聚伞花序。萼片大小相等；花盘边缘不深裂至近基部，裂片非肉质；叶薄革质或纸质。
        4. 嫩枝、花序、嫩叶柄和叶两面均无毛。叶面干后黑色，叶背苍白色，卵形、椭圆状卵形或椭圆形，先端尖或钝；聚伞花序呈伞形状；果核的中肋明显隆起，呈翅状。 ⋯⋯⋯⋯⋯ **灰背清风藤 Sabia discolor**
        4. 嫩枝、花序、嫩叶柄均被灰黄色绒毛或柔毛；叶背被短柔毛或仅在脉上有柔毛。 ⋯⋯⋯⋯⋯⋯⋯⋯⋯⋯ **尖叶清风藤 Sabia swinhoei**

泡花树属 Meliosma

1. 叶为单叶或为羽状复叶，如为羽状及叶，叶轴顶端的 3 片小叶的小叶柄无节；萼片通常 5 片；外轮花瓣近圆形或阔椭圆形，宽不超过长；果核腹部核壁中连接果柄与种子的维管束有或长或短的管状通道。
    2. 叶为单叶。叶侧脉劲直，有时曲折，但不弯拱。

3. 叶基部楔形或狭楔形，叶倒卵形，狭倒卵形或狭倒卵状椭圆形；内面 2 片花瓣 2 裂，或有时在两裂间具中小裂，短子发育雄蕊。

    4. 圆锥花序直立，主轴及侧枝劲直，或稍呈之字形曲折，但侧枝向下弯垂。叶缘具单锯齿，或很少有 1-2 重锯齿；叶背被平伏直毛或稀疏短柔毛，侧脉腋髯毛明显。叶倒卵形，先端近平截，具短急尖，边缘具波状齿；侧脉每边 8-15 条；果核扁球形，两侧面有明显的网纹。 ·················· **细花泡花树** *Meliosma parviflora*

    4. 圆锥花序向下弯垂，主轴及侧枝具明显的之字形曲折，侧枝向下弯垂；内面 2 片花瓣 2 裂或有时具中小裂，裂片仅顶端有缘毛。

      ·················· **垂枝泡花树** *Meliosma flexuosa*

3. 叶基部圆或钝圆；叶长椭圆形或倒卵状长椭圆形；内面 2 片花瓣狭披针形，不分裂，长于发育雄蕊。

    5. 叶全部边缘具锯齿，叶背披疏长毛；侧脉每边 20-25 （30） 条。

      ·················· **多花泡花树** *Meliosma myriantha*

    5. 叶近基部边缘无锯齿。

      6. 叶背被稀疏毛或仅中脉及侧脉被柔毛；侧脉每边 12-22 （24） 条。

      ·················· **异色泡花树** *Meliosma myriantha* var. *discolor*

      6. 叶背密被长柔毛，叶面亦多少被柔毛；侧脉每边 10-20 条。

      ·················· **柔毛泡花树** *Meliosma myriantha* var. *pilosa*

2. 叶为羽状复叶，叶轴顶端具小叶 3 片，小叶柄均无节。小叶纸质或近革质；叶背被柔毛、绒毛或腺毛。小叶基部通常圆钝；叶两面多少被毛，边缘具叶脉伸出的小尖齿；叶柄通常具沟。小叶面被疏短柔毛，叶背被疏柔毛或近于无毛。

    7. 小叶背面密被或疏被柔毛或近于无毛。

      ·················· **红柴枝** *Meliosma oldhamii*

    7. 小叶背面被疏而短的棒状腺毛。

      ·················· **有腺泡花树** *Meliosma oldhamii* var. *glandulifera*

1. 叶为羽状复叶，叶轴顶端的一片小叶（少有 2 片）的小叶柄具节；萼片通常 4 片；外轮 3 片花瓣的最大 1 片宽肾形，宽甚超过于长，其较小的 1 片，形状多少不同，亦宽稍过于长；果核腹部核壁中连接果柄与种子的维管束在核壁凹孔中或在果肉中，无管状通道。小叶背面侧脉腋无髯毛；圆锥花序长 40-45 （60） 厘米，花序总轴和分枝有明显的皮孔；内面 2 片花瓣 2 钝裂；核果直径 10-12 毫米。 ········ **暖木** *Meliosma veitchiorum*

鼠李科 RHAMNACEAE

注：下列属具有以下共同特征。子房上位或半下位，果实无翅或具不开裂的翅；直立灌木、藤状灌木或乔木，无卷须。果实顶端无纵向的翅，或周围有木栓质或木质化的圆翅。

1. 浆果状核果或蒴果状核果，具软的或革质的外果皮，无翅，内果皮薄革质或纸质，具 2-4 分核。子房明显上位；浆果伏核果，倒卵形或近球形，不开裂，基部与宿存的萼筒分离。
2. 花序轴在结果时不膨大成肉质；叶具羽伏脉。
3. 花无梗（稀具短梗），排成穗状花序或穗状圆锥花序，顶生或兼腋生。
   ·························· **雀梅藤属 *Sageretia***
3. 花具明显的梗，排成腋生聚伞花序。萼筒深钟状；核果通常有沿内棱裂缝开裂或稀不开裂的分核；种子背面常有沟，稀无沟；枝端通常有枝刺或稀无刺；叶纸质或稀近革质；落叶稀常绿灌木或乔木。
   ·························· **鼠李属 *Rhamnus***
2. 花序轴在结果时膨大成肉质；叶具基生三出脉。 ····· **枳椇属 *Hovenia***
1. 核果，无翅，或有翅；内果皮坚硬，厚骨质或木质，1-3 室，无分核；种皮膜质或纸质。
4. 叶具羽状脉，无托叶刺；核果圆柱形。
5. 叶边缘具锯齿或近全缘；落叶灌木或小乔木；叶纸质；聚伞花序无苞叶；花盘薄，五边形。萼片内面中肋中部具喙状突起；花盘薄或稍厚，浅杯状，结果时不增大。 ····················· **猫乳属 *Rhamnella***
5. 叶全缘；花通常排成顶生聚伞总伏或聚伞圆锥花序；萼片内面中肋有或无喙状突起；花盘肥厚，壳斗状，包围子房之半，结果时增大或不增大。
6. 直立灌木或乔木；小枝粗糙，具纵裂纹；叶基部不对称；萼片内面中肋中部具喙状突起；花盘五边形，结果时不增大；核果 1 室，具 1 种子。 ····················· **小勾儿茶属 *Berchemiella***
6. 藤状灌木，稀直立矮灌木；小枝平滑；叶基部对称；萼片内面中肋仅顶端增厚，中部无喙状突起，花盘 10 裂，齿轮状，结果时明显增大成盘状或皿状，包围果实的基部；核果 2 室，每室具 1 种子。
   ·························· **勾儿茶属 *Berchemia***
4. 叶具基生三出脉，稀五出脉，通常具托叶刺；核果非圆柱形。

7. 果实周围具平展的杯状或草帽状的翅。 ·········· 马甲子属 *Paliurus*

7. 果实无翅，为肉质核果。 ····················· 枣属 *Ziziphus*

雀梅藤属 *Sageretia*

注：下列种具有以下共同特征。花无梗或近无梗，排成穗状花序或穗状圆锥花序。花序轴被绒毛或密被短柔毛。

1. 叶通常较小，长不超过4.5厘米，宽在2.5厘米以下，下面无毛，稀沿脉被疏柔毛，侧脉每边3-4（5）条，上面不下陷。 ·················
·· 雀梅藤 *Sageretia thea*
叶通常卵形、矩圆形或卵状椭圆形，下面被绒毛，后逐渐脱落。 ·········
···················· 毛叶雀梅藤 *Sageretia thea* var. *tomentosa*

1. 叶大，长9-15厘米，宽通常在3.5厘米以上，侧脉每边5-10条，上面明显下陷。

  2. 小枝常具钩状下弯的长刺；叶通常矩圆形，稀卵状椭圆形，下面脉腋具髯毛；叶柄无毛；果实当年成热。叶革质，主脉及侧脉在上面明显下陷。 ···················· 钩刺雀梅藤 *Sageretia hamosa*

  2. 小枝具直刺或无刺；叶通常卵状椭圆形，下面无毛或仅沿脉被柔毛；叶柄被短柔毛或疏柔毛；叶革质，下面无毛，侧脉每边5-7条，网脉不明显，顶端渐尖，稀锐尖，基部近圆形，稍不对称。果实翌年成熟。
·· 刺藤子 *Sageretia melliana*

鼠李属 *Rhamnus*

注：下列种具有以下共同特征。茎有长枝和短枝，枝端常具针刺；叶在长枝上近对生，对生或互生，在短枝上簇生；花单性，雌雄异株，4基数，具花瓣。

1. 叶和枝对生或近对生，或少有兼互生。

  2. 叶狭小，长不超过3厘米，宽通常在1厘米以下；叶卵形、菱状倒卵形或菱状椭圆形；叶柄长4-15毫米。叶厚纸质，菱状倒卵形或菱状椭圆形，下面干时灰白色，脉腋窝孔内被疏短柔毛；种子背侧具长为种子4/5的狭沟。 ···················· 小叶鼠李 *Rhamnus parvifolia*

  2. 叶大或较大，长在3厘米以上，宽超过1.5厘米，侧脉每边（3）4-7条。

    3. 叶卵伏心形或卵圆形，基部心形或圆形，边缘有密锐锯齿；果梗长1.3-2厘米；种子背面具长为种子4/5的纵沟。叶两面和叶柄均无毛。
·· 锐齿鼠李 *Rhamnus arguta*

3. 叶非卵状心形，基部楔形或近圆形，边缘具钝锯齿或圆齿状锯齿；果梗不超过 1.2 厘米。

  4. 叶柄短，长通常在 1 厘米以下；种子背面或背侧具长为种子 1/2 以上的纵沟。

    5. 幼枝、当年生枝及叶两面或沿脉和叶柄均被短柔毛；花和花梗被疏短柔毛；叶倒卵状圆形、卵圆形或近圆形。 ……………… ……………………………………… **圆叶鼠李** *Rhamnus globosa*

    5. 幼枝、当年生枝和叶柄无毛或近无毛；花和花梗无毛；叶非倒卵状圆形或近圆形。

      6. 叶上面无毛，下面仅脉腋有簇毛。叶倒卵形或倒卵状椭圆形，宽 2-5 厘米，顶端短渐尖或锐尖，侧脉每边 3-5 条；叶柄 7-20 毫米。 ……………… **薄叶鼠李** *Rhamnus leptophylla*

      6. 叶上面或沿脉被疏柔毛，下面沿脉或脉腋窝孔被簇毛或稀无毛。

        7. 小枝浅灰色或灰褐色；树皮粗糙，无光泽；种子黑色，背面仅基部具短沟。叶边缘具细锯齿或不明显的波状齿，上面、下面沿脉及叶柄被疏短柔毛。 ……………… ………………………………… **刺鼠李** *Rhamnus dumetorum*

        7. 小枝红褐色、紫红色或黑褐色；树皮平滑，有光泽；种子红褐色或褐色，背侧具长为种子 2/3 以上的纵沟。叶菱状倒卵形或菱状椭圆形，两面无毛或仅下面脉腋窝孔内有疏柔毛，侧脉每边 2-4 条。 ……………… ………………………………… **小叶鼠李** *Rhamnus parvifolia*

  4. 叶柄较长，长通常在 1-1.5 厘米以上；种子背面基部仅有长为种子 1/3 以下的短沟。叶下面干时常变黄色或金黄色。

    8. 幼枝和当年生枝无毛；叶柄上面被疏柔毛或近无毛；花梗无毛。枝端常具针刺；叶边缘具细或圆锯齿，上面无毛或近无毛，下面沿脉被柔毛。 ……………… **冻绿** *Rhamnus utilis*

    8. 幼枝、当年生枝和叶柄被灰色疏或密柔毛；花梗被疏短柔毛。 ……………… **毛冻绿** *Rhamnus utilis* var. *hypochrysa*

1. 叶和枝均互生，稀兼近对生。叶宽大，长通常超过 3 厘米，宽超过 2 厘米；种子背面或背侧具长或短纵沟。

  9. 幼枝、叶、叶柄、花及花硬均无毛。叶纸质，椭圆形，叶顶端尾状渐尖或长渐尖；叶柄长不超过 1 厘米；叶柄长 2-4 毫米；种子背面具长为种子 2/5–1/2 的短沟，沟上端无沟缝线。 ……………………
……………………………… 山鼠李 *Rhamnus wilsonii*

  9. 幼枝、叶两面或至少下面沿脉或脉腋及叶柄被毛；花和花梗均被短柔
     毛或无毛。
    10. 花萼和花梗被疏短柔毛；当年生枝、叶两面或沿脉被柔毛。叶厚纸
       质，倒卵状椭圆形或倒卵圆形，叶较大，长达 10 厘米，宽达 6 厘
       米，边缘有钝细锯齿。 …………… 皱叶鼠李 *Rhamnus rugulosa*
    10. 花萼和花梗无毛；叶近无毛或多少被毛。叶纸质；叶倒卵伏椭圆形
       或倒卵状披针形。 ……………………………………
    ……………… 脱毛皱叶鼠李 *Rhamnus rugulosa* var. *glabrata*

枳椇属 *Hovenia*

1. 萼片和果实无毛，稀果被疏柔毛。
  2. 花排成不对称的聚伞圆锥花序，生于枝和侧枝顶端，或少有兼腋生；
    花柱浅裂；果实成熟时黑色，直径 6.5–7.5 毫米；叶具不整齐的锯齿
    或粗锯齿。 ………………………………… 北枳椇 *Hovenia dulcis*
  2. 花排成对称的二歧式聚伞圆锥花序，顶生和腋生；花柱半裂或深裂；
    果实成熟时黄色，直径 5–6.5 毫米；叶具浅而钝的细锯齿。果实和花
    柱无毛。 ………………………………… 枳椇 *Hovenia acerba*
1. 萼片和果实被锈色密绒毛。
  3. 叶下面被黄褐色或黄灰色不脱落的密绒毛。
    ………………………………… 毛果枳椇 *Hovenia trichocarpa*
  3. 叶下面无毛或仅沿脉被疏柔毛。
    ……………… 光叶毛果枳椇 *Hovenia trichocarpa* var. *robusta*

猫乳属 *Rhamnella*

  幼枝，叶下面和叶柄被柔毛。叶倒卵状矩圆形或倒卵状椭圆形，稀倒卵形，
顶端尾状渐尖或长渐尖，下面或沿脉被柔毛，侧脉每边 8–13 条。………………
……………………………………… 猫乳 *Rhamnella franguloides*

勾儿茶属 *Berchemia*

  注：下列种具有以下共同特征。花多数，通常排成顶生或腋生聚伞总状或聚
伞圆锥花序；叶大或较大，侧脉每边 6–18 条；藤状灌木。
1. 花序通常无分枝，聚伞总状花序。顶生疏散聚伞总状花序；叶顶端圆钝，

稀锐尖；干时下面灰白色；宿存的花盘盘状。 ……………………
……………………………… **牯岭勾儿茶 *Berchemia kulingensis***

1. 花序为具分枝的聚伞圆锥花序。

  2. 花序轴通常被密短柔毛，稀无毛。叶薄纸质至纸质，侧脉每边 10–14
    条；叶柄长 1.4–2.5 厘米，核果较小，长不超过 1 厘米。

    3. 叶下面被密短柔毛。 ……………… **大叶勾儿茶 *Berchemia huana***

    3. 叶下面仅沿脉或侧脉下部被疏短柔毛。

      ……………… **脱毛大叶勾儿茶 *Berchemia huana* var. *glabrescens***

  2. 花序轴无毛，稀被疏微毛。

    4. 叶仅下面脉腋被柔毛，干时下面灰白色，侧脉每边 7–13 条。具短分
    枝的窄聚伞圆锥花序；茎无短枝；叶薄纸质，下面脉腋被密短柔毛。

      ……………………………… **腋毛勾儿茶 *Berchemia barbigera***

    4. 叶下面无毛或仅沿脉基部被疏短柔毛，干时非灰白色，侧脉每边 12–
    18 条。

      5. 叶卵形或卵状椭圆形，顶端常锐尖。

      ……………………………… **多花勾儿茶 *Berchemia floribunda***

      5. 叶长矩圆形或矩圆形，顶端圆形；花序轴无毛或近无毛。

      ……………… **矩叶勾儿茶 *Berchemia floribunda* var. *oblongifolia***

马甲子属 *Paliurus*

1. 花序被毛；核果小，杯状，周围有木栓质 3 浅裂的厚翅，直径 10–17 毫
  米，果梗长 6–10 毫米，被毛。

  2. 叶下面无毛或沿脉被柔毛，顶端钝或圆形；花序和果被绒毛。

  ………………………………… **马甲子 *Paliurus ramosissimus***

  2. 叶下面沿脉被长硬毛，顶端突尖、短尖或渐尖；果无毛。

  ………………………………… **硬毛马甲子 *Paliurus hirsutus***

1. 花序无毛或仅总花梗被短柔毛；无毛。无托叶刺，或仅幼树叶柄基部有 2
  个近等长的直立针刺。叶具基生三出脉，叶柄长 (6) 8–20 毫米，无毛
  或近无毛；顶生聚伞花序或聚伞圆锥花序；果直径 2–3.8 厘米，周围具
  革质的薄翅，直径 15–38 毫米，果梗长 10–17 毫米。……………………
  ………………………………… **铜钱树 *Paliurus hemsleyanus***

枣属 *Ziziphus*

注：下列种具有以下共同特征。腋生聚伞花序，总花梗极短，核果无毛，内

果皮厚，硬骨质，不易砸破，总花梗极短。

1. 核果大，直径 1.5-2 厘米，味甜；核两端尖。

2. 枝具刺。•• 枣 *Ziziphus jujuba*

2. 枝无刺。•••••••••••••••••••••••••••••• 无刺枣 *Ziziphus jujuba* var. *inermis*

1. 核果小，直径在 1.2 厘米以下，味酸，核两端钝。枝直立，不扭曲，具刺。•••••••••••••••••••••••••••••••••• 酸枣 *Ziziphus jujuba* var. *spinosa*

小勾儿茶属 *Berchemiella*

灌木，叶大，长 7-10 厘米，宽 3-5 厘米，侧脉每边 8-10 条。
•• 小勾儿茶 *Berchemiella wilsonii*

葡萄科 VITACEAE

注：下列种具有以下共同特征。攀援灌木，通常具分枝或不分枝的卷须；花瓣离生或黏合呈帽状脱落；雄蕊分离，插生在花盘外面，无不育的雄蕊管结构。

1. 花瓣分离，凋谢时不黏合呈帽状脱落。花序为疏散的复二歧聚伞花序、伞房状多歧聚伞花序或二级分枝集生成伞形，基部无卷须，花柱纤细，稀短而不明显。

2. 花通常 5 数。

3. 卷须为 4-7 总状分枝，顶端遇附着物扩大成吸盘；花盘发育不明显；花序顶生或假顶生；果梗顶端增粗，多少有瘤状突起；种子腹面两侧洼穴达种子顶端。•••••••••••••••••• 地锦属 *Parthenocissus*

3. 卷须多为 2（-3）叉状分枝或不分枝，通常顶端不扩大为吸盘；花序与叶对生；果梗不增粗，无瘤状突起；种子腹面两侧洼穴不达种子顶部。花盘发达，5 浅裂；花序为伞房状多歧聚伞花序。••••••••
••• 蛇葡萄属 *Ampelopsis*

2. 花通常 4 数。花序通常腋生或假腋生，稀对生；种子腹侧明显，与种子近等长。花柱明显，柱头不分裂。••••••••••••••• 乌蔹莓属 *Cayratia*

1. 花瓣黏合，凋谢时呈帽状脱落；花序呈典型的聚伞圆锥花序。
•• 葡萄属 *Vitis*

爬山虎属 *Parthenocissus*

1. 叶为掌状复叶，或长枝上为单叶，但叶型明显较小。

2. 叶为 3 小叶或长枝上着生有小型单叶；花序主轴不明显，花序为疏散的多歧聚伞花序，花序下部大多仅 1–2（3）叶，着生在极为缩短的短枝顶端；花瓣内面顶端无舌状附属物。植株有显著的两型叶，主枝或短枝上集生有三小叶组成的复叶，侧出较小的长枝上常散生有较小的单叶；卷须嫩时顶端膨大成圆珠状。 ⋯⋯⋯⋯⋯⋯⋯⋯⋯⋯⋯⋯⋯⋯⋯⋯⋯⋯⋯⋯⋯⋯⋯ **异叶地锦** *Parthenocissus dalzielii*

2. 叶为掌状 5 小叶；花序主轴明显，为典型的圆锥状多歧聚伞花序。卷须嫩时顶端膨大成块状；嫩芽绿色或绿褐色。茎干扁圆或明显有 6–7 棱，但不呈四方形；叶表面显著呈泡状隆起。 ⋯⋯⋯⋯⋯⋯
⋯⋯⋯⋯⋯⋯⋯⋯⋯⋯⋯⋯⋯⋯⋯⋯⋯⋯ **绿叶地锦** *Parthenocissus laetevirens*

1. 叶为单叶，仅在植株基部 2–4 个短枝上着生有 3 出复叶。老枝无木栓翅；小枝无毛或嫩枝被极为稀疏的柔毛；叶柄和叶片无毛或叶片下面脉上被稀疏短柔毛。 ⋯⋯⋯⋯⋯⋯⋯⋯⋯⋯⋯ **地锦** *Parthenocissus tricuspidata*

蛇葡萄属 *Ampelopsis*

1. 叶为单叶，叶片不裂或不同程度 3–5 裂，但不深裂至基部成全裂片。
  2. 小枝、叶柄和叶片完全无毛或仅叶片下面脉腋有簇毛。叶缘锯齿较浅，三角形或阔三角形。叶下面浅绿色，叶片上部两侧常有两个外展或前伸的角状小裂片。 ⋯⋯⋯⋯⋯⋯⋯⋯⋯⋯⋯⋯⋯⋯⋯⋯
⋯⋯⋯⋯⋯⋯ **牯岭蛇葡萄** *Ampelopsis heterophylla* var. *kulingensis*
  2. 小枝、叶柄和叶片下面或多或少被柔毛或绒毛。
    3. 叶片不裂或微 3–5 裂。叶心状或肾状五角形，叶片微 3–5 浅裂，叶缘有粗锯齿，齿急尖。 ⋯⋯⋯⋯⋯⋯⋯⋯⋯⋯⋯⋯⋯⋯
  东北（微毛）蛇葡萄 *Ampelopsis heterophylla* var. *brevipedunculata*
    3. 叶片 3–5 中裂，稀混生有浅裂或不裂者。
      4. 花梗较长，长 2–3 毫米。叶肾状五角形或心状五角形，多为 3 中裂，上部裂缺凹成钝角或锐角，下面被短柔毛。 ⋯⋯⋯⋯⋯⋯
⋯⋯⋯⋯⋯⋯⋯⋯⋯⋯⋯⋯⋯⋯ **葎叶蛇葡萄** *Ampelopsis humulifolia*
      4. 花梗较短，通常长 1–1.5 毫米，稀较长，但不超过 2 毫米。
⋯⋯⋯⋯⋯⋯⋯⋯⋯⋯⋯⋯⋯⋯⋯⋯ **异叶蛇葡萄** *Ampelopsis heterophylla*
1. 叶为掌状复叶或羽状复叶。
  5. 叶为 3–5 掌状复叶。
    6. 小枝、叶柄或叶片下面被疏柔毛；叶有 3 或 5 小叶。
      7. 叶为 3 小叶，小叶不分裂或侧小叶基部分裂。
⋯⋯⋯⋯⋯⋯⋯⋯⋯⋯⋯⋯⋯⋯⋯⋯ **三裂蛇葡萄** *Ampelopsis delavayana*

7. 小叶为5小叶，小叶羽状分裂或边缘呈粗锯齿状。

　　　　·········· 乌头叶蛇葡萄 *Ampelopsis aconitifolia*

　6. 小枝、叶柄和叶片下面无毛；叶为3-5小叶。小叶片羽状深裂，且中部以下渐狭成窄翅。 ·········· 白蔹 *Ampelopsis japonica*

5. 叶为羽状复叶。

　8. 小枝、叶柄和花序均无毛。叶干时两面不同色，上深下浅，小叶边缘全缘或有细锯齿。叶通常有小叶2-3对，小叶较大，长7-15厘米，宽3-7厘米，种子腹部两侧洼穴向上微扩大。 ··················

　　　　·········· 羽叶蛇葡萄 *Ampelopsis chaffanjonii*

　8. 小枝、叶柄和花序轴被灰色短柔毛；小枝圆柱形。小叶干时下面带浅黄褐色，边缘通常有不明显波状俱齿，齿粗细变化较大，下面最后一级网脉显著而不突出，顶生小叶通常较侧生小叶宽阔，倒卵圆形或卵圆形。 ·········· 广东蛇葡萄 *Ampelopsis cantoniensis*

乌蔹莓属 *Cayratia*

叶为鸟足状3小叶。小枝、花序梗、叶柄和叶片下面被褐色节状长柔毛。小叶柄明显；花瓣顶端无小角。中央通常有侧脉4-9对，边缘通常每侧有锯齿（5）7-14（17）个。 ·········· 华中乌蔹莓 *Cayratia oligocarpa*

葡萄属 *Vitis*

注：下列种具有以下共同特征。叶为单叶。

1. 小枝有皮刺，老茎上皮刺变成瘤状突起。 ········ 刺葡萄 *Vitis davidii*

1. 小枝无皮刺，老茎上也无瘤状突起。

　2. 小枝和叶柄被刚毛、有柄或无柄腺体。小枝和叶柄密被有腺刚毛，叶通常卵圆形或阔卵圆形，不明显5浅裂或不分裂，叶缘锯齿顶端尖锐。

　　　　·········· 秋葡萄 *Vitis romanetii*

2. 小枝和叶柄被柔毛或蛛丝状绒毛，不被刚毛和腺毛。

　3. 叶下面绿色或淡绿色，稀紫红色或淡紫红色，无毛或被柔毛，抑或被稀疏蛛丝状绒毛，但决不为绒毛所遮盖。

　4. 叶下面完全无毛或仅脉腋有簇毛，若幼时被绒毛者老后脱落。叶卵圆形或长椭圆形，不为戟形，不分裂。

　5. 叶卵圆形、阔卵形或三角状卵形，基部显著心形或深心形。叶基缺两侧靠近或部分重叠。叶质地较厚，叶缘有整齐细锯齿，叶片上部两侧无小角状突出裂片，顶端急尖、渐尖或短尾尖，下面常被白霜，稀白霜不明显。 ⋯⋯⋯⋯⋯⋯⋯⋯⋯⋯⋯⋯⋯⋯⋯
　　⋯⋯⋯⋯⋯⋯⋯⋯⋯⋯⋯⋯ 东南葡萄 *Vitis chunganensis*
　5. 叶卵形或卵圆形，基部微心形或近截形。无白粉，网脉不明显
　　　突出。 ⋯⋯⋯⋯⋯⋯⋯⋯⋯⋯⋯⋯ 葛藟葡萄 *Vitis flexuosa*
4. 叶下面或多或少被柔毛或至少在脉上被短柔毛或蛛丝状绒毛。
　6. 叶显著 3–5 裂或混生有不明显分裂叶。
　　7. 叶基部心形，基缺凹成钝角或圆形，叶缘锯齿较浅。野生种。
　　　8. 卷须 2（–3）叉分枝，成熟背面为绿色，稀叶脉带紫色。叶
　　　　不分裂或 3–5 浅裂，浅裂者裂片宽阔。叶阔卵圆形，基缺
　　　　和裂缺通常凹成圆形，稀呈成钝角。 ⋯⋯⋯⋯⋯⋯⋯⋯⋯
　　　　⋯⋯⋯⋯⋯⋯⋯⋯⋯⋯⋯ 山葡萄 *Vitis amurensis*
　　　8. 卷须不分枝，稀混生有 2 叉分枝。小枝、叶柄疏被褐色长
　　　　柔毛；叶不裂和 2–3 中裂叶混生，叶边缘有显著长睫毛；
　　　　通常上部叶无柄或有极短的柄，下部叶通常显著有柄。 ⋯
　　　　⋯⋯⋯⋯⋯⋯⋯⋯⋯⋯⋯ 菱叶葡萄 *Vitis hancockii*
　　7. 叶基部深心形，基部狭窄，两侧靠近或部分重叠，叶缘有粗
　　　牙齿，较深，裂缺凹成锐角，稀钝角，栽培种。 ⋯⋯⋯⋯⋯
　　　⋯⋯⋯⋯⋯⋯⋯⋯⋯⋯⋯⋯⋯⋯ 葡萄 *Vitis vinifera*
　6. 叶不分裂，稀不明显 3–5 浅裂。
　　9. 叶下面至少脉上被蛛丝状绒毛，稀老后脱落几无毛，决不被
　　　直毛。花序轴或多或少被蛛丝状绒毛，决不被直毛。植株高
　　　攀援，小枝粗壮；叶较大 ［（7–16）厘米×（5–12）厘米]，
　　　叶缘锯齿较多，每侧有锯齿 16–20 个。 ⋯⋯⋯⋯⋯⋯⋯⋯
　　　⋯⋯⋯⋯⋯⋯⋯⋯⋯⋯⋯ 网脉葡萄 *Vitis wilsoniae*
　　9. 叶下面至少在脉上被直毛，有时混生有蛛丝状绒毛。
　　10. 叶棱状卵形或棱状椭圆形，基部阔楔形或近圆形，上部叶
　　　　柄较短，长 0.2–0.5 厘米。 ⋯⋯⋯ 菱叶葡萄 *Vitis hancockii*
　　10. 叶卵形或卵椭圆形，叶柄长 1 厘米以上。小枝无毛或被稀
　　　　疏蛛丝状绒毛，以后脱落；叶下面脉上伏生白色短柔毛并
　　　　混生有稀疏蛛丝状绒毛，叶基部心形，基缺凹成钝角。小
　　　　枝被稀疏蛛丝状绒毛，以后脱落几无毛。 ⋯⋯⋯⋯⋯⋯⋯
　　　　⋯⋯⋯⋯⋯⋯⋯⋯⋯ 华东葡萄 *Vitis pseudoreticulata*
3. 叶下面为密集的白色或锈色蛛丝状或毡状绒毛所遮盖。
11. 叶 3–5 裂或为两型叶者同时混生有不裂叶。

12. 叶 3–5 浅裂，裂片较宽阔。小枝被白色绒毛，绝不被直毛；卷须二叉分枝。⋯⋯⋯ **桑叶葡萄** *Vitis heyneana* subsp. *ficifolia*

12. 叶 3–5 深裂或中裂。叶为单型叶，深裂者有时重复羽裂，中裂者裂片宽阔不再分裂，稀混生有浅裂叶。⋯⋯⋯⋯⋯⋯⋯⋯⋯

⋯⋯⋯⋯⋯⋯⋯⋯⋯⋯⋯⋯⋯⋯ **蘡薁** *Vitis bryoniifolia*

11. 叶不分裂或不明显 3–5 浅裂。叶基部浅心形或近截形，有时下部混生有显著心形叶者。小枝和花序轴或多或少被蛛丝状绒毛，但不被直毛。⋯⋯⋯⋯⋯⋯ **毛葡萄** *Vitis heyneana*

杜英科 ELAEOCARPACEAE

1. 花排成总状花序；花瓣常撕裂；药隔突出呈芒状；果为核果。

⋯⋯⋯⋯⋯⋯⋯⋯⋯⋯⋯⋯⋯⋯⋯⋯ **杜英属** *Elaeocarpus*

1. 花单生或数朵腋生；花瓣先端全缘或齿状裂；药隔突出呈喙状；果为具刺蒴果。⋯⋯⋯⋯⋯⋯⋯⋯⋯⋯ **猴欢喜属** *Sloanea*

杜英属 *Elaeocarpus*

注：下列种具有以下共同特征。子房 2–3 室；核果只有 1 室发育正常，长圆形、椭圆形或纺锤形，稀为圆球形。花药顶端无芒刺，花瓣先端撕裂成流苏状；核果小，长 1–2 厘米，宽 1 厘米，内果皮薄，厚不超过 1 毫米，通常无网状沟纹。

1. 叶小，长约 5–9 厘米；雄蕊约 13–16 枚。嫩枝秃净；叶倒卵形或倒披针形；花瓣 10–12 裂。⋯⋯⋯⋯⋯⋯ **山杜英** *Elaeocarpus sylvestris*

1. 叶常长于 10 厘米；雄蕊 15–30 枚。嫩枝无毛；叶倒披针形，短于 15 厘米，侧脉 7–11 对，嫩枝有棱。叶柄长 2–15 毫米。⋯⋯⋯⋯⋯⋯

⋯⋯⋯⋯⋯⋯⋯⋯⋯ **秃瓣杜英** *Elaeocarpus glabripetalus*

猴欢喜属 *Sloanea*

叶长圆形或狭窄倒卵形，近全缘，偶有疏齿，长 6–9 厘米，侧脉 5–7 对；蒴果的针刺长 6–25 毫米。蒴果 4–7 片裂；针刺长 1–1.5 厘米。⋯⋯⋯⋯⋯

⋯⋯⋯⋯⋯⋯⋯⋯⋯⋯⋯⋯⋯⋯⋯⋯ **猴欢喜** *Sloanea sinensis*

椴树科 TILIACEAE

注：下列属具有以下共同特征。萼片离生；药室上部不连合，各自裂开；子

房上位，每室有胚珠 2 至多颗。花多为两性；常有雌雄蕊柄；花瓣内侧基部或有腺体；具核果。叶互生；具聚伞花序；花通常 5 数，子房 5 室；常有子房柄或雌雄蕊柄；核果或为胞背开裂的蒴果，有直翅。

1. 木本；花有花瓣状退化雄蕊；子房每室有胚珠 2 颗；核果。
   ●●● **椴树属 _Tilia_**

1. 花瓣基部有腺体；有雌雄蕊柄。核果有缒沟；柱头扩大成盾状；腋生聚伞花序。●●●●●●●●●●●●●●●●●●●●●●●●●●●●●●●●●● **扁担杆属 _Grewia_**

椴树属 _Tilia_

1. 果实干后裂开为 5 片。叶卵形或阔卵形，宽 6–13 厘米，下面被灰色星伏茸毛。●●●●●●●●●●●●●●●●●●●●●●●●●● **白毛椴 _Tilia endochrysea_**

1. 果实干后不裂开。
   2. 果实表面有 5 条突起的棱，或具不明显的棱，先端尖或钝。老叶下面多毛；嫩枝有毛或无毛。
      3. 嫩枝有毛；苞片有柄。叶边缘的锯齿长 1.5–5 毫米，侧脉 5–7 对；果实球形或倒卵形。枝及叶被黄色星伏茸毛；叶圆形，锯齿有长芒状齿突。●●●●●●●●●●●●●●●●●●●●●●●● **毛糯米椴 _Tilia henryana_**
      3. 嫩枝无毛，苞片有短柄；花序有花 3–15 朵；叶阔卵形，宽 6–10 厘米，叶被密灰白色茸毛；锯齿短，花序有花 6–15 朵。●●●●●●●●●●●
         ●● **粉椴 _Tilia oliveri_**
   2. 果实表面无棱，先端圆。
      4. 叶全缘或先端有少数齿突。叶下面无毛；苞片无柄。叶卵状长圆形，宽 3.5–5 厘米，干后黄绿色。●●●●●●●●●● **矩圆叶椴 _Tilia oblongifolia_**
      4. 叶边缘有明显锯齿。
         5. 叶下面无毛或仅在脉腋有毛丛。叶革质或薄革质；苞片有柄长 10–15 毫米。
            6. 叶圆形或短圆形，干后暗褐色，革质；果实卵圆形；萼片有稀疏星状柔毛。●●●●●●●●●●●●●●●● **华东椴 _Tilia japonica_**
            6. 叶卵形或三角卵形，干后绿色，薄革质；果实倒卵形；萼片外无星状柔毛。●●●●●●●●●●● **少脉椴 _Tilia paucicostata_**
         5. 叶下面有毛。
            7. 苞片无柄或有长不超过 2–3 毫米的短柄。嫩枝有毛。叶卵圆形，近整正，下面被灰色或灰黄色星状茸毛；顶芽有黄褐色茸毛。
               ●●●●●●●●●●●●●●●●●●●●●●●●●●●●●●●●●● **南京椴 _Tilia miqueliana_**

7. 苞片明显有柄，柄长 5-8 毫米。叶下面被点状短星状毛，叶阔
   卵形。 •••••••••••••••••••••••••••• 短毛椴 *Tilia breviradiata*

扁担杆属 *Grewia*

注：下列种具有以下共同特征。花两性或单性；子房及核果 2-4 裂，双球形
或四球形，有 2-4 颗分核。叶较小，宽 2-4.5 厘米，三出脉的两侧脉向上行常过
半。背面常变秃或有稀疏柔毛。基部楔形，花瓣长 1-2 毫米。

1. 叶两面有稀疏星状粗毛，叶椭圆形或倒卵状椭圆形，基部楔形或钝。
   •••••••••••••••••••••••••••••••••• 扁担杆 *Grewia biloba*
1. 叶下面密被黄褐色软茸毛，花朵较短小。
   •••••••••••••• 小花扁担杆 *Grewia biloba* var. *parviflora*

锦葵科 MALVACEAE

1. 果分裂成分果，与花托或果轴脱离，子房由几个分离心皮组成。雄蕊柱
   上的花药着生至顶，花柱分枝与心皮同数。每室有胚珠 2 个或更多，常
   上举或部分悬垂、部分上举。花黄色或红色，无小苞片；心皮 8 或更多，
   先端圆钝或渐叉开，内部无假横隔膜。•••••••••••••• 苘麻属 *Abutilon*
1. 果为蒴果；子房由几个合生心皮组成，子房通常 5 室，很少 10 室；花柱
   分枝与子房室同数；雄蕊柱仅在外面着生花药，顶端有 5 齿或平截，极
   少着生花药。
   2. 花柱分枝；小苞片 5-15，种子肾形，很少为圆球形。子房 5 室，花柱
      分枝 5。萼钟形、杯形、整齐 5 裂或 5 齿，宿存；果通常长圆形至圆球
      形，种子被毛或腺状乳突。•••••••••••••• 木槿属 *Hibiscus*
   2. 花柱不分枝；种子倒卵形或有棱角，很少肾形。萼片平截；小苞片 3-
      5；子房 3-5 室，花柱棒状，柱头有 5 槽；种子倒卵形或被棱角，常具
      绒毛或纤维，很少无毛。叶 3-9 裂；种子有长棉毛。••••••••••••••
      •••••••••••••••••••••••••••••••••• 棉属 *Gossypium*

苘麻属 *Abutilon*

花黄色，花瓣基部不为紫色；花梗较叶柄为短；花瓣长超过 10 毫米；成熟
心皮不膨肿，顶端具喙或叉开，果皮革质。分果爿 14-20。分果爿先端具长芒 2，
芒长 3 毫米。•••••••••••••••••••••••••••• 苘麻 *Abutilon theophrasti*

木槿属 *Hibiscus*

注：下列种具有以下共同特征。灌木或乔木。叶坚纸质，叶具锯齿或齿牙。直立灌木；叶心形或卵形；花单生于叶腋。小苞片线形或卵形，先端钝或锐。

1. 花下垂，花梗无毛；雄蕊柱长，伸出花外。叶卵形或卵状椭圆形，不具裂片。
  2. 花瓣深裂成流苏状，反折；萼管状。
       ······················· **吊灯扶桑** *Hibiscus schizopetalus*
  2. 花瓣不分裂或微具缺刻；萼钟状。
    3. 花单瓣。 ·················· **朱槿** *Hibiscus rosa-sinensis*
    3. 花重瓣。 ······ **重瓣朱槿** *Hibiscus rosa-sinensis* var. *rubro-plenus*
1. 花直立，花梗被星状柔毛或长硬毛；雄蕊柱不伸出花外。叶卵形或心形，常分裂。
  4. 叶基部心形、截形或圆形，有 5–11 掌状脉；花柱枝有毛。
    5. 小苞片卵形，宽 8–12 毫米。
      6. 花梗和小苞片被长硬毛，毛长约 3 毫米；花梗长 2–12 厘米，常短于叶柄。
        7. 花梗短，长 2–4 厘米。
           ··········· **庐山芙蓉** *Hibiscus paramutabilis* var. *paramutabilis*
        7. 花梗长达 4–12 厘米。 ·······························
           ··· **长梗庐山芙蓉** *Hibiscus paramutabilis* var. *longipedicellatus*
      6. 花梗和小苞片密被星状短绒毛；花梗长 6–15 厘米，较长于叶柄。
        8. 叶裂片阔三角形，具不整齐齿；花大，花瓣长 6.5 厘米。
           ···················· **美丽芙蓉** *Hibiscus indicus* var. *indices*
        8. 叶裂片钝，全缘；花小，花瓣长 3.5 厘米。
           ················ **全叶美丽芙蓉** *Hibiscus indicus* var. *integrilobus*
    5. 小苞片线形或线状披针形，宽 1.5–5 毫米。小苞片 8，线形，长 8–12 毫米，宽 1.5–2 毫米；花梗长 4–13 厘米。花梗和小苞片密被星状短棉毛；叶心形，5–7 裂，裂片三角形，先端渐尖。 ·············
           ····························· **木芙蓉** *Hibiscus mutabilis*
  4. 叶基部楔形至宽楔形，有 3–5 脉；花柱枝平滑无毛。总苞分离，仅基部合生，小苞片长 6–25 毫米。叶卵圆形或菱状卵圆形；小苞片线形，宽 0.5–2 毫米。
    9. 小苞片宽 1–2 毫米。

10. 小苞片长 6–15 毫米。‥‥‥‥ **木槿** *Hibiscus syriacus* var. *syriacus*

10. 小苞片长 1.5–2 厘米。

　　‥‥‥‥‥‥‥ **长苞木槿** *Hibiscus syriacus* var. *longibracteatus*

9. 小苞片宽 0.5–1 毫米，长 3–5 毫米。

　　‥‥‥‥‥‥‥ **短苞木槿** *Hibiscus syriacus* var. *brevibracteatus*

棉属 *Gossypium*

叶掌状 3–5 裂；小苞片长超过于宽，全缘或近先端具 3–4 粗齿；齿裂的长为宽的 1–2 倍或宽超过于长；花萼浅杯状，全缘或近截形；花丝近等长。蒴果圆锥形，向顶端渐狭。‥‥‥‥‥‥‥‥‥‥‥‥‥‥ **树棉** *Gossypium arboreum*

梧桐科 STERCULIACEAE

1. 花在出叶后才开放；花无花瓣，单性或杂性。果开裂，无翅也无龙骨状突起，每果内有种子 1 个或多个；叶的背面无鳞秕。果革质或膜质，稀为木质，成熟前早开裂如叶状。萼 5 深裂几至基部，萼片向外卷曲，无明显的萼筒。种子无翅。‥‥‥‥‥‥‥‥‥‥‥ **梧桐属** *Firmiana*

1. 花有花瓣、两性。子房着生于长的雌雄蕊柄的顶端，柄长为子房的 2 倍以上。蒴果或多或少木质，但绝不是膜质，不膨胀，每室有种子 2 个或多个。种子有明显的膜质长翅，连翅长 2 厘米以上。‥‥‥‥‥‥‥‥
　　‥‥‥‥‥‥‥‥‥‥‥‥‥‥‥‥‥‥‥ **梭罗树属** *Reevesia*

梧桐属 *Firmiana*

1. 花淡黄绿色或黄白色，萼片长 7–9 毫米，嫩叶被淡黄白色的毛。叶心形，掌状 3–5 裂，叶的基部深心形，有基生脉 7 条；树皮青绿色。‥‥‥‥
　　‥‥‥‥‥‥‥‥‥‥‥‥‥‥‥‥‥‥ **梧桐** *Firmiana platanifolia*

梭罗树属 *Reevesia*

注：下列种具有以下共同特征。叶无毛或仅在幼时略有毛。叶椭圆形、卵状椭圆形或披针形，顶端急尖或渐尖，长不超过 15 厘米。小枝的幼嫩部分无毛或被很稀疏的短柔毛，干时紫黑色或黑褐色。花排成伞房状聚伞花序或伞房状圆锥花序，花序长不及 8 厘米；花瓣较薄，无毛。

1. 萼长 3–6 毫米；叶较窄，宽 1.5–3 厘米，每边有侧脉 5–7 条。叶椭圆形、卵状椭圆形或椭圆状披针形,基部圆形或钝,稀近心形;蒴果无白色鳞秕;雌雄蕊柄长 1-2 厘米。花小,萼长约 3 毫米,花瓣浅黄色;叶纸质,较薄。•••••••••••••••••••••••••••••••••• 密花梭罗 *Reevesia pycnantha*

1. 萼长 8-9 毫米;叶较阔,宽 3-6 厘米,每边有侧脉 8-12 条。

•••••••••••••••••••••••••••••• 长柄梭罗 *Reevesia longipetiolata*

猕猴桃科 ACTINIDIACEAE

猕猴桃属 *Actinidia*

1. 植物体完全洁净无毛或仅萼片和子房被毛,极少数叶的腹面散生少量小糙伏毛或背面脉腋上有髯毛,仅个别叶背薄被尘埃状柔毛的。

2. 果实无斑点,顶端有喙或无喙;子房圆柱状或瓶状。

3. 髓片层状,白色;花淡绿色、白色或红色,萼片 4-6 片,花瓣 5 片;叶片有或没有白斑。

4. 叶背面非粉绿色。••••••••••••••• 软枣猕猴桃 *Actinidia arguta*

4. 叶背粉绿色。叶较小,椭圆形或矩圆形,长 5-11 厘米,宽 2.5-5 厘米;果瓶状卵珠形。••••••• 黑蕊猕猴桃 *Actinidia melanandra*

3. 髓实心,白色;花白色,萼片 2-5 片,花瓣 5-12 片;叶片间有白斑的。

5. 花瓣 5 片,萼片大多 5 片,少见 4 片;叶腹面散生糙伏毛。

•••••••••••••••••••••• 葛枣猕猴桃 *Actinidia polygama*

5. 花瓣 5-12 片,萼片 2-3 片;叶腹面无糙伏毛。

6. 萼片经常 3 片,花瓣 5-9 片,花药矩形至条形长矩形,长 2.5-4 毫米;果卵形至倒卵形,喙较显著,种子较小,纵径 3 毫米,横径 2.5 毫米。•••••••••••••••• 对萼猕猴桃 *Actinidia valvata*

6. 萼片 2-3 片,花瓣 7-12 片,花药卵形,长 1.5-2.5 毫米;果圆球形,喙不显著,种子较大,纵径 4-4.5 毫米,横径 3 毫米。

•••••••••••••••••• 大籽猕猴桃 *Actinidia macrosperma*

2. 果实有斑点,顶端无喙;子房圆柱形或圆球形。

7. 髓实心。花序柄或单生,花柄长 1-2 厘米。花单生;叶革质,倒披针形,顶端两边有若干粗大锯齿。•••••••••••••••••••
•••••••••••• 革叶猕猴桃 *Actinidia rubricaulis* var. *coriacea*

7. 髓片层状。叶背非粉绿色。

8. 髓褐色或淡褐色。叶缘锯齿正常，非驼肿状。叶顶部长渐尖，萼片外面被黄褐色茸毛。 ……………………………………

………………… **尖叶猕猴桃** *Actinidia callosa* var. *acuminata*

8. 髓白色。

9. 叶圆卵形或矩卵形，长度最多接近宽度的一倍。叶基部狭心形；两侧基本对称，叶柄长 4-8 厘米；小枝和叶柄有时会出现若干硬毛。 ………………… **薄叶猕猴桃** *Actinidia leptophylla*

9. 叶披针形或矩圆披针形，长度普遍为宽度一倍以上。

10. 叶较大，大多为长卵形，基部圆形，叶柄较短，2-2.5 厘米，枝、叶无颗粒状茸毛；叶基部圆形或截形。小枝皮孔极不显著。 ………………… **粉叶猕猴桃** *Actinidia glaucocallosa*

10. 叶较小，长 3.5-6 厘米，顶端圆形（花枝），基部钝或圆，叶柄长约 2 厘米；除芽体和子房外，余处均无毛；小枝皮孔显著。 ………………… **清风藤猕猴桃** *Actinidia sabiifolia*

1. 植物体毛被发达，小枝、芽体、叶片、叶柄、花萼、子房、幼果等部多数被毛，至少小枝必定稠密被毛。

11. 植物体的毛为不分枝的硬毛、糙毛或刺毛，果具斑点。毛较少，除小枝外，叶片上仅中脉和侧脉上有少量毛；叶长卵形至长条形，基部浅心形或耳形；果径 1 厘米以下。

12. 植物体的毛红褐色；叶背面为显著灰白色；中脉和侧脉两面均有长硬毛或同时在腹面及背面普遍地被硬毛或糙伏毛。 ……………………………

………………………………… **美丽猕猴桃** *Actinidia melliana*

12. 植物体的毛黄褐色；叶背面非灰白色，叶两面无毛或仅背脉有毛，或除背脉外，腹面也散生糙伏毛。叶两面无毛或仅中脉有毛；小枝被黄褐色粗糙长毛；叶片两面中脉上有糙伏毛，边缘小齿发达密致；叶柄毛较多。 ………………………………

………………… **多齿猕猴桃** *Actinidia henryi* var. *polyodonta*

11. 植物体的毛除极个别外，都属柔软的柔毛、绒毛或绵毛，叶背的毛为分枝的星状毛；果具斑点。

13. 叶背毛被覆盖全面，星毛标准，完全，永存。叶仅背面有毛，或幼时腹面也有毛，但很快脱落。

14. 雌雄花序均为 2-4 回分歧聚伞花序或为总状花序，每一花序有花 5-10 朵或更多；叶背星状毛很短小，较难观察。

15. 花序柄长 4-5 厘米，每一花序有花 10 朵或更多；叶宽 7 厘米以上，基部钝圆形或浅心形；叶柄长 3 厘米以上。 ……………
……………………………… **阔叶猕猴桃** *Actinidia latifolia*

15. 花序柄长 1.5 厘米以下，每一正常花序有花 5–7 朵，小枝、叶柄和花序的毛被锈褐色。叶宽 2–4.5 厘米，基部阔楔尖或钝，叶柄长 1–2 厘米。髓褐色；叶宽 2–3 厘米，顶端短尖至渐尖，背面星状绒毛灰色或茶灰色。 ……………………
……………………………… **小叶猕猴桃** *Actinidia lanceolata*

14. 花序 1 回分歧，1–3 花；叶背星状毛较长，容易观察。植物体各部分的毛均为黄褐色或锈色，至少花萼和果实上的毛为显著的黄褐色。叶倒卵形，基部钝形或截形，侧脉直线形，上段常分叉；果实柱状圆球形或倒卵形，直径 3 厘米以上。 ……………
……………………………… **中华猕猴桃** *Actinidia chinensis*

13. 叶背被疏柔毛及不完全的星状毛，或被零星的早落性星状毛。花序一回分歧，一序 3 花；叶倒卵形，两侧对称，基部圆形至微心形。
……………………………… **大花猕猴桃** *Actinidia grandiflora*

山茶科 THEACEAE

1. 花两性，直径 2–12 厘米；雄蕊多轮，花药短，常为背部着生，花丝长；子房上位。具蒴果，稀为核果状，种子大。果为蒴果。
　2. 萼片常多于 5 片，宿存或脱落，花瓣 5–14 片，种子大，无翅。
　　3. 蒴果从上部分裂，中轴脱落，苞片十萼片及花瓣不定数，常多于 5。
　　……………………………… **山茶属** *Camellia*
　　3. 蒴果从下部开裂，中轴宿存，苞片 2，萼片 10，花瓣 5，花柱多连生。
　　……………………………… **石笔木属** *Tutcheria*
　2. 萼片 5 数，宿存，花瓣 3 片，种子较小，有翅或无翅。种子扁平有翅，花大，雄蕊多轮，花药背部着生，花柱伸长。
　　4. 蒴果球形，种子周围有翅，宿存萼片细小。 ……… **木荷属** *Schima*
　　4. 蒴果无中轴，蒴果先端长尖，宿萼大，包着或托住果实，种子有翅或缺。叶脱落或半常绿，叶柄不对折，种子有翅，顶芽有鳞状苞片。
　　……………………………… **紫茎属** *Stewartia*

1. 花两性稀单性，直径小于 2 厘米，如大于 2 厘米，则子房下位或半下位，雄蕊 1–2 轮，5–20 个，花药长圆形，有尖头，基部着生，花丝短，果为浆果或闭果。

5. 花单生于叶腋，胚珠 3-10 个，浆果及种子较大，叶排成多列。花杂性，花药有短芒，子房上位，花瓣近离生，胚珠每室 2-6 个。………
  ……………………………………………… 厚皮香属 *Ternstroemia*

5. 花数朵腋生，胚珠 8-100 个，浆果及种子细小，叶排成 2 列，稀多列。
  6. 花两性，花药被长毛，药格多少有芒。花柄长 1-3 厘米，胚珠 8-100 个；叶厚革质，排成 2 列，通常全缘，稀有钝齿，侧脉密，不连结。
    7. 子房 3-5 室，胚珠 20-100 个，花柱全缘；顶芽有毛。
      ……………………………………… 杨桐属 *Adinandra*
    7. 子房 2-3 室，胚珠 8-16 个，花柱 2-3 裂；顶芽无毛。
      ……………………………………… 红淡比属 *Cleyera*
  6. 花单性，花药无毛亦无芒，叶排成 2 列。……………… 柃木属 *Eurya*

山茶属 *Camellia*

注：下列种具有以下共同特征。子房通常 3 室，花柱 3 条或 3 浅裂；少数为 4-5 室，但花柱单一，先端浅裂，稀离生；苞及萼分化或否，2-4 片，稀更多，宿存或脱落。

1. 苞片未分化，数目多于 10 片，花开放时即脱落，花大，直径 5-10 厘米，稀较小（2-4 厘米），花无柄，子房通常 3 室，稀 4-5 室，蒴果有中轴。
  2. 花丝离生，或基部稍连生，缺花丝管，花瓣离生或稍连生，白色。
    3. 花大，直径 5-10 厘米，雄蕊 4-6 轮，长 1-1.5 厘米，蒴果大，花柱长 1-1.5 厘米。苞被片革质，雄蕊 3-5 轮，花柱合生，蒴果无糠秕。嫩枝有毛，花瓣先端凹入或 2 裂。
      4. 花红色。………………………………… 茶梅 *Camellia sasanqua*
      4. 花白色。花瓣长 2.5-4 厘米，萼被长毛，花柱 3 裂，果宽 3-5 厘米。叶椭圆形，长 5-7 厘米，蒴果大，3 室，果爿厚 3-5 毫米。
        ……………………………………… 油茶 *Camellia oleifera*
    3. 花小，花瓣近离生，花柱长 2-8 毫米，蒴果小，1 室，直径 1-2 厘米，果皮无糠秕。
      5. 叶椭圆形，卵形或倒卵形，长为宽的 2 倍。叶狭椭圆形，先端略尖，花白色。……………… 短柱茶 *Camellia brevistyla*
      5. 叶倒卵形或卵形。
        6. 叶倒卵形，先端圆或钝，长 1.5-2.5 厘米，苞及萼 6-7 片，花瓣 5-7 片，锯齿密。……… 细叶短柱茶 *Camellia microphylla*
        6. 叶长圆形或倒披针形，长为宽的 3-4 倍。花小，直径 2-3 厘米。

苞及萼 7 片，叶先端钝。 ⋯⋯⋯⋯⋯ **短柱茶** *Camellia brevistyla*

  2. 花丝连成短管，花瓣基部合生。

    7. 苞及萼 14-16 片，叶片上半部有锯齿，果卵形，宽 5-7 厘米，果皮厚 1 厘米。 ⋯⋯⋯⋯⋯⋯ **浙江红山茶** *Camellia chekiangoleosa*

    7. 苞及萼 9-10 片，叶片几乎全部有锯齿，蒴果球形，宽 4-6 厘米。叶缘具钝齿，蒴果不正常发育，宽 3-5 厘米，种子无毛。⋯⋯⋯
⋯⋯⋯⋯⋯⋯⋯⋯⋯⋯⋯⋯⋯⋯⋯⋯⋯ **山茶** *Camellia japonica*

1. 苞及萼明显分化，苞片宿存或脱落，萼片宿存，如苞与萼未分化，则全部宿存，花较小，直径 2-5 厘米，有花柄，雄蕊离生或稍连生，子房及蒴果 3（-5）室，稀 1 室。

  8. 子房 3 室均能育，果大，果皮较厚，有中轴，萼片宿存，苞片宿存或脱落，花柱 3（-5）条，或连合而有浅裂。

    9. 嫩枝或叶下面无毛。叶长圆形或椭圆形，宽 3-7 厘米，萼长 4-6 毫米，果皮厚 1-4 毫米。叶长圆形，萼片长 3 毫米。⋯⋯⋯⋯⋯
⋯⋯⋯⋯⋯⋯⋯⋯⋯⋯⋯⋯⋯⋯⋯⋯ **茶** *Camellia sinensis*

    9. 嫩枝或叶下面有毛。叶椭圆形，干后褐色，花瓣 6-7 片，萼长 3-4 毫米，无毛。 ⋯⋯⋯⋯⋯⋯⋯⋯ **普洱茶** *Camellia assamica*

  8. 子房仅 1 室发育，果小，果皮薄，无中轴，苞及萼均宿存，雄蕊 1-2 轮，花柱长，连生，先端 3（-5）裂。

    10. 花萼、嫩枝及花的各部分均无毛，叶长卵形。

⋯⋯⋯⋯⋯⋯⋯⋯⋯⋯⋯⋯⋯ **尖连蕊茶** *Camellia cuspidata*

    10. 萼片被长绒毛，花柄长 2 毫米，叶长 4-8 厘米，宽 1.5-3.5 厘米。

⋯⋯⋯⋯⋯⋯⋯⋯⋯⋯ **毛柄连蕊茶** *Camellia fraterna*

木荷属 *Schima*

叶边缘有锯齿。叶下面无毛，叶基部楔形或略圆，灰绿色，不发亮，苞片长 5-8 毫米。侧脉 7-9 对，叶下面灰色，锯齿明显，叶基部楔形。 ⋯⋯⋯⋯⋯
⋯⋯⋯⋯⋯⋯⋯⋯⋯⋯⋯⋯⋯⋯⋯⋯⋯ **木荷** *Schima superba*

紫茎属 *Stewartia*

注：下列种具有以下共同特征。苞片长卵形，长 1-2 厘米。苞片先端尖。

1. 蒴果长卵形，宽 1-1.4 厘米，冬芽 5-7 片鳞苞，树皮平滑，花柱长 8-13 毫米。 ⋯⋯⋯⋯⋯⋯⋯⋯⋯⋯ **天目紫茎** *Stewartia gemmata*

1. 蒴果近球形，宽 2 厘米，冬芽 2-3 片鳞苞，树皮粗糙。

2. 子房被毛。花柱长 1.6–1.8 厘米，叶椭圆形或卵状椭圆形。
　………………………………………… **紫茎** *Stewartia sinensis*

2. 子房仅基部有毛。………… **长喙紫茎** *Stewartia sinensis* var. *rostrata*

厚皮香属 *Ternstroemia*

注：下列种具有以下共同特征。叶片下面无暗红褐色腺点。

1. 果实圆球形或扁球形。叶革质或薄革质，椭圆形、椭圆状倒卵形、长圆状倒卵形或椭圆状倒披针形，长 5.5–9（–12.5）厘米，宽 2–3.5（–5.5）厘米，边全缘，偶有上半部疏生腺状齿突，齿尖具黑色小点或具细浅锯齿，或疏钝齿；侧脉 5–8 对；萼片长卵圆形或卵圆形，顶端圆；果实较小，直径 0.7–1.2（–1.5）厘米，果梗长 1–1.8 厘米。………………………………………… **厚皮香** *Ternstroemia gymnanthera*

1. 果实卵形、长卵形或椭圆形。萼片卵形或长圆状卵形，顶端钝或近圆形，两面均被头垢状金黄色小圆点；叶薄革质，干后变为黑褐色，侧脉通常上面略明显或稍凹下，下面不明显；果梗纤细，长约 2 厘米。…………
　…………………………………… **亮叶厚皮香** *Ternstroemia nitida*

黄瑞木属 *Adinandra*

花柱单一，不分叉。子房 3 室。子房被毛。花柱无毛。花瓣外面全无毛，萼片卵形或长卵圆形；嫩枝、顶芽、叶片下面和萼片外面仅被灰褐色、平伏的短柔毛。叶全缘；花梗长约 2 厘米，花丝无毛或仅上半部被毛。………………
　…………………………………………… **杨桐** *Adinandra millettii*

红淡比属 *Cleyera*

果实圆球形。叶片下面无暗红褐色腺点。叶全缘。叶长圆形或长圆状椭圆形，长 6–9 厘米，宽 2.5–3.5 厘米，顶端渐尖或短渐尖；果梗长 1.5–2 厘米。
　…………………………………… **红淡比** *Cleyera japonica* var. *japonica*

柃属 *Eurya*

1. 花药具分格；子房被柔毛或无毛。花柱长 1–1.5 毫米，有时可达 2 毫米；雄蕊 15–22 枚；嫩枝圆柱形。

2. 嫩枝和顶芽完全无毛。………………………… **格药柃** *Eurya muricata*

2. 嫩枝和顶芽均被短柔毛，至少顶芽有短柔毛。
　………………………… **毛枝格药柃** *Eurya muricata* var. *huiana*

1. 花药不具分格；子房无毛。

  3. 花柱长 2-4 毫米。

    4. 萼片革质或几革质，干后褐色；嫩枝圆柱形，被短柔毛或微毛。

      5. 叶披针形、长圆状披针形或窄椭圆形，基部楔形。

          ⋯⋯⋯⋯⋯⋯⋯⋯⋯⋯ **尾尖叶柃** *Eurya acuminata*

      5. 叶窄椭圆形，基部楔形，上面通常不具金黄色腺点；花柱长 2-3
毫米。 ⋯⋯⋯⋯⋯⋯⋯⋯⋯⋯ **细枝柃** *Eurya loquaiana*

    4. 萼片圆形，膜质，干后淡绿色；嫩枝有 2-4 棱，连同顶芽均无毛。
果实圆球形。

      6. 花柱长 2-3 毫米；嫩枝和顶芽均无毛；叶长圆状椭圆形或倒卵状
披针形，边缘具钝齿或疏钝齿。

        7. 叶薄革质，基部楔形，干后下面常淡绿色；花柱长 2-3 毫米。

          ⋯⋯⋯⋯⋯⋯⋯⋯⋯⋯ **细齿叶柃** *Eurya nitida*

        7. 叶厚革质，侧脉在上面凹下，有时网脉也下凹。叶倒卵形或倒
卵状椭圆形，长 3-6 厘米，边缘有疏钝齿，不反卷；花柱长 1.5
毫米。⋯⋯⋯⋯⋯⋯⋯⋯⋯⋯ **柃木** *Eurya japonica*

    6. 花柱长 0.5-1 毫米。

      8. 萼片坚革质，褐色或枯褐色。嫩枝具 2 棱；嫩枝和顶芽均无毛。

        9. 萼片被短柔毛或老后无毛，叶基部微心形。

          ⋯⋯⋯⋯⋯⋯⋯⋯⋯⋯ **红褐柃** *Eurya rubiginosa*

        9. 萼片无毛；叶基部楔形或圆形。

          ⋯⋯⋯⋯⋯⋯ **窄基红褐柃** *Eurya rubiginosa* var. *attenuata*

      8. 萼片膜质或近膜质，干后淡绿色或黄绿色。

        10. 雄蕊 15 枚，稀 8-10 枚。

          11. 花柱分离。嫩枝具 2 棱；萼片边缘有纤毛。

            ⋯⋯⋯⋯⋯⋯⋯⋯⋯⋯ **短柱柃** *Eurya brevistyla*

          11. 花柱 3 浅裂。

            12. 嫩枝圆柱形，被微毛；叶长圆状椭圆形、长圆形，极稀
为窄披针形或线状披针形。 ⋯⋯⋯⋯⋯⋯

            ⋯⋯⋯⋯⋯⋯⋯⋯⋯⋯ **微毛柃** *Eurya hebeclados*

            12. 嫩枝具 4 棱，无毛；叶上面无金黄色腺点，侧脉在上面
凹下。⋯⋯⋯⋯⋯⋯⋯⋯⋯⋯ **翅柃** *Eurya alata*

        10. 雄蕊 5 枚。

          13. 嫩枝具 2 棱，无毛。⋯⋯⋯⋯⋯⋯⋯⋯ **岩柃** *Eurya saxicola*

13. 嫩枝圆柱形或2棱，疏被微毛。

.... 毛岩柃 *Eurya saxicola* f. *puberula*

藤黄科 HYPERICUM

注：下列种具有以下共同特征。灌木；茎直立至极叉开。叶全部近无柄或具短柄，若叶无柄，则叶片下面多少有可见的密集脉网和（或）有多少合生的花柱。花瓣及雄蕊在花后凋落；植株通常无黑色腺点。花柱离生或部分合生；花药明显背着。花黄色或金黄色，通常均较大。

1. 叶下面有密集脉网；花柱多少合生，其长度至少为子房的 1.5 倍。花柱合生几达顶端。
    2. 叶片下面有密集脉网，长（2-）3-11 厘米；花序具 1-30 花，顶生在长枝上。叶片基部楔形至圆形，若为心形则其顶端为圆形，最宽处通常在中部或中部以上。 .... 金丝桃 *Hypericum monogynum*
    2. 叶片下面无可见的脉网，长 1-3.1 厘米；花序通常 1 花，顶生在长枝及侧枝上。子房及蒴果卵珠形，通常略具柄。 ....
    .... 长柱金丝桃 *Hypericum longistylum*
1. 叶下面有稀疏或几不可见的脉网；花柱离生，其长度在子房 1.5 倍以下。
    .... 金丝梅 *Hypericum patulum*

柽柳科 TAMARICACEAE

较大型灌木或乔木；花集生成总状或成穗状花序，花瓣内侧无附属物；种子顶端具被毛的芒柱，无内胚乳，雄蕊 4-5，与花瓣同数，等长，花丝分离；雌蕊具短花柱（花柱3-4）；种子顶端的芒柱较短，芒柱自基部被柔毛；叶鳞片状，甚小，长 1-7 毫米。 .... 柽柳属 *Tamarix*

柽柳属 *Tamarix*

叶不抱茎成鞘状。春季开花后夏、秋季又开花二、三次。花瓣略张开，几直伸，先端常外弯，花冠不呈鼓形或圆球形果时宿存，包于蒴果基部。枝质柔细长开展而下垂，幼枝叶深绿色，纤细而下垂，上部缘枝上的叶半贴生，钻形至卵伏披针形，先端渐尖而内弯。 .... 柽柳 *Tamarix chinensis* Lour.

大风子科 FLACOURTIACEAE

注：下列属具有以下共同特征。花单性，稀杂性，下位。花无花瓣。
1. 果实为浆果；种子无翅，3–5 条基出脉。
  2. 叶小型，叶柄无腺体；花少数，呈总状或聚伞状，稀为短圆锥状。树干和枝条幼时有刺，总状、圆锥状或聚伞状花序或丛生；果实无毛。果实鲜时紫黑色。子房 1 室，具 2 个稀可达 6 个侧膜胎座；花少数腋生，总状或聚伞状较短；果实较小，直径在 5 毫米以下。 ……………
  ………………………………………………………………… 柞木属 *Xylosma*
  2. 叶大型；掌状叶脉；叶柄有腺体；圆锥花序长而下垂。
  ………………………………………………………………… 山桐子属 *Idesia*
1. 柱头 2–3 裂，有花柱；果较小，长不超过 6 厘米；掌状脉。花单性同株；多数，排成大型圆锥状；花柱 3；蒴果小，长不超过 3 厘米；种子周边具翅。 ………………………………………………………… 山拐枣属 *Poliothyrsis*

柞木属 *Xylosma*

    叶缘的锯齿较大而钝，齿尖有腺点，叶片基部不下延成翅柄；花序梗较长，长 1–4.5 厘米。花序梗较短，通常为 1–2 厘米，雌、雄花序均为总状花序，萼片内面无毛，边缘无睫毛，结果时宿存；叶干后呈灰绿色或褐绿色，老枝、干通常有刺。老树的树皮剥裂而反卷；新枝条有疏柔毛，叶形变异较大，长 4–7 厘米，宽 2–4 厘米；花序梗有棕色密毛。 ……………………… 柞木 *Xylosma racemosa*

山桐子属 *Idesia*

1. 叶下面无毛，有白粉，脉腋有丛毛；通常海拔 900 米以下难见到。
  ………………………………………………………… 山桐子 *Idesia polycarpa*
1. 叶下面有密的柔毛，无白粉而为棕灰色，脉腋无丛毛；叶柄有短毛。花序梗及花梗有密毛。成熟果实长圆球形至圆球状，血红色，高过于宽。垂直分布比原变种高，通常从海拔 900–2000 米。 …………………
  ……………………… 毛叶山桐子 *Idesia polycarpa* var. *vestita*

山拐枣属 *Poliothyrsis*

特征同属。 ……………………………………… 山拐枣 *Poliothyrsis sinensis*

旌节花科 STACHYURACEAE

旌节花属 *Stachyurus*

叶片长圆状卵形或宽卵形。边缘具齿或细齿，但不反卷。下面无毛；花被片果时脱落。…………………… **中国旌节花 *Stachyurus chinensis* var. *chinensis***

桃金娘科 MYRTACEAE

1. 果为蒴果，室背开裂；上位花或周位花；叶对生或互生。子房 2 – 5（-8）室。
    2. 叶宽大，羽状脉，对生，稀互生；花有梗，排成聚伞花序式圆锥花序；雄蕊多数，离生，排成多列。我国栽培 1 属，萼片与花瓣连合成帽状体。…………………………………………………… **桉属 *Eucalyptus***
    2. 叶细小，具 1-5 条直脉，互生，稀对生；叶互生；花无花梗，单生于苞腋内，排成穗状花序状；花后枝条继续生长；雄蕊多数，排成多列。雄蕊离生，多列。………………… **红千层属 *Callistemon***
1. 果为浆果或核果；子房 2-5 室；周位花；叶对生。
    3. 胚有丰富胚乳，球形或卵圆形，稀为弯棒形；子叶藏于下胚轴内；萼片不连成帽状体，萼齿分离。 ………………… **蒲桃属 *Syzygium***
    3. 胚缺乏胚乳或有少量胚乳，肾形或马蹄形，子房 4 室，胚珠少数，胎座 2 片，2 列排列，胚直，子叶叶状。 …………… **南美稔属 *Feijoa***

桉树属 *Eucalyptus*

注：下列种具有以下共同特征。花药大，卵形、倒卵形或长圆形，以狭或宽的耳形裂开；腺体球形，位于药隔上半部；花药全部为能育花药，钻形，常着生近药隔中部或腺体基部。

1. 花药长圆形或长倒卵形，长度大于宽度；树皮宿存，粗糙。花排成圆锥花序。花丝着生在腺体以下的中部或稍下。萼管无棱；蒴果卵状壶形，果瓣内藏。 ………………………………… **桉 *Eucalyptus robusta***
1. 花药倒卵形，中等大，背部着生，药室纵缝裂开，花丝渐尖，近腺体基部着生；腺体位于药隔上半部。树皮光滑。
    2. 幼态叶卵形至圆形，稀为阔披针形；果缘突出 2-2.5 毫米；果宽 6-8

毫米，总梗圆形。•••••••••••••••••••• 细叶桉 *Eucalyptus tereticornis*

2. 幼态叶阔披针形；帽状体长为萼管的 1–3 倍。

••••••••••••••••••••••••••••••••••••• 赤桉 *Eucalyptus camaldulensis*

红千层属 *Callistemon*

1. 叶片宽 3–6 毫米；雄蕊长 25 毫米，红色。

•• 红千层 *Callistemon rigidus*

蒲桃属 *Syzygium*

注：下列种具有以下共同特征。嫩枝有棱。叶柄极短，长 1–2 毫米；花序顶生，有时兼为腋生，果实球形。

1. 叶片椭圆形，长 1.5–3 厘米，宽 1–2 厘米。

•••••••••••••••••••••••••••••••••••• 赤楠 *Syzygium buxifolium*

1. 叶片狭披针形或狭倒披针形，宽 5–10 毫米。叶常轮生，叶片狭披针形，先端尖，叶面的腺点干后不下陷，背脉明显；花梗长 3–4 毫米。•••••••

•••••••••••••••••••••••••••••••••••• 轮叶蒲桃 *Syzygium grijsii*

菲油果属 *Feijoa*

常绿乔木。叶对生，下面有白色绒毛。花单生于叶腋，有长梗；萼管延长，顶端 4 裂；花瓣 4，开展；雄蕊多数，排成多列，伸出甚长。浆果长圆形，顶部有宿存萼片；种子有棱，具胚乳；胚劲直，子叶扁平，叶状，下胚轴伸长。也有把其归于番石榴属。•••••••••••••••••••••• 南美桉（菲油果）*Feijoa sellowiana*

野牡丹科 MELASTOMATACEAE

注：下列属具有以下共同特征。叶具基出脉，侧脉多数，互相平行，与基出脉近垂直；子房（2–）4–5（–6）室，胚珠多数；种子很多，小，长约 1 毫米，胚极小。花药顶端单孔开裂，长 4 毫米以上。

1. 种子马蹄形（或称半圈形）弯曲；叶片通常密被紧贴的糙伏毛或刚毛。

2. 雄蕊同形，等长，药隔微下延成短距。蒴果，通常顶端孔裂。

•••••••••••••••••••••••••••••••••••• 金锦香属 *Osbeckia*

2. 雄蕊异形，不等长，其中长者药隔基部伸长为花药长的 1/2 以上，弯曲。

•••••••••••••••••••••••••••••••••••• 野牡丹属 *Melastoma*

1. 种子不弯曲，呈长圆形，倒卵形、楔形或倒三角形；叶片被毛通常较疏或无。蒴果,顶端开裂或室背开裂。伞形花序、聚伞花序或分枝少的复聚伞花序,或呈蝎尾状聚伞花序顶生,或伞形花序腋生;子房顶端通常具膜质冠,冠缘常具毛;果时宿存萼近顶端不缢缩,冠常伸出宿存萼外。非伞形花序,顶生,若为伞形花序,则具 2 厘米以上的总梗。聚伞花序、圆锥状复聚伞花序或伞形花序。雄蕊异形,不等长。长雄蕊花药基部具小疣,药隔通常膨大,下延成短柄,稀柄不明显。…… **野海棠属 Bredia**

野海棠属 *Bredia*

小灌木,茎直立,分枝多,叶片无毛(除幼叶外),叶缘具疏浅锯齿,无缘毛。幼枝、花序、总梗、花萼密被微柔毛及腺毛。由聚伞花序组成松散的圆锥花序,有花 10 朵以上。 ………………… **秀丽野海棠 Bredia amoena**

野牡丹属 *Melastoma*

植株矮小,高 10-60 厘米以下,小枝披散;叶片长 4 厘米,宽 2 厘米以下。叶面通常仅边缘被糙伏毛,有时基出脉行间具 1-2 行疏糙伏毛;小枝被疏糙伏毛;花瓣长 1.2-2 厘米,花萼被糙伏毛。 …… **地菍 Melastoma dodecandrum**

金锦香属 *Osbeckia*

亚灌木;花萼被刺毛突起;子房除顶端具刚毛外,其余通常无毛。叶片线形、线状披针形或长圆状卵形至椭圆状卵形;花小,花瓣长约 1 厘米;植株高 20-60厘米。 ………………………………… **金锦香 Osbeckia chinensis**

石榴科 PUNICACEAE

落叶乔木,枝顶常成尖锐长刺,幼枝具棱角,无毛,
………………………………… **石榴 Punica granatum**
* 矮小灌木,叶线形,花果均较小。
………………………………… **月季石榴 Punica granatum cv. Nana**
* 花白色。………………… **白石榴 Punica granatum cv. Albescens**
* 花白色而重瓣。 ………… **重瓣白花石榴 Punica granatum cv. multiplex**
* 花黄色。 ………………… **黄石榴 Punica granatum cv. Flavescens**
* 花瓣粉红至桔红,具白色边缘。
………………………………… **玛瑙石榴 Punica granatum cv. Legrellei**

千屈菜科 LYTHRACEAE

乔木或灌木。叶片下面中脉顶端无腺体或小孔。花多数组成顶生的圆锥花序。植物体无刺；花瓣通常为6，雄蕊多数；蒴果通常3-6裂，种子顶端有翅。
.... 紫薇属 *Lagerstroemia*

紫薇属 *Lagerstroemia*

注：下列种具有以下共同特征。花萼无棱，或有棱或脉纹，棱或脉纹为花萼裂片数目的一倍。子房无毛。花萼裂片内无毛。雄蕊通常6-40，其中有5-6枚花丝较粗较长；蒴果较小，直径不超过1厘米。

1. 花萼外面无毛或有微小柔毛，无棱或具不明显脉纹，萼裂片间无附属体或附属体不明显；叶无毛或下面稍被毛而后脱落。叶的侧脉在叶缘处不互相连接。
    2. 花萼无棱或脉纹，花较大，花萼长7-10毫米；蒴果长1-1.2厘米；小枝4棱，常有狭翅；叶椭圆形、阔矩圆形或倒卵形，长2.5-7厘米，宽1.5-4厘米，无柄或极短。 .... 紫薇 *Lagerstroemia indica*
    2. 花萼具10-12条脉纹，花较小，花萼长不及5毫米；花萼内面有环带。蒴果长6-8毫米；小枝圆柱形或具不明显的4棱；叶柄长2-5毫米。叶片矩圆形或矩圆状披针形，稀卵形，基部阔楔形，上面通常无毛，或有时散生小柔毛，下面无毛或微被毛，有时侧脉腋间有丛生毛；小枝无毛或微被毛；圆锥花序长5-15厘米。 ....
        .... 南紫薇 *Lagerstroemia subcostata*
1. 花萼外面密被柔毛，有棱12条，花萼裂片间有明显的附属体；叶片椭圆形至长椭圆形，长6-16厘米，宽2.5-7厘米，下面密被宿存的柔毛或绒毛，侧脉10-17对，叶柄长2-5毫米。.....................
    .... 福建紫薇 *Lagerstroemia limii*

瑞香科 THYMELAEACEAE

注：下列属具有以下共同特征。萼筒喉部无鳞片状退化花瓣，子房1室；浆果、核果或坚果，不开裂。子房下面具花盘，花序头状、总状、穗状或圆锥状。

1. 下位花盘鳞片状或狭舌状，花序总状、圆锥或穗状，稀头状；叶多为对生，少互生。 .... 荛花属 *Wikstroemia*

1. 下位花盘环状偏斜或杯状，边缘全缘或浅裂至深裂，或一侧发达，花序为头状花序或数花簇生，稀穗状或总状花序；叶多为互生，稀对生。

  2. 花柱及花丝极短或近于无，柱头头状，较大。花萼裂片在开花时开展，头状花序或短穗状花序，无萼状总苞围绕，无或具短总花梗。 ……… …………………………………………………… 瑞香属 *Daphne*

  2. 花柱长，柱头圆柱状线形，其上密被疣状突起。

…………………………………………………… 结香属 *Edgeworthia*

荛花属 *Wikstroemia*

1. 花萼无毛（极少被稀疏分散的毛），多在花后凋落；花序头状、穗状、总状或为圆锥花序。

  2. 花萼 4 裂；子房被毛或无毛。子房被毛或至少在顶端被毛。头状花序或短总状花序，有时为不明显的小圆锥花序。头状花序顶生；叶互生，卵形、宽卵形至卵状披针形，长 2–5 厘米，宽 1–3 厘米；二年生枝黑紫色，多少龟裂。 ………………… 光叶荛花 *Wikstroemia glabra*

    * 原变型区别在于花为紫色，900–1800 米的林下。…………………

    …………………… 紫背光叶荛花 *Wikstroemia glabra* f. *purpurea*

  2. 花萼 5 裂。总状花序单生或组成疏松的圆锥状花序或紧密的圆锥花序或单一的穗状花序。总状花序或圆锥花序。

    3. 总状花序。总状花序顶生，花序梗长 7–11 毫米；叶片膜质，椭圆形至长椭圆形，长 0.6–1.6 厘米，宽 3–8 毫米。 …………………………

    ………………………………… 安徽荛花 *Wikstroemia anhuiensis*

    3. 圆锥花序由疏松的总状花序组成或为紧密的圆锥花序。圆锥花序疏松，长 3–7 厘米。叶卵形，长 1.5–3 厘米，宽 0.8–1.5 厘米；花白色。 ………………………… 白花荛花 *Wikstroemia trichotoma*

1. 花萼筒及花序被毛；花组成头状花序、头状短穗状花序，松疏的总状及穗状花序或圆锥花序。

  4. 对生叶与互生叶并存。顶生头状短穗状花序或伞形花序。花萼筒筒状；花盘鳞片浅 2 裂或啮蚀状。叶片卵状椭圆形至椭圆形或椭圆状披针形，长 1–3.5 厘米，宽 0.5–1.5 厘米，下面脉上被疏柔毛，侧脉每边 4–5 对。 ………………………… 北江荛花 *Wikstroemia monnula*

    * 与原种差异：叶片下面散生柔毛，花萼筒紫红色，花盘鳞片 3，宽卵形。 ………… 休宁荛花 *Wikstroemia monnula* var. *xiuningensis*

  4. 叶多数互生，少数互生叶与对生叶混合；花萼裂片 4–5。

5. 花萼裂片 5 数；叶对生或互生叶与近对生叶混合生。花序为顶生或腋生的短穗状花序或为纤细疏散的圆锥花序，密被绢状毛；对生叶及互生叶混生；花萼密被绢状长柔毛；短穗状花序具花序梗，顶生或腋生，有时在顶端因叶变小成苞叶状因而很似圆锥花序；叶椭圆状卵形或椭圆形，脉 3-5 对，作弧形弯曲。 ……………………………………………………………… **多毛荛花 *Wikstroemia pilosa***

5. 花萼裂片 4 数。头状花序顶生或腋生，在盛开时稍延长成短总状花序或 1-4 朵着生于分枝的顶端。花在开花时其成熟期及大小均较整齐。花萼长约 1.5 厘米，外面被丝状平贴长柔毛；头状花序顶生或腋生，在盛开时稍延长成短总状花序；子房全部被毛；芽球形，密被白色绒毛；子房有柄。叶披针形至椭圆状披针形，或椭圆形，长 2-5 厘米，宽 0.8-1.6 厘米，先端尖，基部圆形或宽楔形，侧脉每边 5-6 条，在下面突出。叶两面均被毛或至少在中脉上被毛，侧脉及网脉在下面极明显。 ……………………… **荛花 *Wikstroemia canescens***

瑞香属 *Daphne*

1. 花序腋生或侧生，2-7 花簇生或组成聚伞花序或头状花序。花 4 数，通常为叶腋簇生或叶外簇生。落叶灌木；叶片两面几无毛或幼时被绢状柔毛；花盘环状，不发达；花柱极短或无。 ………… **芫花 *Daphne genkwa***
1. 花序顶生。
   2. 落叶灌木。 ……………………………… **金寨荛花 *Daphne jinzhaiensis***
   2. 常绿灌木；花序下面具苞片。花盘边缘波状、流苏状或全缘。
      3. 花萼筒外面无毛。叶互生；花萼筒圆筒状或管状，裂片长 3-8 毫米。小枝无毛，紫红色至紫褐色；花萼裂片与花萼筒等长或超过之，基部心形。 ……………………………………… **瑞香 *Daphne odora***
      3. 花萼筒外面被毛。花萼筒圆筒状或漏斗状，长 5-17 毫米；叶片长 5-14 厘米，宽 1-4 厘米。 ……………………………………………… ……………………… **毛瑞香 *Daphne kiusiana* var. *atrocaulis***

结香属 *Edgeworthia*

花萼内面黄色。叶凋落，花先叶开放；头状花序多花而成绒球状；花萼外面密被稠密而伸张的白色长硬毛；子房仅在顶端丛生白色丝状毛。 ……………… ……………………… **结香 *Edgeworthia chrysantha***

胡颓子科 ELAEAGNACEAE

胡颓子属 *Elaeagnus*

1. 常绿直立或攀援灌木；叶片革质或纸质，稀膜质；花通常秋季或冬季开放，稀早春开花，通常 1–7 花簇生于叶腋短小枝上成伞形状总状花序；果实春夏季成熟。花较小，萼筒圆筒形、钟形或漏斗形，不为四角形或杯形，有时微具 4 肋，花萼裂片基部不收缩或微收缩，裂片通常比萼筒短，稀等长。

  2. 花柱具星状柔毛。萼筒圆筒形，萼筒长 5–8 毫米，果实长 12–16 毫米，褐色或锈色，稀淡白色；花柱直立或弯曲，但不扭曲成圆圈。叶片革质，阔椭圆形至椭圆状披针形，稀矩圆状椭圆形，基部圆形，稀钝形。
  ·············· **披针叶胡颓子** *Elaeagnus lanceolata*

  2. 花柱无毛。

    3. 攀援灌木或藤本。花小，萼筒漏斗形，长 4.5–5.5 毫米，裂片长 2–3 毫米；叶片卵状椭圆形，稀长椭圆形，下面灰绿色。··············
    ·············· **蔓胡颓子** *Elaeagnus glabra*

    3. 直立灌木，稀蔓状。

      4. 侧脉与中脉开展成 50–60 度的角，网状脉在上面明显可见。叶片厚革质，椭圆形至阔椭圆形，稀矩圆形，两端钝形或基部圆形，侧脉 7–9 对；萼筒长 5.5–7 毫米；具刺。··············
      ·············· **胡颓子** *Elaeagnus pungens*

      4. 侧脉与中脉开展成 45–50 度的角，网状脉在上面不明显。花淡白色，萼筒圆筒状漏斗形，长 6–8 毫米；叶片革质，倒卵伏阔椭圆形，下面银白色。·············· **宜昌胡颓子** *Elaeagnus henryi*

1. 落叶或半常绿直立灌木或乔木；叶片纸质或膜质；花春夏季开放，稀冬季或早春开花，常 1–3 花簇生新枝基部叶腋，稀 1–5 花簇生叶腋短小枝上成伞形状总状花序；果实夏秋季成熟。

  5. 乔木或大灌木；1–3 花簇生新枝叶腋。花盘顶端通常无毛，萼筒钟形；果实较大，果实无汁，粉质或干棉质；椭圆形或阔椭圆形，长 12–26 毫米。·············· **沙枣** *Elaeagnus angustifolia*

  5. 小灌木；果实多汁，1–2 花簇生新枝基部叶腋或 1–5 花簇生叶腋短小枝上。

6. 叶片下面或多或少具星状绒毛或柔毛，侧脉在上面通常凹下。叶冬季多少有部分残存，半常绿灌木。幼枝无毛；萼筒长 3-6 毫米。叶发于春秋两季，大小形状不等；萼筒漏斗状圆筒形，长 5.5-6 毫米。
   ………………………………………… **佘山羊奶子** *Elaeagnus argyi*

6. 叶片下面无毛、侧脉在上面通常不凹下。

7. 果实卵圆形，长 5-7 毫米；萼筒漏斗形或圆筒状漏斗形。
   ………………………………………… **牛奶子** *Elaeagnus umbellata*

7. 果实椭圆形或长椭圆形，长 12-16 毫米；萼筒圆筒形，果梗下弯，长 15-45 毫米。花柱无毛，不超过雄蕊，长 5-10 毫米，裂片长 4-5.5 毫米；叶片上面通常具白色鳞片。 …………………………
   ………………………………………… **木半夏** *Elaeagnus multiflora*

蓝果树科 NYSSACEAE

1. 果实为翅果，常多数聚集成头状果序。 …………… **喜树属** *Camptotheca*
1. 果实为核果；常单生或几个簇生。

   2. 核果小，长 1-2 厘米，直径 5-10 毫米，常几个簇生；子房 1-2 室，花下有小苞片。 ………………………………… **蓝果树属** *Nyssa*

   2. 核果大，长 3-4 厘米，直径 1.5-2 厘米，常单生；子房 6-10 室，花下有 2-3 枚白色大形苞片。 ………………… **珙桐属** *Davidia*

旱莲木属 *Camptotheca*

特征同属。 ………………………………… **喜树** *Camptotheca acuminata*

珙桐属 *Davidia*

1. 叶上面亮绿色，初被很稀疏的长柔毛，渐老时无毛，下面密被淡黄色或淡白色丝状粗毛，中脉和 8-9 对侧脉均在上面显著。 ………………………
   ………………………………………… **珙桐** *Davidia involucrata*

1. 本变种叶下面常无毛或幼时叶脉上被很稀疏的短柔毛及粗毛，有时下面被白霜。 …………… **光叶珙桐** *Davidia involucrata* var. *vilmoriniana*

紫树属 *Nyssa*

有花梗，通常成伞形花序或总状花序。小枝、叶柄和花梗幼时有紧贴的疏柔毛，渐老近无毛。 ………………………………… **蓝果树** *Nyssa sinensis*

八角枫科 ALANGIACEAE

八角枫属 *Alangium*

注：下列种具有以下共同特征。花较大，花瓣长 1 厘米以上，雄蕊 6-10，常与花瓣同数，花丝长仅为花药的 1/4-1/3；叶片卵形或圆形，稀线状披针形，纸质，稀革质。

1. 雄蕊的药隔无毛。
  2. 每花序仅有少数几朵花，花瓣长 1.8 厘米以上。叶片近圆形，不分裂或分裂，叶柄长 3.5-5 厘米；花瓣长 2.5-3.5 厘米；核果长卵圆形，长 8-12 毫米。 ……………………………… 瓜木 *Alangium platanifolium*
  2. 每花序有 7-30（-50）朵花，花瓣长 1-1.5 厘米；叶片近圆形、椭圆形或卵形；核果卵圆形，长 5-7 毫米。………………………………
    ……………………………… 八角枫 *Alangium chinense*
    每花序有 7-30（-50）花；叶较大。
    小枝、叶柄和花序无粗伏毛。………… 八角枫 *Alangium chinense*
    小枝、叶柄和花序有粗伏毛。………………………………
    ……………… 伏毛八角枫 *Alangium chinense* subsp. *strigosum*
    每花序仅有几朵花，通常 3-6 花；叶较小。叶近圆形，基部三角形或近圆形，3-5 裂，凹缺深达于叶片中部，裂片披针形或近卵形。 ……
    ……………… 深裂八角枫 *Alangium chinense* subsp. *triangulare*
1. 雄蕊的药隔有长柔毛。直立小乔木或灌木；叶片近圆形或阔卵形，长 12-14 厘米，宽 7-9 厘米，下面有黄褐色丝状微绒毛，叶柄长 2.5-4 厘米；聚伞花序有 5-7 花，花瓣 6-8，长 2-2.5 厘米，；核果椭圆形，长 1.2-1.5 厘米。 ……………………………… 毛八角枫 *Alangium kurzii*
*幼枝、叶片和叶柄有宿存的淡黄色微绒毛和短柔毛。叶片纸质，近圆形或阔卵形，长 12-14 厘米，宽 7-9 厘米，叶柄长 2.5-4 厘米；花瓣 6-8，外面有短柔毛，内面无毛，雄蕊的药隔有长柔毛。 ………………………………
    ……………………………… 毛八角枫 *Alangium kurzii*
*小枝、叶片和叶柄无毛或幼时有毛，其后无毛。叶柄较短，长不超过 3 厘米。叶片矩圆状卵形或椭圆状卵形，长 11-19 厘米，宽 5-6 厘米，幼时有毛，其后无毛，叶柄长 2-2.5 厘米；花序聚伞状，花瓣 6-7，长 2-

2.5厘米，雄蕊的药隔有粗伏毛。 ·······························
·························· **云山八角枫** *Alangium kurzii* var. *handelii*

五加科 ARALIACEAE

注：下列种具有以下共同特征。叶互生；木本植物，稀草本植物，如草本植物或半灌木则为羽状复叶。

1. 藤本植物。
  2. 叶为掌状复叶。
    3. 植物体无刺。藤状灌木，茎长 10 米以下；叶有小叶 3-7，如 7-9 时则其小叶片宽 4 厘米以下。 ············· **鹅掌柴属** *Schefflera*
    3. 植物体有刺。 ························ **五加属** *Acanthopanax*
  2. 叶为单叶；茎借气生根攀援。 ············· **常春藤属** *Hedera*
1. 直立植物，稀蔓生状灌木。
  4. 叶为羽状复叶。
    5. 叶为一回羽状复叶。 ··············· **五叶参属** *Pentapanax*
    5. 叶为二至五回羽状复叶，稀同一株上有一至二回羽状复叶。植物体通常有刺；木本或草本植物；小叶片边缘有整齐或不整齐锯齿、细锯齿、重锯齿，稀波状或深缺刻。 ············· **楤木属** *Aralia*
  4. 叶为单叶或掌状复叶。
    6. 不分裂叶片阔圆形或心形，长度与宽度几相等。枝密生白带红色星状绒毛；叶片心形，不分裂或先端 3 裂。····· **通脱木属** *Tetrapanax*
    6. 不分裂叶片非圆形或心形，长度大于宽度。
      7. 叶全为单叶，无掌状复叶。
        8. 叶片两型，即具不分裂和掌状分裂两种叶片，叶片无毛。
          ···························· **树参属** *Dendropanax*
        8. 叶片同型，无分裂叶片。叶片无毛；伞形花序或圆锥状伞形花序。叶片中常有红棕色或红黄色半透明腺点，如无腺点即边缘全缘。 ···················· **树参属** *Dendropanax*
      7. 叶为掌状复叶，或单叶但叶片全为掌状分裂。
        9. 叶片掌状分裂。
          10. 植物体有刺。落叶植物。乔木；枝散生粗刺，刺的基部宽阔扁平。 ··············· **刺楸属** *Kalopanax*
          10. 植物体无刺。叶柄基部无缝毛。

·176·

11. 托叶与叶柄合生，锥状；子房 2 室。

　　　　　……………………………………… 通脱木属 *Tetrapanax*

　11. 无托叶；子房 5 或 10 室。………… 八角金盘属 *Fatsia*

　9. 叶为掌状复叶，稀在同一株上有单叶。植物体有刺或无刺；花
　　　梗无关节。

　　12. 植物体无刺；子房 5-11 室；总状、伞形、头状等花序组成
　　　　圆锥花序。……………………………… 鹅掌柴属 *Schefflera*

　　12. 植物体有刺，稀无刺；子房 2-5 室；如植物体无刺，子房 5
　　　　室，则其花序为单生伞形花序。叶有小叶 3-5，叶柄长 12 厘
　　　　米以下，托叶不存在或不明显，通常无小叶柄或有长仅 1 厘
　　　　米以下（稀长 2.5 厘米）的短柄。…………………………

　　　　……………………………………… 五加属 *Acanthopanax*

五加属 *Acanthopanax*

1. 子房 5 室，稀 4-3 室，有时 4-2 室。

　2. 子房 5 室，稀 4-3 室；花柱离生、部分合生或全部合生；植物体有刺，
　　稀无刺；叶柄顶端无簇毛；除一变种外小叶片下面脉腋无簇毛。

　　3. 花两性。花柱基部或中部以下合生，稀几全合生仅顶端离生。子房 5
　　　室，稀 4-3 室；花柱 5，稀 4-3，离生或基部至中部以下合生；伞形
　　　花序单生，稀组成圆锥花序而下部的伞形花序无总花梗，各花在主
　　　轴节上轮生。小叶片边缘下部 1/3-1/2 全缘，其余部分有钝齿或细
　　　牙齿状。枝通常密生红棕色刚毛；小叶片边缘有细牙齿状。………

　　　　……………………………… 细刺五加 *Acanthopanax setulosus*

　　3. 子房 5 室，花柱全部合生成柱状，结实时稀柱头裂片离生；伞形花
　　　序常组成复伞形花序或短圆锥花序。叶柄较长，长 2 厘米以上，如
　　　枝上部的叶近于无柄，其下部的叶柄也长在 2 厘米以上。

　　　4. 刺细长，直而不弯。小叶片纸质或膜质，下面非灰白色。小叶片
　　　　先端渐尖，稀尾尖。花绿黄色；果实的宿存花柱长 1-1.5 毫米。

　　　　……………………………… 藤五加 *Acanthopanax leucorrhizus*

　　＊本变种和原变种的区别在于小叶片边缘有锐利锯齿，稀重锯齿状，上面有
糙毛，下面脉上有黄色短柔毛，小叶柄密生黄色短柔毛。　………………………

………………………………　＊＊糙叶藤五加 *Acanthopanax leucorrhizus*

　　　4. 刺粗壮，通常弯曲。小叶片较大，长 5-12 厘米，宽 1.5-4 厘米，
　　　　两面有毛，侧脉 7-10 对，两面明显。小叶片上面脉上疏生小刚

毛，下面无毛或沿叶脉有短柔毛，边缘有锯齿；花梗长0.8-1.5厘米。 ························· **糙叶五加** *Acanthopanax henryi*

  2. 子房4-2室；花柱4-2，仅基部合生；植物体无刺；叶柄顶端有簇毛；小叶片下面脉腋有簇毛。 ·····················

      ····················· **吴茱萸五加** *Acanthopanax evodiaefolius* Franch

1. 子房2室。

  5. 花柱离生或基部至中部以下合生。

    6. 伞形花序腋生或生于短枝顶端。 ··· **五加** *Acanthopanax gracilistylus*

    6. 伞形花序顶生。

      7. 植物体有宽扁钩刺。小叶片椭圆状卵形至椭圆状长圆形；总花梗、花梗和萼均无毛。 ···················· **白簕** *Acanthopanax trifoliatus*

      7. 植物体无刺。 ·················· **匍匐五加** *Acanthopanax scandens*

  5. 花柱合生成柱状，仅柱头裂片离生。头状花序或伞形花序组成主轴较长的圆锥花序；总花梗被毛；植物体有刺。叶有5小叶，小叶片下面密生短柔毛。 ···················· **两歧五加** *Acanthopanax divaricatus*

楤木属 *Aralia*

  注：下列种具有以下共同特征。小乔木或灌木，小枝通常有刺，稀无刺；叶轴和花序轴有刺或无刺。

1. 花明显的有花梗，聚生为伞形花序，再组成圆锥花序。

  2. 圆锥花序的主轴长，一级分枝在主轴上总状排列。小枝有刺；叶轴和花序轴有刺或无刺；托叶明显，和叶柄基部合生，先端离生。

    3. 顶生伞形花序较大，直径2-4厘米，稀1.5厘米；花梗较长，长8-30毫米。叶轴和花序轴无刺，或疏生刺，但非扁刺。

      4. 小枝密生细长直刺；小叶片下面灰白色，无毛。

      ···················· **棘茎楤木** *Aralia echinocaulis*

      4. 小枝疏生刺；小叶片下面非灰白色，有毛或无毛。小叶片、花序轴和花梗密生绒毛或长柔毛。小叶片卵形至长圆状卵形，两面密生黄棕色绒毛；伞形花序有花30-50朵；苞片长8-1毫米。······

      ···················· **黄毛楤木** *Aralia decaisneana*

    3. 顶生伞形花序较小，直径1-1.5厘米；花梗较短，长2-6毫米。小叶片卵形、阔卵形或长卵形，较大，长5-12厘米或更长，宽3-8厘米，下面有短柔毛或黄棕色粗绒毛，或下面白色而脉上有短柔毛；

圆锥花序较繁密，密生黄棕色或灰色短柔毛。⋯⋯⋯⋯⋯⋯

⋯⋯⋯⋯⋯⋯⋯⋯⋯⋯⋯⋯⋯⋯⋯⋯⋯ **楤木 *Aralia chinensis***

　　2. 圆锥花序的主轴短，长5-10厘米，一级分枝在主轴上指状或伞房状排列。小叶片膜质至薄纸质，卵形、阔卵形至椭圆状卵形，边缘疏生锯齿或细锯齿，稀粗齿，两面无毛或脉上有短柔毛，网脉不明显；总花梗仅有苞片1个；果梗长6-7毫米。⋯⋯⋯⋯ **辽东楤木 *Aralia elata***

1. 花无梗或几无梗，聚生为头状花序，再组成圆锥花序。叶轴和花序轴密生黄棕色绒毛；圆锥花序的三级分枝有宿存苞片数个；苞片长圆形，先端钝圆，密生短柔毛。⋯⋯⋯⋯⋯ **头序楤木 *Aralia dasyphylla***

树参属 *Dendropanax*

　　叶片椭圆形、卵状长圆形、卵状椭圆形或披针形，最宽在中部或中部以下。叶片有半透明红棕色或红黄色腺点。叶片革质或厚纸质，网脉明显且隆起。花柱离生，或基部合生顶端离生，或在花期几全部合生但在结实期至少顶端离生。子房5室；果实长圆形或近球形，果实有棱。⋯⋯⋯ **树参 *Dendropanax dentiger***

常春藤属 *Hedera*

1. 植物体幼嫩部分和花序上有锈色鳞片；萼长2毫米；花瓣长3-3.5毫米；果实红色或黄色。

　　2. 叶质地较薄，3-5中裂。⋯ **常春藤 *Hedera nepalensis* var. *sinensis***

　　2. 叶质地较厚，3-5浅裂。⋯⋯⋯⋯⋯ **大西洋常春藤 *Hedera hibernica***

1. 植物体幼嫩部分和花序上有星状毛；萼长约1毫米；花瓣长2-2.5毫米；果实黑色。

　　3. 叶卵圆形，长宽近相等。⋯⋯⋯⋯⋯⋯⋯ **洋常春藤 *Hedera helix***

　　3. 叶卵形，长大于宽。

　　　　4. 叶长卵形。⋯⋯⋯⋯⋯⋯ **加拿利常春藤 *Hedera canariensis***

　　　　4. 叶为狭卵形。⋯⋯⋯⋯⋯ **日本常春藤、百脚蜈蚣 *Hedera rhombea***

刺楸属 *Kalopanax*

　　特征同属。⋯⋯⋯⋯⋯⋯⋯⋯⋯⋯⋯⋯⋯ **刺楸 *Kalopanax septemlobus***

五叶参属 *Pentapanax*

　　小叶片卵形至卵状长圆形，较小，长5-12厘米，宽3-7厘米，侧脉6-8对，上面不甚明显；苞片卵形、披针形或长圆形，长5-10毫米。伞形花序组成圆锥花序。圆锥花序的主轴长，分枝总状排列。 ……………………………
…………………………………… **锈毛五叶参** *Pentapanax henryi*

鹅掌柴属 *Schefflera*

1. 小叶大，长 20 厘米左右，总状花序（稀穗状花序）组成圆锥花序；花柱全部合生成柱状。 …………… **澳洲鸭脚木** *Schefflera actirophylla*
1. 附生藤状灌木；叶有小叶 7-9 总花梗长 5 毫米以下。伞形花序或头状花序组成圆锥花序；花柱离生或合生成柱状，或无花柱。 …………………
…………………………………… **鹅掌藤** *Schefflera arboricola*

通脱木属 *Tetrapanax*

叶片掌状 7-12 裂；圆锥花序大，长达 50 厘米；伞形花序总状排列；花较大。
…………………………………… **通脱木** *Tetrapanax papyrifer*

山茱萸科 CORNACEAE

1. 子房 1 室；直立圆锥花序。叶对生；花单性异株，4 数；果为浆果状核果。
…………………………………… **桃叶珊瑚属** *Aucuba*
1. 子房 2-5 室；非上述花序。
　2. 花单性异株；子房 3-5 室。叶脉羽状；伞形或密伞花序生于叶面中脉上或幼枝上；子房 3-5 室；果为浆果状核果。 … **青荚叶属** *Helwingia*
　2. 花两性；子房 2 室。乔木或灌木；叶脉羽状；花序有或无 4 枚总苞片。
　　3. 叶互生或对生；伞房状聚伞花序无总苞片；核果球形或近于球形。
　　　4. 叶互生；核果球形；核顶端有一个方形孔穴。
…………………………………… **灯台树属** *Bothrocaryum*
　　　4. 叶对生；核果球形或近于卵圆形，稀椭圆形；核的顶端无孔穴。
…………………………………… **梾木属** *Swida*
　　3. 叶对生；伞形花序或头状花序有芽鳞状或花瓣状的总苞片。
　　5. 伞形花序上有绿色芽鳞状总苞片；核果长椭圆形。
…………………………………… **山茱萸属** *Cornus*
　　5. 头状花序上有白色花瓣状的总苞片；果实为聚合状核果。
…………………………………… **四照花属** *Dendrobenthamia*

桃叶珊瑚属 *Aucuba*

注：下列种具有以下共同特征。雄花序呈圆锥花序，雌花序为短圆锥花序；花

瓣先端具短尖头，长约0.5毫米，雄蕊较长，常长3-4毫米；叶厚革质，稀亚革质。

1. 叶片为厚革质或革质；花为黄绿色或黄色，稀紫红色。叶片上面侧脉不下凹，下面为淡绿色，侧脉常为6-10对，边缘常具粗锯齿。叶片长10-20厘米，宽3.5-8厘米；叶柄长2-4厘米；雄花序圆锥状，长5厘米以上，花不密集，花瓣长3-4毫米，宽2-2.5毫米。花药2室。…………
………………………………………………… **桃叶珊瑚 *Aucuba chinensis***

1. 叶片为革质或亚革质，不具斑点或具斑点；花紫红色。
………………………………………………… **青木 *Aucuba japonica***

灯台树属 *Bothrocaryum*

特征同属。………………………… **灯台树 *Bothrocaryum controversum***

山茱萸属 *Cornus*

总花梗短，长2毫米；花萼裂片宽三角形；果实大，长1.2-1.7厘米；叶片下面脉腋具淡褐色丛毛。………………………… **山茱萸 *Cornus officinalis***

四照花属 *Dendrobenthamia*

1. 叶亚革质或革质。叶长圆形、倒卵状长圆形、倒卵状椭圆形、稀阔卵形、椭圆形至狭长圆形。长7-9（-11.5）厘米，宽2.5-4.2（-6）厘米，侧脉3-4对，下面密被白色贴生短柔毛。…………
………………………………………… **尖叶四照花 *Dendrobenthamia angustata***

1. 叶纸质。叶卵形或卵状椭圆形，长6-12厘米，基部圆形或阔楔形，侧脉3-4（-5）对，原变种的区别在于叶为纸质或厚纸质，背面粉绿色，花萼内侧有一圈褐色短柔毛。………… **四照花 *Dendrobenthamia japonica***

青荚叶属 *Helwingia*

落叶灌木，稀小乔木；叶纸质、厚纸质、羊皮纸质，侧脉在上面微凹陷，下面微突出。托叶常分裂；叶纸质，卵形、卵圆形或阔椭圆形，长3.5-9（-18）厘米，宽2-6（-8.5）厘米，先端渐尖；托叶线状分裂或撕裂状。……………
………………………………………………… **青荚叶 *Helwingia japonica***

梾木属 *Swida*

1. 花柱圆柱形而非棍棒形。
  2. 核果乳白色或浅蓝白色；核两侧压扁状。………… **红瑞木 *Swida alba***

2. 核果黑色；核非两侧扁压。叶纸质或厚纸质，常为椭圆形或卵圆形；
柱头头状或略呈盘状；核常为球形。叶椭圆形至卵状椭圆形，侧脉 3-4
（-5）对；核果球形，直径 6-7 厘米。叶下面有较粗的短柔毛和明显的
乳头状突起，中脉和侧脉在下面明显凸出。叶下面脉腋无簇生毛，花
萼裂片长于花盘；雄蕊不伸出花外。 …… **光皮梾木** *Swida wilsoniana*
1. 花柱呈棍棒形。
　3. 叶较大，叶阔卵形或卵状长圆形，稀近于圆形，下面有乳头状突起，
侧脉 5-8 对，沿叶脉有贴生的淡褐色短柔毛；花萼裂片宽三角形，稍
长于花盘。 ………………………………… **梾木** *Swida macrophylla*
　3. 叶较小或中等大小，侧脉 4（-5）对；叶柄长 3.5 厘米；下面几无乳头
状突起。叶长椭圆形至椭圆形，下面有较粗的贴生短柔毛，花萼裂片
三角形，与花盘近于等长。 ………………………… **毛梾** *Swida walteri*

杜鹃花科 ERICACEAE

1. 果为蒴果，最终开裂。宿存萼干枯。
　2. 蒴果室间开裂；花药无附属物。花瓣合生。花显著大，稀小；花冠整齐
或略不整齐，漏斗状、钟状、稀辐状、筒状；雄蕊通常露出，稀内藏；
花药顶孔开裂；叶多形，但不为线条形，边缘通常不明显反卷，全缘。
　………………………………………… **杜鹃属** *Rhododendron*
　2. 蒴果室背开裂。多花排列成总状，圆锥状或伞形花序，稀单花（吊钟
花属）；叶较大，长 3 厘米以上，多形，但不为鳞片状，具叶柄，
散生。
　　3. 花药顶部的芒直立伸展；花序总状、伞形或伞房花序。伞形或伞房
花序，序轴缩短或近无；花冠宽钟状至坛状；种子有翅或角。 ……
　　………………………………………… **吊钟花属** *Enkianthus*
　　3. 花药背部的芒反折下弯；花序圆锥状。 ………… **马醉木属** *Pieris*
1. 果为浆果。子房下位；花萼筒部与子房完全或大部分合生；种子多数。
花冠较短，通常坛状或钟状，稀筒状；雄蕊分离不抱柱；花梗顶端通常
不增粗；通常地生，少数附生。 ……………………… **越桔属** *Vaccinium*

吊钟花属 *Enkianthus*

　总状花序稀伞形或伞房状；果梗弯曲，果下垂。叶有齿，边缘不反卷，背面
沿中脉下部具白色绒毛。叶长圆形或倒卵状长圆形，网脉在两面明显；花序上有

花5-8朵。•• **吊钟花** *Enkianthus quinqueflorus*

杜鹃花属 *Rhododendron*

1. 落叶灌木或半常绿灌木。
  2. 落叶灌木。
    3. 雄蕊5枚，花金黄色。•••••••••••••••••••••••• **羊踯躅** *Rh. molle*
    3. 雄蕊10枚。
      4. 叶2-3枚轮生状集生枝顶。•••••••••••••• **满山红** *Rh. mariesii*
      4. 叶散生，花2-6朵簇生枝顶，花大红色。•••••• **映山红** *Rh. simsii*
  2. 半常绿灌木。
    5. 雄蕊10枚，萼具腺毛，冠纯白色。幼枝被糙伏毛。
      •••••••••••••••••••••••••••••••• **白花杜鹃** *Rh. mucronatum*
    5. 雄蕊5枚，萼具糙伏毛。花红色系，有深色斑点。
      •••••••••••••••••••••••••••••••••••• **皋月杜鹃** *Rh. indicum*

1. 常绿灌木或小乔木
  6. 雄蕊5枚，花萼边缘无腺毛。••••••••••••••••••• **马银花** *Rh. ovatum*
  6. 雄蕊10枚或更多。
    7. 雄蕊10枚。
      8. 花顶生枝端。
        9. 叶散生于枝条上。
          10. 萼裂片大，长8毫米，有睫状毛。
          •••••••••••••••••••••••••••••• **锦绣杜鹃** *Rh. pulchrum*
          10. 萼裂片小，长4毫米，无睫状毛，叶背黄褐色绒毛。
          •••••••••••••••••••••••••••••••• **都支杜鹃** *Rh. shanii*
        9. 叶簇生枝端，革质，长3-6厘米，两面无毛。
      •••••••••••• **黄山杜鹃** *Rh. maculiferum* subsp. *anhweiense*
      8. 花单生枝顶叶腋，小枝无毛，常三枝轮生。
      •••••••••••••••••••••••••••••• **鹿角杜鹃** *Rh. latoucheae*
    7. 雄蕊14枚，花组成松散顶生伞形或总状花序。
    •••••••••••••••••••••••••••••••••••• **云锦杜鹃** *Rh. fortunei*

马醉木属 *Pieris*

  注：下列种具有以下共同特征。蒴果的胎座接近室顶；子房无毛；总状花序或圆锥花序偏斜或下垂。

1. 叶片椭圆状披针形，长3–8厘米，宽1–2厘米，边缘仅中部以上有细圆齿，有时近全缘，基部狭楔形；蒴果通常扁球形。 ⋯⋯⋯⋯⋯⋯⋯⋯⋯⋯⋯⋯⋯⋯⋯⋯⋯⋯⋯⋯⋯⋯⋯⋯⋯⋯ **马醉木** *Pieris japonica*
1. 叶片披针形、长圆形或倒披针形，长4–10厘米，宽1.5–3厘米，边缘有细锯齿，基部楔形至钝圆；蒴果近球形。 ⋯ **美丽马醉木** *Pieris formosa*

越桔属 *Vaccinium*

1. 花冠钟状、筒状或坛状，口部浅裂，有时裂至中部，裂齿短小，直立或反折；子房5室至假8–10室。
　2. 叶常绿；花梗与萼筒相接有关节。单花或总状花序。
　　3. 花冠钟状或近钟状，口部多少张开；花药背部有长而伸展的2距，药管直立；叶全缘稀有具腺小齿。花1–2（–3）朵簇生叶腋；花梗粗短，长约1毫米，被短柔毛。 ⋯⋯⋯⋯⋯⋯⋯⋯⋯⋯⋯⋯⋯⋯⋯⋯⋯⋯⋯⋯⋯⋯⋯⋯⋯⋯ **短梗乌饭** *Vaccinium brevipedicellatum*
　　3. 花冠坛状或筒状，口部多少缢缩，稀钟状；花药背部无距或距极短小，药管柔软；叶有锯齿，稀全缘。
　　　4. 苞片通常宿存在花序上，花萼有短小而明显的萼齿；花冠白色。 ⋯⋯⋯⋯⋯⋯⋯⋯⋯⋯⋯⋯⋯⋯⋯⋯⋯⋯⋯⋯⋯ **（乌饭）南烛** *Vaccinium bracteatum*
　　　4. 花序无苞片或苞片早落；花药通常有短距，有时近于无；叶有锯齿，稀全缘。
　　　　5. 花冠钟状，长3–5毫米，口部张开；叶卵状披针形或长卵状披针形，长2–7厘米，宽1–2.5厘米，基部通常圆形，稀宽楔形、楔形，叶缘有疏浅齿；花序长2–3.5厘米。 ⋯⋯⋯⋯⋯⋯⋯⋯⋯⋯⋯⋯⋯⋯⋯⋯⋯⋯⋯⋯⋯⋯⋯⋯⋯ **短尾越桔** *Vaccinium carlesii*
　　　　5. 花冠坛状、筒状，口部缢缩或否，但不明显张开；花药背部有短距或近于无；叶边缘通常有明显锯齿。
　　　　　6. 植株各部分或一部分被具腺刚毛，或同时被有短柔毛或糙毛。大灌木或小乔木，高3–8米；幼枝密被具腺长刚毛和糙毛；叶较大，长4–9厘米，宽2–3厘米；苞片不显著，长约2.5毫米，两面近无毛，边缘有具腺流苏。 ⋯⋯⋯⋯⋯⋯⋯⋯⋯⋯⋯⋯⋯⋯⋯⋯⋯⋯⋯⋯ **刺毛越桔** *Vaccinium trichocladum*
　　　　　6. 植株各部分或一部分被短柔毛或短绒毛，从无刚毛。叶片较大，卵形、长卵状披针形至披针形，长4–9厘米，宽2–4厘米；花药背部的距细长，长约 1 毫米，药管长为药室的 4 倍。

  ·························· **黄背越桔** *Vaccinium iteophyllum*

   2. 叶冬季脱落；幼枝、花序被短柔毛；花梗与萼筒相连有关节；花出自当年生枝的叶腋，向上叶片渐变小成苞片状；花药无距；浆果外无棱翅，假 10 室。

     7. 叶边缘无毛。 ············· **有梗越桔** *Vaccinium henryi* var. *chingii*

     7. 叶片边缘被短纤毛。 ·············· **无梗越桔** *Vaccinium henryi*

1. 花冠未开放时筒状，开放后 4 裂至基部，裂片明显反折；子房 4 室；花药无距。落叶灌木；花单一，稀 2 朵出自当年生枝的叶腋；花梗纤细，与萼筒间不具关节。 ········ **扁枝越桔** *Vaccinium japonicum* var. *sinicum*

紫金牛科 MYRSINACEAE

1. 子房半下位或下位；花萼基部或花梗上具 1 对小苞片；种子多数，有棱角。

  ······················· **杜茎山属** *Maesa*

1. 子房上位；花萼基部或花梗上无小苞片；种子 1 枚，球形或新月状圆柱形。果核果状，球形；花药无横隔。

   2. 聚伞花序、伞房花序、伞形花序或由上述花序组成的圆锥花序、金字塔状的大型圆锥花序，稀总状花序，顶生、腋生、侧生或着生于侧生或腋生特殊花枝顶端；萼片镊合状或覆瓦状排列，通常具腺点；花柱丝状。

  ······················· **紫金牛属** *Ardisia*

   2. 伞形花序或花簇生，腋生，侧生或生于无叶的老枝叶痕上，每花基部具 1 苞片；萼片覆瓦状排列，花柱圆柱形。 ··········· **铁仔属** *Myrsine*

紫金牛属 *Ardisia*

1. 叶对生或近轮生，缘无腺齿。 ····················· **紫金牛** *Ardisia japonica*
1. 叶互生或，缘有腺齿。

   2. 茎直立，叶缘具波状齿。 ····················· **朱砂根** *Ardisia crenata*

    *叶背红色，两面具颗粒状腺点。 ·····················

  ····················· **红凉伞** *Ardisia crenata* f. *hortensis*

   2. 茎匍匐，叶全缘浅波状。

     3. 叶狭长的披针形，缘具明显腺点。 ··········· **百两金** *Ardisia crispa*

     3. 叶椭圆形，或狭卵形。缘具不明显的腺点。

  ····················· **血党** *Ardisia brevicaulis*

杜茎山属 *Maesa*

灌木，直立，有时外倾或攀援，高 1-3（-5）米；小枝无毛，具细条纹，疏生皮孔。叶片革质，有时较薄，椭圆形至披针状椭圆形，或倒卵形至长圆状倒卵形，或披针形，几全缘或中部以上具疏锯齿，或除基部外均具疏细齿，两面无毛。
·· **杜茎山** *Maesa japonica*

铁仔属 *Myrsine*

叶片椭圆状披针形，顶端渐尖或长渐尖，长 6-8（-10）厘米，全缘或有时中部以上具 1-2 对齿。小枝无毛。花通常 5 数；叶背面具小窝孔。··········
·· **光叶铁仔** *Myrsine stolonifera*

柿科 EBENACEAE

注：下列种具有以下共同特征。花 4-5 数。

1. 有粗壮的枝刺。叶菱状倒卵形，长 4-8.5 厘米，宽 1.8-3.8 厘米，基部楔形；叶柄长 2-4 毫米；果球形，直径约 2 厘米，嫩时黄绿色，有毛，熟时桔红色，无毛；果柄纤细，长 1.5-2.5 厘米。···················
·· **老鸦柿** *Diospyros rhombifolia*
1. 枝条无刺。果的宿存萼不呈囊状，不开裂，叶较大，长 7 厘米以上。
　2. 小枝无毛，极少稍被毛。
　　3. 叶一面或两面被毛。
　　　4. 果有短柄，柄长 2-3 毫米；果球形或扁球形，直径 1.5-2（3）厘米；叶长 7.5-17.5 厘米，宽 3.5-7.5 厘米，侧脉每边 7-9 条；叶柄长 1.2-2.5 厘米。 ············· **粉叶柿** *Diospyros glaucifolia*
　　　4. 果无柄或几无柄。果嫩时绿色至黄色，熟时蓝黑色，幼枝褐色或棕色；叶椭圆形至长椭圆形，宽 2.5-6 厘米；冬芽带棕色，平滑无毛；果球形或椭圆形，直径 1-2 厘米。·····················
·· **君迁子** *Diospyros lotus*
　　3. 叶无毛，宿存萼 4 裂。叶长 7.5-17.5 厘米，宽 3.5-7.5 厘米，基部圆形、截平形或浅心形或钝，侧脉每边 6-9 条；果球形或扁球形，直径 1.5-2.5 厘米，嫩时绿色，后变黄至橙黄色，成熟红色，外面有白霜。 ················· **粉叶柿** *Diospyros glaucifolia*
　2. 小枝或嫩枝通常明显被毛。果直径 2.5 厘米以上。

5. 果无毛。叶卵状椭圆形至倒卵形，或近圆形，长 5–18 厘米，宽 3–9 厘米，先端渐尖或钝，基部楔形、钝、近圆形或近截平；叶柄长 8–20 毫米；果直径 3.5–8.5 厘米。·················· 柿 *Diospyros kaki*

5. 果有柔毛，粗伏毛或绒毛，叶两面有黄色柔毛，老叶上面变无毛，叶长 6.5–17 厘米，宽 3.5–10.5 厘米，基部圆形或两侧略不等，或宽楔形，侧脉每边 7–9 条；果较大，略呈钝四棱形或扁球形，长约（3）4.5–7 厘米，直径 5（8）厘米，宿存萼外面有灰黄色或灰褐色柔毛，里面有浅棕色绢。·················· 油柿 *Diospyros oleifera*

山矾科 SYMPLOCACEAE

山矾属 *Symplocos*

注：下列种具有以下共同特征。花冠深裂至近基部或有极短的花冠筒；萼裂片与萼筒等长、稍长、稍短或 2 倍于萼筒；花丝丝状，基部稍连生或连生成五体雄蕊。

1. 叶片的中脉在叶面凸起或微凸起；子房顶端的花盘有毛。

  2. 嫩枝无毛，具棱角；叶革质至厚革质，很少纸质。花为穗状花序；核果长圆形。

  3. 穗状花序缩短呈团伞状或长于叶柄；核的骨质部分分开成 3 分核；花丝基部连成五体雄蕊。

    4. 穗状花序缩短呈团伞状，雄蕊约 30 枚。

    ·················· 四川山矾 *Symplocos setchuensis*

    4. 穗状花序长于叶柄，基部有分枝，长 1.5–6 厘米。花冠长约 6 毫米；雄蕊 40–50 枚；核果长圆形，长约 15 毫米，宽约 8 毫米。

    ·················· 棱角山矾 *Symplocos tetragona*

  3. 穗状花序与叶柄等长或稍短；核的骨质部分不分开成 3 分核；花丝基部不连成五体雄蕊。·················· 叶萼山矾 *Symplocos phyllocalyx*

  2. 嫩枝被短柔毛；叶背面无毛；雄蕊 25–30 枚；核果长圆形或圆柱状椭圆形，外面被短柔毛，有明显的纵棱。叶狭椭圆形或椭圆形，先端渐尖，基部楔形；核果长圆形，雄蕊 30 枚。··················

  ·················· 薄叶山矾 *Symplocos anomala*

1. 叶片的中脉在叶面凹下或平坦，花盘无毛，很少有柔毛。

  5. 花单生或集成总状花序、穗状花序、团伞花序；子房通常 3 室，通常常绿性。

    6. 嫩枝褐色，不具棱。叶薄革质。

       7. 花序较短，长 1.5-4 厘米；叶较小，叶薄革质，卵形、边缘具浅锯齿或波状齿，有时近全缘，侧脉和网脉在叶面均凸起；核果坛形，长 7-10 毫米。 ························· 山矾 *Symplocos sumuntia*

       7. 花序较长，长 3-7 厘米；叶椭圆形，侧脉和网脉在叶面均凸起；叶柄长 0.5-0.7 厘米；总状花序长 5-7 厘米，花序轴被展开的长柔毛；花萼被短柔毛，裂片与萼筒等长或稍长于萼筒；雄蕊约 30 枚。

              ·························· 银色山矾 *Symplocos subconnata*

    6. 嫩枝被有红褐色绒毛；小枝较粗，髓心具横隔；叶厚革质、背面嫩时被褐色绒毛。萼裂片半圆形，长不到 1 毫米，有长缘毛；花冠裂片顶端有缘毛；核果顶端宿萼裂片较短，长不及 1 毫米。 ·············

              ····························· 老鼠矢 *Symplocos stellaris*

  5. 花集成圆锥花序；子房 2 室，落叶性。

    8. 嫩枝、叶背及花序密被皱曲柔毛；花排成狭长的圆锥花序；核果被紧贴的柔毛。 ····························· 华山矾 *Symplocos chinensis*

    8. 嫩枝、叶背面及花序被疏柔毛或无毛，花排成散开的圆锥花序；核果无毛。 ····························· 白檀 *Symplocos paniculata*

安息香科 STYRACACEAE

1. 果实与宿存花萼分离或仅基部稍合生；子房上位。

  2. 子房上位，上部 1 室，下部 3 室；花丝仅基部连合，稀离生，近等长；核果肉质而干燥，不开裂或不规则 3 瓣开裂；种子 1-2 颗，无翅；花萼与花梗之间无关节。 ····························· 安息香属 *Styrax*

  2. 子房近上位，5 室；花丝几一半联合成管，5 长 5 短；蒴果成熟时室背 5 瓣开裂；种子多数，两端有翅；花萼与花梗之间具关节。 ············

              ····························· 赤杨叶属 *Alniphyllum*

1. 果实的一部分或大部分与宿存花萼合生；子房下位。萼齿和花冠裂片 5；雄蕊 10 枚；果平滑或有 5-12 棱或狭翅。先出叶后开花。

  3. 伞房状圆锥花序；花梗极短；果皮较薄，脆壳质。

              ····························· 白辛树属 *Pterostyrax*

  3. 总状聚伞花序，开展；花梗长；果皮厚，木质。

              ····························· 秤锤树属 *Sinojackia*

安息香属 Styrax

1. 花冠裂片边缘平坦，在花蕾时作覆瓦状排列。
  2. 叶下面密被星状绒毛，少数种类在叶脉上兼有星状柔毛。总状花序或基部有时2-3分枝，长6-15厘米；叶两型，生于小枝最下部的两叶近对生。互生叶的叶柄基部膨大包围冬芽，叶片常近圆形或宽椭圆形。
      ·· **玉铃花** *Styrax obassis*
  2. 叶下面无毛或疏被星状柔毛。
    3. 花梗较长或等长于花。花梗和花萼均无毛。
      ·· **野茉莉** *Styrax japonicus*
    3. 花梗较短于花。叶全为互生。果常被灰色或黄褐色星状毛。种子表面有鳞片状毛；叶干后常黄绿色；花丝中部弯曲。 ·····················
      ·· **芬芳安息香** *Styrax odoratissima*
1. 花冠裂片边缘常狭内折，花蕾时作镊合状排列，有时为稍内向镊合状或稍内向覆瓦状排列。
  4. 花萼和花梗无毛。 ····················· **婺源安息香** *Styrax wuyuanensis*
  4. 花萼和花梗密被星状柔毛和绒毛或为鳞片状毛。
    5. 叶下面密被星状绒毛。
      6. 叶近革质，较薄，下面密被灰色星状绒毛；叶柄长1-3毫米；第三级小脉网状；果倒卵形，直径约6毫米；花丝分离部分仅下部密被星状长柔毛。 ·················· **灰叶安息香** *Styrax calvescens*
      6. 叶革质，叶下面和叶脉均被星状绒毛。叶柄长10-30毫米；第三级小脉近平行；果卵状球形，直径10-22毫米；花丝分离部分全被星状短柔毛。花萼杯状，叶长为宽的2倍以上，基部楔形，侧脉每边7-12条。 ··········· **栓叶安息香** *Styrax suberifolius*
    5. 叶下面无毛或疏被星状柔毛。
      7. 乔木；总状花序或圆锥花序，多花，下部常2至多花聚生叶腋；叶革质或近革质。
        8. 总状花序；花较大，长1.3-2.2厘米；果直径8-15毫米。
        ·· **赛山梅** *Styrax confusus*
        8. 圆锥花序；花较小，长9-13毫米；果直径5-7毫米。
        ·· **垂珠花** *Styrax dasyanthus*
      7. 灌木；总状花序，有花3-5朵，下部常单花腋生；叶纸质。
        9. 花萼浅杯状，宽大于长，长2.5-3毫米，宽3-4毫米；果顶端常具短而稍弯的喙，表面有不规则纵皱纹。 ⋯⋯⋯⋯⋯⋯⋯
⋯⋯⋯⋯⋯⋯⋯⋯ **台湾安息香** *Styrax formosanus*

9. 花萼杯状，长大于宽或长宽相等，长 4-5 毫米，宽 3-4 毫米；
果顶端圆形或短凸尖，无皱纹。 ⋯⋯⋯⋯ **白花龙** *Styrax faberi*

赤杨叶属 *Alniphyllum*

叶两面无毛或被星状毛；花序长 8-15 厘米。叶椭圆形，宽椭圆形或倒卵状
椭圆形。 ⋯⋯⋯⋯⋯⋯⋯⋯⋯⋯⋯⋯⋯ **赤杨叶** *Alniphyllum fortunei*

白辛树属 *Pterostyrax*

叶下面淡绿色，成长叶下面稍被星状柔毛；果有 5 狭翅，稍被星状绒毛。
⋯⋯⋯⋯⋯⋯⋯⋯⋯⋯⋯⋯⋯⋯ **小叶白辛树** *Pterostyrax corymbosus*

秤锤树属 *Sinojackia*

果实无棱，无毛；花萼倒圆锥状，长 4-5 毫米。果实卵形，具圆锥状的喙；
萼管长约 4 毫米。 ⋯⋯⋯⋯⋯⋯⋯⋯⋯⋯⋯ **秤锤树** *Sinojackia xylocarpa*

马钱科 LOGANIACEAE

1. 根、茎、枝和叶柄均具有内生韧皮部；植株无腺毛；叶片全缘；花通常 5
基数；浆果，果皮不开裂。花冠裂片在花蕾时镊合状排列；托叶着生在
两个叶柄之间，连接成一托叶线。枝伸直，无变态枝刺；羽状脉；花冠
近辐状。 ⋯⋯⋯⋯⋯⋯⋯⋯⋯⋯⋯⋯⋯ **蓬莱葛属** *Gardneria*

1. 根、茎、枝和叶柄均无内生韧皮部；植株有腺毛、星状毛或鳞片；叶片
通常有锯齿或分裂；托叶常退化成一条连接两个叶柄之间的托叶线；花 4
基数；种子顶端具尾状翅。 ⋯⋯⋯⋯⋯⋯⋯⋯ **醉鱼草属** *Buddleja*

蓬莱葛属 *Gardneria*

1. 叶椭圆形，花 5-10 朵，成聚伞状。 ⋯⋯⋯ **蓬莱葛** *Gardneria multiflora*
1. 叶椭圆形，花 2-3 朵。 ⋯⋯⋯⋯⋯⋯⋯ **少花蓬莱葛** *Gardneria nutans*

醉鱼草属 *Buddleja*

1. 花冠筒直伸，嫩枝、叶上具白色星状毛。
⋯⋯⋯⋯⋯⋯⋯⋯⋯⋯⋯⋯⋯⋯⋯ **大叶醉鱼草** *Buddleja davidii*

1. 花冠筒弯曲，嫩枝、叶上具黄色星状毛。

··· 醉鱼草 *Buddleja lindleyana*

夹竹桃科 APOCYNACEAE

1. 雄蕊离生或弛松地靠着在柱头上；花药长圆形或长圆状披针形，顶端钝，基部圆形；花冠裂片通常向左覆盖，稀向右覆盖。无托叶；蓇葖；种子无毛或具膜翅。
    2. 叶互生。小乔木，枝条粗而带肉质；叶大形；种子顶端具有膜翅。
        ··· 鸡蛋花属 *Plumeria*
    2. 叶对生。蔓性半灌木；花单生；柱头有丛毛，基部有明显的环状增厚；花丝扁平；花药顶端有毛。 ····················· 蔓长春花属 *Vinca*
1. 雄蕊彼此互相黏合并黏生在柱头上；花药箭头状，顶端渐尖，基部具耳，稀非箭头状；果为蓇葖；种子顶端具长种毛；花冠裂片通常向右覆盖，稀向左覆盖。
    3. 小乔木或灌木；叶全缘；无花盘。叶轮生，稀对生；花药顶端被毛呈螺旋状着生；花冠裂片无长尾状。 ················ 夹竹桃属 *Nerium*
    3. 木质藤本；花冠筒喉部无副花冠。花萼内面具 5-10 枚腺体，通常腺体顶端具细齿；花冠裂片长圆状镰刀形或斜倒卵状长圆形；蓇葖长圆形，离生或黏生等长。 ···················· 络石属 *Trachelospermum*

鸡蛋花属 *Plumeria*

落叶小乔木，叶厚纸质，长圆状倒披针形或长椭圆形，长 20-40 厘米，宽 7-11 厘米，每边 30-40 条，未达叶缘网结成边脉；叶柄长 4-7.5 厘米，上面基部具腺体，无毛。 ······················· 鸡蛋花 *Plumeria rubra*

蔓长春花属 *Vinca*

1. 叶的边缘及萼片均有柔毛；花梗长 4-5 厘米。
    2. 叶的边缘无白色及斑点。 ··············· 蔓长春花 *Vinca major*
    2. 叶的边缘白色，有黄白色斑点。
        ····················· 花叶蔓长春花 *Vinca major* cv. Variegata
1. 叶的边缘及萼片无毛；花梗长 1.5 厘米。 ······ 小蔓长春花 *Vinca minor*

夹竹桃属 *Nerium*

1. 花萼直立，副花冠多次分裂而呈线形，花有香味。
  2. 花红色。 ································· **夹竹桃** *Nerium indicum*
  2. 花白色。 ··············· **白花夹竹桃** *Nerium indicum* cv. Paihua
1. 花萼广展；副花冠不分裂，花无香味，稀微香。
··· **欧洲夹竹桃** *Nerium oleander*

络石属 *Trachelospermum*

1. 花冠筒中部、喉部或近喉部膨大；雄蕊着生于花冠筒中部、喉部或近喉部；蓇葖叉生。
  2. 花蕾顶部渐尖；花萼裂片紧贴在花冠筒上；花药顶端伸出花喉外。花冠筒内面壁上无毛；花药顶端明显露出。 ····················
    ··························· **细梗络石** *Trachelospermum gracilipes*
  2. 花蕾顶部钝；花萼裂片展开或反卷；花药顶端隐藏在花喉内，不露出花喉外。
    3. 雄蕊着生在花冠筒的近喉部；花冠裂片展开。叶背无毛或被微毛。花冠筒长7–14毫米；叶面中脉扁平。 ·····················
      ··························· **乳儿绳** *Trachelospermum cathayanum*
    3. 雄蕊着生在冠筒中部；花萼裂片反曲。叶通常椭圆形或披针形，绿色。 ····················· **络石** *Trachelospermum jasminoides*
      ＊叶通常椭圆形，不呈异形；茎和枝条攀援树上或石上，但不生气根。
      ··························· **络石** *Trachelospermum jasminoides*
      ＊叶通常披针形，呈异形；茎和枝条以气根攀援树上或石壁上，生气根。 ··· **石血** *Trachelospermum jasminoides* var. *heterophyllum*
1. 花冠筒近基部或基部膨大；雄蕊着生于花冠筒基部或近基部；蓇葖平行粘生，稀叉生。子房及蓇葖无毛。
  4. 叶厚纸质；花紫色；蓇葖平行粘生，果皮厚；种子不规则卵圆形，扁平。 ····················· **紫花络石** *Trachelospermum axillare*
  4. 叶薄纸质；花白色；蓇葖叉生，果皮薄；种子线状披针形。
    ··························· **短柱络石** *Trachelospermum brevistylum*

紫草科 BORAGINACEAE

厚壳树属 *Ehretia*

注：下列种具有以下共同特征。叶缘具锯齿；内果皮成熟时分裂为2个具2粒种子的分核。

1. 叶无毛，边缘有齿尖向上内弯的锯齿；花冠裂片比筒部长；核果直径3-4毫米。•••••••••••••••••••••••••••• **粗糠树** *Ehretia macrophylla*
1. 叶下面密生柔软的短毛，边缘锯齿开展，齿端无尖；花冠裂片比筒部短；核果直径6-15毫米，叶基部楔形或近圆形，上面粗糙，被具基盘的硬毛；核果直径10-15毫米。•••••••••••••• **厚壳树** *Ehretia thyrsiflora*

马鞭草科 VERBENACEAE

1. 花由花序下面或外围向顶端开放，穗状或近头状花序的穗轴无凹穴。有刺灌木；花萼顶端截平或有浅齿；花冠裂片稍不整齐，但不为二唇形。
   •••••••••••••••••••••••••••••••• **马缨丹属** *Lantana*
1. 花由花序顶端或中心向外围开放形成聚伞花序，或由聚伞花序再排成其他花序或有时为单花。
   2. 花辐射对称；4-6枚雄蕊近等长。花通常4数，常排成腋生聚伞花序；花萼在结果时不增大。•••••••••••• **紫珠属** *Callicarpa*
   2. 花多少两侧对称或偏斜；雄蕊4，多少二强。
      3. 花萼绿色，结果时不增大或稍增大；果实为2-4室的核果。
         4. 单叶；花冠下唇中央1裂片不特别大，或仅稍大。花小（长不超过1.5厘米），不美丽，花萼上腺点小；叶片基部无大腺点。子房4室，每室有1胚珠；花序通常顶生。•••••••• **豆腐柴属** *Premna*
         4. 掌状复叶（单叶蔓荆及异叶蔓荆例外）；花冠5裂成二唇形，下唇中央1裂片特别大。•••••••••••• **牡荆属** *Vitex*
      3. 花萼在结果时增大，常有各种美丽的颜色；果实常有4分核。花冠管通常不弯曲；花萼钟状或杯状。•••••••• **大青属** *Clerodendrum*

马缨丹属 *Lantana*

直立或半藤状灌木，有强烈气味；茎四方形，有或无皮刺与短柔毛。单叶对生，有柄，边缘有圆或钝齿，表面多皱。花密集成头状，顶生或腋生，有总花梗；苞片基部宽展；小苞片极小；花萼小，膜质，顶端截平或具短齿；花冠4-5浅裂，裂片钝或微凹，几近相等而平展或略呈二唇形，花冠管细长向上略宽展；雄蕊4，着生于花冠管中部，内藏，花药卵形，药室平行；子房2室，每室有1胚珠；花柱短，不外露，柱头偏斜，盾形头状。果实的中果皮肉质，内果皮质硬，成熟后，常为2骨质分核。⋯⋯⋯⋯⋯⋯⋯⋯ 马缨丹 *Lantana camara*

豆腐柴属 *Premna*

花萼有明显的5齿或5裂。聚伞花序组成塔形圆锥花序。嫩枝、叶柄和叶脉无星状毛。叶片基部狭楔形略下延，叶片卵形、卵状披针形、倒卵形或椭圆形，多少有不规则锯齿至近全缘；花序最下分枝长超过1厘米；花冠长约7毫米。⋯⋯⋯⋯⋯⋯⋯⋯⋯⋯⋯⋯⋯⋯ 豆腐柴 *Premna microphylla*

牡荆属 *Vitex*

注：下列种具有以下共同特征。花序顶生。花序梗、花柄及花萼外面密生细柔毛。小叶表面有微柔毛。无小窝点，背面密生柔毛或灰白色绒毛；小苞片存在；花萼外面密生灰白色绒毛。小叶1-5枚。

1. 小叶1-3，全缘；果萼明显短于果实。
  2. 小叶通常3。⋯⋯⋯⋯⋯⋯⋯⋯⋯⋯⋯⋯⋯ 蔓荆 *Vitex trifolia*
  2. 小叶1，稀在同一枝条上间有3。茎匍匐，节处常生不定根。
    ⋯⋯⋯⋯⋯⋯⋯⋯ 单叶蔓荆 *Vitex trifolia* var. *simplicifolia*
1. 小叶3-5，全缘或有锯齿、浅裂以至羽状深裂；果萼与果实近等长。
  3. 小叶全缘，偶有少数锯齿。圆锥花序常呈断丛状（轮伞状）聚伞花序组成。小叶表面近无毛或疏生柔毛，背面密生灰白色绒毛。中间小叶长4-13厘米，宽1-4厘米。⋯⋯⋯⋯⋯⋯⋯⋯ 黄荆 *Vitex negundo*
  3. 小叶边缘有锯齿，浅裂以至深裂。
    4. 小叶边缘有锯齿，背面疏生柔毛。
      ⋯⋯⋯⋯⋯⋯⋯⋯ 牡荆 *Vitex negundo* var. *cannabifolia*
    4. 小叶边缘有缺刻状锯齿，浅裂以至深裂，背面密生灰白色绒毛。
      ⋯⋯⋯⋯⋯⋯⋯⋯ 荆条 *Vitex negundo* var. *heterophylla*

大青属 *Clerodendrum*

注：下列种具有以下共同特征。花冠管长在5厘米以下；通常叶对生。

1. 花序具花3-10朵，由聚伞花序组成伞房状，腋生或生于枝顶叶腋。花冠管等长或稍长于花萼，花萼裂片宽卵形。

  2. 攀援状灌木；花萼白色；花冠深红色；叶片狭卵形、卵状椭圆形。

      ······················· **龙吐珠** *Clerodendrum thomsoniae*

  2. 直立灌木；花萼红紫色；花冠淡红色或白色；叶片长圆形或倒卵状披

    针形。······················· **白花灯笼** *Clerodendrum fortunatum*

1. 花序具花 10 朵以上，由聚伞花序组成头状、伞房状或圆锥状，顶生或生

  于枝顶叶腋，若腋生，则花序密集成头状。

    3. 叶片长圆形或卵状披针形，长为宽的 4 倍以上。花序下垂或略下垂；

      苞片不呈叶状；花序疏展；花萼裂片三角状披针形，顶端不反卷。叶

      片全缘。············· **大青** *Clerodendrum cyrtophyllum*

    3. 叶片卵形、宽卵形，长为宽的 2 倍以下。叶片背面无盾状腺体。灌木

      或乔木；聚伞花序排列呈伞房状或头状。

      4. 聚伞花序紧密排列呈头状。花序顶生。叶片卵形、宽卵形、心形；

        花萼、苞片被短柔毛。

        5. 花萼裂片披针形或线状披针形。花冠小，裂片长 5–7 毫米，倒卵

          形。··········· **尖齿臭茉莉** *Clerodendrum lindleyi*

        5. 花萼裂片三角形或狭三角形。花序及叶背疏具柔毛；花冠红色，

          花冠管显著长于花萼。花萼通常较小，裂至萼中部以上。

          6. 花序较密，花萼长 2–6 毫米。

            ··········· **臭牡丹** *Clerodendrum bungei*

          6. 花序较疏，花萼特大，长约 1 厘米。

          ·········· **大萼臭牡丹** *Clerodendrum bungei* var. *megacalyx*

    4. 聚伞花序疏展排列不呈头状。

      7. 伞房花序梗粗壮，4–6 枝生于枝顶，无花序主轴。叶片卵形；花萼

        外疏生短毛和腺点；花冠管较粗短，长 1–1.3 厘米。···········

        ··············· **浙江大青** *Clerodendrum kaichianum* P. S. Hsu

      7. 伞房花序梗不粗壮，排列在花序主轴上。伞房花序不成圆锥状，

        植株被疏或密的柔毛或绒毛。花萼大，长 11–15 毫米，裂片卵形

        或卵状椭圆形。雄蕊显著长出花冠外，花序大，植株通常被短柔毛。

        ··········· **海州常山** *Clerodendrum trichotomum*

过江藤属 *Phyla*

  有木质宿根，多分枝，全体有紧贴丁字状短毛。叶近无柄，匙形、倒卵形至
倒披针形，长 1–3 厘米，宽 0.5–1.5 厘米，顶端钝或近圆形，基部狭楔形，中部

以上的边缘有锐锯齿；穗状花序腋生。 ····················· 过江藤 *Phyla nodiflora*

紫珠属 *Callicarpa*

注：下列种具有以下共同特征。植物体被分枝毛、星状毛或单毛，稀近无毛；聚伞花序通常 2 至多次分歧，花通常多数，花序梗粗壮至细弱，但不纤细如丝状；花萼深裂至截头状。花萼杯状或钟状，在中部以上具深浅不等 4 裂至截头状；果实裸露于花萼外。

1. 花丝通常长于花冠，多至花冠的 2 倍或更长；花药卵形或椭圆形，较细小（长 0.8-1.5 毫米），药室纵裂；花冠紫色至红色，稀白色。聚伞花序宽不过 4 厘米，通常 2-5 次分歧；花序梗长不超过 3 厘米，通常较纤细。

2. 叶片基部楔形、钝或圆形，中部以上渐狭。叶片背面被星状短毛或长毛，通常不为绵毛状，少数近于无毛。

3. 叶片或花的各部分通常有黄色腺点，或因脱落而下陷成小窝状。

4. 叶片多为椭圆形或长椭圆形，稀少披针形；小枝、叶片和花序被星状毛或无毛。

5. 花萼有毛；叶片背面被疏密不等的星状毛。小枝圆柱形，两叶柄之间无横线联合。子房有毛：花序梗短于或近等长于叶柄。叶片基部楔形或狭楔形。

6. 叶片背面和花萼、花冠均疏被星状毛。

····················· 老鸦糊 *Callicarpa giraldii*

6. 叶片背面和花萼、花冠均密被灰白色星状毛。

····················· 毛叶老鸦糊 *Callicarpa giraldii* var. *lyi*

5. 花萼无毛；叶片背面无毛，稀少仅脉上疏生星状毛。小枝圆柱形，被星状毛或近无毛，叶片通常倒卵形，长 2-6 厘米，边缘仅上半部具数对粗锯齿。 ······ 白棠子树 *Callicarpa dichotoma*

4. 叶片线状披针形或狭披针形，基部钝圆或微心形；小枝、叶片背面和花序被黄褐色单毛。 ········ 长毛紫珠 *Callicarpa pilosissima*

3. 叶片或花的各部分有粒状红色或暗红色腺点，不脱落或脱落后不下陷。小枝、花序和叶片背面全部被星状柔毛，叶片卵状椭圆形、椭圆形或长椭圆形，长 7-18 厘米，宽 4-7 厘米。 ·····················

····················· 紫珠 *Callicarpa bodinieri*

2. 叶片基部心形或近耳形，中部以上最宽、倒卵状长椭圆形或倒披针形。

7. 花序梗长 2 厘米以上。

8. 萼齿尖锐，齿长 1-2 毫米；叶柄长 0.5-0.8 厘米。

.... **长柄紫珠** *Callicarpa longipes*

  8. 萼齿钝三角形，齿长不超过0.5毫米；叶柄极短或近柄。小枝、叶
     片背面和花序均被星状柔毛。 .... **红紫珠** *Callicarpa rubella*

  7. 花序梗长不超过1.5厘米。植物体全部被星状茸毛。

.... **狭叶红紫珠** *Callicarpa rubella* f. *angustata*

1. 花丝通常短于花冠，稀少等于或略长于花冠，花药长圆形，长1.5–2毫
   米，药室顶端先开裂，裂缝扩大呈孔伏；花冠白色，稀少紫色或红色。

  9. 叶片及花的各部分密生红色或暗红色腺点。叶片背面无毛；花萼有星
     状毛；花冠紫色；花丝与花冠近等长，或花充分开放时略长于花冠。

.... **华紫珠** *Callicarpa cathayana*

  9. 叶片及花的各部分有黄色腺点或无腺点。叶片背面无毛或近无毛。聚
     伞花序有花3朵以上；果梗长1–2毫米。

   10. 叶有柄，柄长5–15毫米，叶片基部楔形或钝。叶片纸质，表面无
       毛，稀少近革质，背面有细小的黄色腺点或无腺点。叶片倒卵形、
       卵形、椭圆形至倒披针形，长不超过18厘米；聚伞花序2–3次分
       歧，花较少。

    11. 叶片倒卵形。叶片长7–12厘米。

.... **日本紫珠** *Callicarpa japonica*

    11. 叶片倒披针形、纸质，长6–10厘米，通常略带紫色。

.... **窄叶紫珠** *Callicarpa japonica* var. *angustata*

   10. 叶无柄或近无柄，基部收窄呈心形。 ··· **光叶紫珠** *Callicarpa lingii*

木犀科 OLEACEAE

1. 子房每室具下垂胚珠2枚或多枚，胚珠着生子房上部；果为翅果、核果
   或浆果状核果，若为蒴果，则决不呈扁圆形。

  2. 果为翅果或蒴果。

   3. 翅果。

    4. 翅生于果四周；单叶。 .... **雪柳属** *Fontanesia*

    4. 翅生于果顶端；叶为奇数羽状复叶。 .... **梣属** *Fraxinus*

   3. 蒴果；种子有翅。

    5. 花黄色，花冠裂片明显长于花冠管；枝中空或具片状髓。

.... **连翘属** *Forsythia*

    5. 花紫色、红色、粉红色或白色，花冠裂片明显短于花冠管或近等

长；枝实心。 ⋯⋯⋯⋯⋯⋯⋯⋯⋯⋯⋯⋯⋯⋯⋯⋯⋯ **丁香属** *Syringa*

2. 果为核果或浆果状核果。

　6. 核果；花序多腋生，少数顶生。

　　7. 花冠裂片在花蕾时呈覆瓦状排列；花多簇生，稀为短小圆锥花序。

　　⋯⋯⋯⋯⋯⋯⋯⋯⋯⋯⋯⋯⋯⋯⋯⋯⋯ **木犀属** *Osmanthus*

　　7. 花冠裂片在花蕾时呈镊合状排列；花常排列成圆锥花序。

　　　8. 花冠深裂至近基部，或在基部成对合生或合生成一极短的管。
　　　　花大，花冠裂片长 10–25 毫米，基部合生成短管。⋯⋯⋯⋯

　　　⋯⋯⋯⋯⋯⋯⋯⋯⋯⋯⋯⋯⋯⋯⋯ **流苏树属** *Chionanthus*

　　　8. 花冠多浅裂，常较花冠管短，花冠管明显，稀无花冠。

　　　⋯⋯⋯⋯⋯⋯⋯⋯⋯⋯⋯⋯⋯⋯⋯⋯⋯ **木犀榄属** *Olea*

　6. 浆果状核果或核果状而开裂；花序顶生，稀腋生。

　⋯⋯⋯⋯⋯⋯⋯⋯⋯⋯⋯⋯⋯⋯⋯⋯⋯ **女贞属** *Ligustrum*

1. 子房每室具向上胚珠 1–2 枚，胚珠着生子房基部或近基部；果为浆果，
浆果双生或其中 1 枚不孕而成单生（花冠裂片在花蕾时呈覆瓦状排列，
花冠管长 7–40 毫米） ⋯⋯⋯⋯⋯⋯⋯⋯⋯ **素馨属** *Jasminum*

雪柳属 *Fontanesia*

落叶灌木，有时呈小乔木状。小枝四棱形。叶对生，单叶，常为披针形，全
缘或具齿；无柄或具短柄。花小，多朵组成圆锥花序或总状花序，顶生或腋生；
花萼 4 裂，宿存；花冠白色、黄色或淡红白色，深 4 裂，基部合生；雄蕊 2 枚，
着生于花冠基部，花丝细长，花药长圆形；子房 2 室，每室具下垂胚珠 2 枚，花
柱短，柱头 2 裂，宿存。果为翅果，扁平，环生窄翅。⋯⋯ **雪柳属** *Fontanesia*

白蜡树属 *Fraxinus*

1. 花序顶生枝端或出自当年生枝的叶腋，叶后开花或与叶同时开放。

　2. 花具花冠，先叶后花。苞片早落或缺如；果翅下延至坚果中部；冬芽
　　被鳞片。

　3. 小叶明显具柄。花萼大，萼齿截平或呈阔三角形。小叶 3–5（–7）
　　枚，两面光滑无毛；果翅表面无红色糠秕状毛。⋯⋯⋯⋯⋯⋯⋯

　⋯⋯⋯⋯⋯⋯⋯⋯⋯⋯⋯⋯⋯⋯⋯⋯ **苦枥木** *Fraxinus insularis*

　3. 小叶无柄或近无柄，除小叶柄外，通常不过 0.5 厘米。花萼小，萼齿
　　三角形，尖头；小叶较小，卵形、菱形至披针形，3–5（–7）枚，
　　叶轴几无毛，若有毛，则非被锈色茸毛。

4. 小叶较短，长 2–5 厘米，阔卵形、菱形至卵状披针形，先端尾尖。
·· **小叶梣** *Fraxinus bungeana*

4. 小叶较长，长（2.5–）3.8 厘米，先端锐尖至渐尖。花黄绿色；小叶边缘具锯齿，下面散生细小腺点。··································
············· **尖萼梣（黄山梣这一种并入）** *Fraxinus odontocalyx*

2. 花无花冠，与叶同时开放。

5. 小枝、叶轴和小叶下面被毛。小叶 3–5（–7）枚，下面常在中脉基部被白色柔毛。 ····························· **尖叶梣** *Fraxinus szaboana*

5. 小枝、叶轴和小叶下面常无毛，或有时在脉腋内或中脉基部被毛。

6. 小叶先端锐尖至渐尖；花萼筒状，紧贴坚果基部。
······································· **白蜡树** *Fraxinus chinensis*

6. 叶先端尾尖或长渐尖。

·············· **尖叶白蜡树** *Fraxinus chinensis* var. *acuminata*

1. 花序侧生于去年生枝上，花序下无叶，先花后叶或同时开放。

7. 小叶较小，长 3–4（–5.5）厘米，宽 0.5–1.8 厘米；花序短，花密集，簇生。小叶叶缘具锐锯齿，侧脉 6–7 对。 ·······················
··· **湖北梣** *Fraxinus hupehensis*

7. 小叶较大，长（2.5–）4–13（–20）厘米，宽（1–）2–8 厘米；花序长或短，花稍疏离。具花萼；翅果不扭曲。叶柄基部不作囊状膨大；圆锥花序扩展；果翅仅延至坚果中部以上。 ·····················
··································· **美国红梣** *Fraxinus pennsylvanica*

连翘属 *Forsythia*

1. 节间中空；花萼裂片长（5–）6–7 毫米；果梗长 0.7–2 厘米。单叶或 3 裂至 3 出复叶，叶缘具锯齿。 ···················· **连翘** *Forsythia suspensa*

1. 节间具片状髓；花萼裂片长在 5 毫米以下；果梗长在 7 毫米以下。

2. 叶缘具锯齿。叶片长椭圆形至披针形，或倒卵状长椭圆形，两面无毛。
·· **金钟花** *Forsythia viridissima*

2. 全缘或疏生小锯齿。叶片两面被毛或无毛，全缘或疏生小锯齿。
·· **秦连翘** *Forsythia giraldiana*

丁香属 *Syringa*

注：下列种具有以下共同特征。花冠紫色、红色、粉红色或白色，花冠管远比花萼长；花药全部或部分藏于花冠管内，稀全部伸出。圆锥花序由侧芽抽生，

基部常无叶，稀由顶芽抽生。单叶。叶基心形、截形、近圆形至宽楔形，叶片为长卵形至卵圆形或肾形。

1. 叶片卵圆形至肾形，通常宽大于长。 ·············· 紫丁香 *Syringa oblata*
   *花白色 ··················· 白丁香 *Syringa oblata* var. *alba*
   *连同花萼均为紫色，本变种的小枝、花序和花梗除具腺毛外，被微柔毛或短柔毛。·················· 紫萼（毛）丁香 *Syringa oblata* var. *giraidii*
1. 叶片卵形、宽卵形或长卵形，通常长大于宽。
   ··· 欧丁香 *Syringa vulgaris*

木犀属 *Osmanthus*

1. 聚伞花序组成短小圆锥花序，腋生或顶生；药隔在花药先端不延伸。
   2. 叶片椭圆形、宽椭圆形或狭椭圆形，基部宽楔形或楔形；花序排列紧密。
      ·································· 厚边木犀 *Osmanthus marginatus*
   2. 叶片倒披针形，稀倒卵形，长 8–14（–19）厘米，宽 2.5–4.5（–6）厘米，通常上半部具锯齿；叶柄长 1.5–3 厘米。花序排列疏松。·······
      ································· 牛矢果 *Osmanthus matsumuranus*
1. 聚伞花序簇生于叶腋；药隔在花药先端延伸呈小尖头状突起。花冠裂片在下部连合呈管状。
   3. 小枝、叶柄和叶片上面的中脉多少被毛。花梗无毛。
      4. 花冠裂片与花冠管几等长。全缘。叶片椭圆形或倒卵形，长约为宽的 2 倍，基部宽楔形至圆形；雄蕊着生于花冠管下部。··············
         ···················· 宁波（华东）木犀 *Osmanthus cooperi*
      4. 通常花冠裂片较花冠管长，稀等长。雄蕊着生于花冠管基部；叶缘具 3–4 对长而坚硬的刺状牙齿。 ··· 柊树 *Osmanthus heterophyllus*
   3. 小枝、叶柄和叶片上面的中脉常无毛。苞片无毛。花冠裂片比花冠管长 2 倍以上；叶脉不呈网状，侧脉在叶面凹入。·················
      ································· 木犀 *Osmanthus fragrans*

流苏属 *Chionanthus*

落叶灌木或乔木。叶对生，单叶，全缘或具小锯齿；具叶柄。圆锥花序，疏松，由去年生枝梢的侧芽抽生；花较大，两性，或单性雌雄异株；花萼深 4 裂；花冠白色，花冠管短，裂片 4 枚，深裂至近基部，裂片狭长，花蕾时呈内向镊合状排列；雄蕊 2 枚，稀 4 枚，着生于花冠管上，内藏或稍伸出，花丝短。·······
······································· 流苏树 *Chionanthus virginicus*

女贞属 *Ligustrum*

注：下列种具有以下共同特征。果熟时不开裂。

1. 花冠管与裂片近等长。

  2. 叶片较小，长1-4（-5.5）厘米，宽0.5-2.5（-3）厘米，先端凹、钝或锐尖，革质，下面无毛。花序紧缩，长为宽的2-5倍。………
      ………………………………… **小叶女贞** *Ligustrum quihoui*

  2. 叶片较大，长3-17厘米，宽2-8厘米，叶端通常锐尖至渐尖。花梗长不过3毫米。

    3. 果非球形。

      4. 果不弯曲，长圆形或椭圆形。

        5. 花冠管与花萼近等长；叶片椭圆形至卵状长圆形或卵状披针形。
        ………………………………… **华女贞** *Ligustrum lianum*

        5. 花冠管长约为花萼2倍；叶片椭圆形或宽卵状椭圆形。
        ………………………………… **日本女贞** *Ligustrum japonicum*

      4. 果多少弯曲，肾形或倒卵状长圆形。植株无毛；果略弯曲；叶片革质。………………………… **女贞** *Ligustrum lucidum*
      *本变型的叶片纸质，椭圆形、长卵形至披针形，侧脉7-11对，相互平行，常与主脉几近垂直。…………………………
      ………… **落叶女贞** *Ligustrum lucidum* var. *latifolium*

    3. 果近球形。叶片常纸质，两面多少被毛。

    ………………………………… **小蜡** *Ligustrum sinense*

1. 花冠管约为裂片长的2倍或更长。花常排成圆锥花序。果非肾形，也不弯曲。圆锥花序短缩，长1-6.5厘米，宽1-3（-4.5）厘米。

  6. 花冠管长2-7毫米；花药长1.5-3毫米；侧脉在叶面凹入不明显。叶片纸质，下面有毛，若为革质下面无毛者，则叶片干时下面不呈黄褐色，花药也不为紫色。植株较大，高1-5米；叶片长1.5-10厘米，宽0.5-4.5厘米。

    7. 叶端常钝，两面多数无毛，叶片长1.5-6厘米，宽0.5-2.2厘米。
    ………………………………… **水蜡树** *Ligustrum obtusifolium*

    7. 叶端常尖，两面多少被毛，叶片长2.5-10厘米，宽1.5-4.5厘米。
    ………………………………… **蜡子树** *Ligustrum molliculum*

  6. 花冠管长9-11毫米；花药长4-5毫米；侧脉在叶面明显凹入。

  ………………………………… **长筒女贞** *Ligustrum longitubum*

茉莉属 *Jasminum*

1. 叶互生或对生，三出复叶或羽状复叶，稀为单叶，叶柄无关节；小枝四
   棱形或具棱角和条纹；花冠黄色、红色或外红内白，少数为白色，漏斗
   状或近漏斗状，稀为高脚碟状；子房每室具胚珠 2 枚。
   2. 叶互生。花萼裂片锥状线形，与萼管等长或较长；花冠裂片先端锐尖。
      ························· **探春花 *Jasminum floridum***
   2. 叶对生。叶为单叶或复叶（小叶 3，极少为 5），有时单叶与复叶混生。
      花萼裂片叶状；花冠黄色。
      3. 叶脱落或半常绿，小叶数为 3 枚，花先叶开放；花冠直径 2-2.5 厘米。
         ····················· **迎春花 *Jasminum nudiflorum***
      3. 叶常绿，小叶数为 5-7 枚。花冠直径 3 厘米。
         ····················· **云南黄馨 *Jasminum mesnyi***
1. 叶对生或轮生，多数为单叶，少数为三出复叶，叶柄多数具关节；小枝
   圆柱形；花冠全为白色，高脚碟状；子房每室具胚珠 1 枚。
   4. 叶为三出复叶。顶生小叶片与侧生小叶片等大或略大；花萼裂片甚小，
      几近截形。叶片革质；花序有花多朵。 ·······················
      ···················· **清香藤 *Jasminum lanceolarium***
   4. 叶为单叶。花萼裂片锥状线形。叶柄长 2-6 毫米；聚伞花序通常有花 3
      朵；花冠管径 2-3 毫米，花冠裂片长圆形或近圆形，先端钝或圆，宽
      5-9 毫米。·············· **茉莉花 *Jasminum sambac***

油橄榄属 *Olea*

花具花冠；雄蕊着生于花冠管上。花冠深裂，裂片长于花冠管；叶片全缘。
叶背脉腋内无上述腺体。叶背密被银灰色鳞片，若为锈色鳞片，则侧脉在近叶缘
处明显汇合成一条线。 ···················· **木犀榄 *Olea europaea***

玄参科 SCROPHULARIACEAE

乔木或灌木；叶至少下部者对生，极少互生；多合为复花序。萼齿革质而厚，
有星毛；柱头微膨大，端凹陷。花冠上方的 2 个裂片或上唇在花蕾中处于外方，包
裹下方 3 个裂片或下唇。花冠不成囊状，亦无距。蒴果室背开裂；萼具 5 齿。

·························· **泡桐属 *Paulownia***

泡桐属 *Paulownia*

1. 小聚伞花序都有明显的总花梗，总花梗几与花梗近等长；花序枝的侧枝较短，长不超过中央主枝之半，故花序较狭而成金字塔形，狭圆锥形或圆柱形，长在 50 厘米以下。

  2. 果实卵圆形、卵状椭圆形或椭圆形，长 3-5.5 厘米；果皮较薄，厚不到 3 毫米；花序金字塔形或狭圆锥形；花冠漏斗状钟形或管状漏斗形，紫色或浅紫色，长 5-9.5 厘米，基部强烈向前弓曲，曲处以上突然膨大，腹部有两条明显纵褶；花萼长在 2 厘米以下，开花后脱毛或不脱毛；叶片卵状心脏形至长卵状心脏形。

    3. 果实卵圆形，幼时被粘质腺毛；萼深裂过一半，萼齿较萼管长或最多等长，毛不脱落；花冠漏斗状钟形；叶片下面常具树枝状毛或粘质腺毛。

      4. 叶片下面密被毛，毛有较长的柄和丝状分枝，成熟时不脱落。
             ……………………… **毛泡桐 *Paulownia tomentosa***

      4. 叶片下面幼时被稀疏毛，成熟时无毛或仅残留极稀疏的毛。
          ……………… **光泡桐 *Paulownia tomentosa* var. *tsinlingensis***

    3. 果实卵形或椭圆形，稀卵状椭圆形，幼时有绒毛；萼浅裂至 1/3 或 2/5，萼齿较萼管短，部分脱毛；叶片下面被星状毛或树枝状毛。

      5. 果实卵形，稀卵状椭圆形；花冠紫色至粉白，较宽，漏斗状钟形，顶端直径 4-5 厘米；叶片卵状心脏形，长宽几相等或长稍过于宽。
             …………………… **兰考泡桐 *Paulownia elongata***

      5. 果实椭圆形；花冠淡紫色，较细，管状漏斗形，顶端直径不超过 3.5 厘米；叶片长卵状心脏形，长约为宽的 2 倍。 ………………
             ……………………… **楸叶泡桐 *Paulownia catalpifolia***

  2. 果实长圆形或长圆状椭圆形，长 6-10 厘米；果皮厚而木质化，厚 3-6 毫米；花序圆柱形；花冠管状漏斗形，白色或浅紫色，长 8-12 厘米，基部仅稍稍向前弓曲，曲处以上逐渐向上扩大，腹部无明显纵褶；花萼长 2-2.5 厘米，开花后迅速脱毛；叶片长卵状心脏形，长大于宽很多。
             …………………… **白花泡桐 *Paulownia fortunei***

1. 小聚伞花序除位于下部者外无总花梗或仅有比花梗短得多的总花梗；花序枝的侧枝发达，稍短于中央主枝或至少超过中央主枝之半，故花序宽大成圆锥形，最长可达 1 米左右。果实卵圆形；萼齿在果期常强烈反折；花冠浅紫色至蓝紫色，长 3-5 厘米；叶片两面均有粘质腺毛，老时逐渐

脱落而显现单条粗毛。 ………………… **台湾泡桐** *Paulownia kawakamii*

紫葳科 BIGNONIACEAE

1. 单叶；能育雄蕊 2 枚；种子两端有束毛。 ………………… **梓属** *Catalpa*
1. 羽状复叶或掌状复叶；能育雄蕊 4；种子具有膜质透明翅。花萼钟状。
  2. 乔木或灌木；1–3 回羽状复叶。花小型，花冠喉部直径不足 1 厘米；花萼小，直径不足 1 厘米。蒴果狭长，圆柱形、线形或狭长圆形；叶轴无翅。隔膜压扁成扁柱形；种子稍微凹陷入隔膜之中。 …………
………………… **菜豆树属** *Radermachera*
  2. 藤本，以气生根攀援；奇数羽状复叶；花橙红色；蒴果长圆形。
………………… **凌霄属** *Campsis*

凌霄属 *Campsis*

1. 小叶 7–9 枚，叶下面无毛；花萼 5 裂至 1/2 处，裂片大，披针形。
………………… **凌霄** *Campsis grandiflora*
1. 小叶 9–11 枚，叶下面被毛，至少沿中脉及侧脉及叶轴被短柔毛；花萼 5 裂至 1/3 处，裂片短，卵状三角形。 …………………
………………… **厚萼（美国）凌霄** *Campsis radicans*

梓树属 *Catalpa*

1. 聚伞圆锥花序或圆锥花序；花淡黄色或洁白色。
  2. 花黄白色；蒴果果爿宽 4–5 毫米；种子小。花冠喉部内面具 2 黄色条纹及紫色细斑点；叶阔卵形，上半部常具 3 平齿，上下两面均粗糙。
………………… **梓** *Catalpa ovata*
  2. 花纯白色；果爿宽 10 毫米；种子大，宽 6 毫米。
………………… **黄金树** *Catalpa speciosa*
1. 伞房花序或总状花序；花淡红色至淡紫色。
  3. 叶三角状卵心形；花序少花，第二次分枝简单；分布较北。
………………… **楸** *Catalpa bungei*
  3. 叶卵形；花序多花，第二次分枝复杂；分布较南。幼枝、花序、叶柄均被分枝毛。 ………………… **灰楸** *Catalpa fargesii*

菜豆树属 *Radermachera*

注：下列种具有以下共同特征。2-3 回羽状复叶（幼树时常有 1 回）。叶柄、叶轴和花序均无毛。能育雄蕊 4 枚。蒴果厚革质，无皮孔。

1. 花冠较大，白色至淡黄色，长 6-8 厘米；蒴果大，长达 85 厘米，粗约 1 厘米；2-3 回羽状复叶，小叶卵形至卵状披针形，长 4-7 厘米，宽 2-3.5 厘米。••••••••••••••••••••••••••••••••• 菜豆树 *Radermachera sinica*

1. 花冠较小，淡黄色，钟状，长 3.5-5 厘米，直径约 15 毫米，最细部分直径 5 毫米；蒴果长 40 厘米，粗约 5 毫米，1-2 回羽状复叶。•••••••••••

•••••••••••••••••••••••••• 海南菜豆树 *Radermachera hainanensis*

爵床科 ACANTHACEAE

注：下列属具有以下共同特征。蒴果的胎座上具珠柄钩。花冠裂片为覆瓦状排列或双盖覆瓦状排列。花冠裂片为覆瓦状排列。花冠不为单唇形，冠檐 5 裂或 2 唇形。

1. 花冠显著为 2 唇形；花药通常 2-1 室，药室基部有距，通常一个在另一个之上；柱头 2 裂或仅全缘。子房每室有 2 粒胚珠。花序下部苞片不为总苞状。花药 2 室，药室一高一低。

2. 苞片大而鲜艳、棕红色，长 1.5-2 厘米。••• 麒麟吐珠属 *Calliaspidia*

2. 苞片较小，若宽大则不为棕红色。花冠筒较短，通常长不超过 1 厘米。苞片无膜质边缘；蒴果开裂时，胎座不从蒴底弹起。花萼裂片 5。灌木。苞片宽大，长 1 厘米以上；花药基部有细尖的距；花冠在雄蕊着生处有 1 圈毛。••••••••••••••••••• 鸭嘴花属 *Adhatoda*

1. 花冠 5 裂，裂片近相等；雄蕊 4 或 2，药室 2，近相等，平行，无芒；蒴果棒状，基部收缩成实心，发育雄蕊 2。花冠钟状，长不超过 1 厘米，花冠管甚短。冠檐 4 裂。•••••••••••••••• 银脉爵床属 *Kudoacanthus*

虾衣草属 *Calliaspidia*

亚灌木，叶有柄，等大，对生。穗状花序顶生；苞片卵状心形，覆瓦状排列，仅 2 列生花，其余的无花；小苞片较苞片稍小，比花萼长 1 倍；花萼深 5 裂，花单生于苞腋，花冠白色，有红色糠秕状斑点，冠管狭钟形，喉部短，冠檐 2 唇形，冠檐裂片近相等。•••••••••••••••••• 虾衣花 *Calliaspidia guttata*

鸭嘴花属 Adhatoda

大灌木，叶纸质，矩圆状披针形至披针形，或卵形或椭圆状卵形，长 15–20 厘米，宽 4.5–7.5 厘米，顶端渐尖，有时稍呈尾状，基部阔楔形，全缘，上面近无毛，背面被微柔毛。 ························· **鸭嘴花 *Adhatoda vasica***

银脉爵床属 Kudoacanthus

观赏栽培，亚灌木至草本，叶膜质，卵形或圆卵形，长 7–22 毫米，宽 7–17 毫米，顶端钝，基部宽楔形，边缘有疏离的波状或全缘，上面绿色，下面灰白色，两面被疏柔毛，白色网状。花无梗；苞片，小苞片，花萼裂片外面被腺状柔毛，里面有腺点。 ······················ **银脉爵床 *Kudoacanthus albo-nervosa***

茜草科 RUBIACEAE

1. 子房每室有多数胚珠。
  2. 果干燥。
    3. 花单生或组成聚伞花序、伞房花序、伞形花序或圆锥花序。种子有翅，自下向上覆瓦状叠生，花冠裂片旋转状排列或覆瓦状排列。
      4. 花冠裂片旋转状排列；木质藤本或攀援灌木。
        ··· **流苏子属 *Coptosapelta***
      4. 花冠裂片覆瓦状排列。有些花的萼裂片中有 1 枚变态成叶状，色白而宿存。 ····························· **香果树属 *Emmenopterys***
    3. 花组成圆球形头状花序。叶对生。
      5. 胎座肥厚，黑色或褐色；种子向上覆瓦状叠生；内果皮骨质，先自顶部至基部室间开裂，而后室背开裂。木质藤木；茎、枝均有钩状刺；蒴果具厚的外果皮；种子两端具长翅，下端的翅深 2 裂。
        ··· **钩藤属 *Uncaria***
      5. 胎座、种子的排列方式及内果皮的开裂方式均与上述不同。胎座小瘤状，倒卵形，位于子房隔膜上部 1/3 处；柱头球形或倒卵状棒形。头状花序明显顶生。萼裂片不脱落，留附于蒴果的中轴上。顶芽不显著，由托叶疏松包裹；托叶深 2 裂达全长的 2/3 或过之；头状花序 1 个，很少数个（至多 7 个），排成聚伞圆锥花序式。
        ··· **水团花属 *Adina***

2. 果肉质。

    6. 花冠裂片镊合状排列花药彼此分离，柱头裸露。花序上有些花的萼裂片中有 1 枚或几枚变态为叶状，色白而宿存。果不开裂。 ………
………………………………………………… **玉叶金花属** *Mussaenda*

    6. 花冠裂片旋转状排列。

        7. 子房 1 室，具侧膜胎座。胚珠和种子嵌于肥厚、肉质的胎座中；托叶生叶柄内，常基部或下部合生。 ………… **栀子属** *Gardenia*

        7. 子房通常 2 室或偶有多于 2 室。胚珠和种子均裸露，不嵌于胎座中。花组成顶生和腋生的花序；无抑缩短枝。花单性，雌雄异株。花序腋生；花 4 数。 ………………………… **狗骨柴属** *Diplospora*

1. 子房每室有 1 颗胚珠。珠孔向下；胚珠上升；种子具下向胚根。

    8. 花冠裂片旋转状排列，花序顶生或腋生。小苞片离生，绝不合生成杯状副萼；花冠裂片通常 4。花柱不伸出或微伸出，伸出部分远短于花冠裂片。 ………………………………… **龙船花属** *Ixora*

    8. 花冠裂片镊合状排列。

        9. 胚珠着生在子房室的基底；托叶离生。

            10. 雄蕊通常着生在花冠喉部。

                11. 花柱分枝短；果核果状；木本，全株无臭味，子房 4-10 室，通常 4-5 室，极少兼有 3 室。分核桔瓣状；叶片大；通常侧脉间有明显的横行小脉；全株有臭味。 … **粗叶木属** *Lasianthus*

                11. 花柱分枝长；果干燥和劈裂；全株有臭味。藤状灌木；子房 2 室；果具膜质或薄壳质、易破碎的果皮；每果有 2 个分核。
………………………………………………… **鸡矢藤属** *Paederia*

            10. 雄蕊着生在花冠管的基部或近基部；托叶与叶柄合生成鞘，花柱短 2 裂；托叶边缘有 3 至多条短刚毛或刺毛。 …………………
………………………………………………… **白马骨属** *Serissa*

        9. 胚珠着生在隔膜上。托叶不为叶状。托叶不分裂；乔木、灌木或木质藤本。

            12. 花序松散，聚伞状或伞形状；萼管彼此分离；果非合心皮果。直立灌木。花为聚伞花序腋生；花冠喉部被柔毛；核果有 1-4 个分核；萼檐明显 4-5 裂。 ………………… **虎刺属** *Damnacanthus*

            12. 花多朵密集成头状；萼管彼此合生；果为合心皮果；攀援或直立灌木，很少乔木。 ………………… **巴戟天属** *Morinda*

流苏子属 Coptosapelta

藤本或攀缘灌木；小枝圆柱形。叶对生，具柄；托叶小，在叶柄间，三角形或披针形，脱落。 •• 流苏子 *Coptosapelta diffusa*

香果树属 Emmenopterys

乔木。叶对生，具柄；托叶早落。圆锥状的聚伞花序顶生，多花。 •••••••••
•• 香果树 *Emmenopterys henryi*

钩藤属 Uncaria

花和小蒴果无梗或近无梗。叶片无毛。托叶明显 2 裂，裂片狭三角形、狭卵形或三角状卵形。叶薄纸质；总花梗长 4-7 厘米。花冠长约 7 毫米；叶下面干时红褐色或暗红色；头状花序不计花冠直径 5-8 毫米。 ••••••••••••••••••••••••••
•••••••••••••••••••••••••••••••••••• 钩藤 *Uncaria rhynchophylla*

水团花属 Adina

1. 叶有柄；头状花序明显腋生。 ••••••••••••••••• 水团花 *Adina pilulifera*
1. 叶无柄；头状花序顶生，或顶生占优势，也有腋生的。 ••••••••••••••••
•••••••••••••••••••••••••••••••••••• 细叶水团花 *Adina rubella*

玉叶金花属 Mussaenda

花萼的裂片通常只有 1 枚增大为白色花瓣状。正常的萼裂片近叶状，披针形。枝、花萼和花冠被贴伏短毛。 •••••••••••••••••••••••••••••••••••••••
•••••••••••••••••••• 黐花（大叶白纸扇）*Mussaenda esquirolii*

栀子属 Gardenia

注：下列种具有以下共同特征。叶两面常无毛；果顶端有宿存的萼裂片。
1. 叶较小，长 4 厘米以下。
•••••••••••••••••• 水栀子 *Gardenia jasminoides* var. *radicans*
1. 叶较大，长度通常在 4 厘米以上，顶端非钝圆。宽通常在 2.5 厘米以上。灌木；萼裂片长 10-30 毫米；果有翅状的纵棱 5-9 条。
  2. 叶狭披针形或线状披针形，宽 0.4-2.3 厘米；果长圆形，长 1.5-2.5 厘米，直径 1-1.3 厘米，有纵棱，棱有时不明显。 •••••••••••••••••••
•••••••••••••••••••••••••••••• 狭叶栀子 *Gardenia stenophylla*

2. 叶非上述形状，宽通常在2.5厘米以上。灌木；萼裂片长10-30毫米；果有翅状的纵棱5-9条。

    3. 花单瓣。 ·············· **栀子** *Gardenia jasminoides*

    3. 花重瓣。 ··········· **大花栀子** *Gardenia jasminoides* var. *grandiflora*

狗骨柴属 *Diplospora*

叶通常革质，无毛，稍光亮，干时常呈黄绿色；侧脉在叶下面稍明显或稀凸起，网脉在叶下面不明显；叶柄无毛。 ··············· **狗骨柴** *Diplospora dubia*

龙船花属 *Ixora*

萼檐裂片短于萼管或与萼管等长。萼檐裂片短于萼管（子房）。植株多少被毛。叶基部与上述不同。托叶基部合生成鞘形，顶端渐尖，渐尖部分比鞘长。

·································· **龙船花** *Ixora chinensis*

粗叶木属 *Lasianthus*

注：下列种具有以下共同特征。叶基正整或近正整。花2至多朵生叶腋，无总花梗或总花梗极短。果核背面平坦，无瘤状突起。花萼裂片4或5。花萼裂片5。萼裂片与萼管近等长或较短。萼裂片比萼管短。叶下面被茸毛或柔毛。毛贴伏。

1. 长圆形或披针状长圆形，长9-15厘米，宽2-3.5厘米，顶端骤尖或骤然渐尖，基部短尖，上面无毛或近无毛，下面脉上被贴伏的硬毛。 ·········
·························· **日本粗叶木** *Lasianthus japonicus*

1. 原种区别是叶下面中脉上无毛，叶片披针形。花期5-8月，果期9-10月。
····················· **榄绿粗叶木** *Lasianthus japonicus* var. *lancilimbus*

鸡矢藤属 *Paederia*

注：下列种具有以下共同特征。果球形，长圆形；小坚果无翅。花序疏散或扩展。花序末次分枝上的花呈蝎尾状排列；叶两面无毛或被毛。

1. 茎和叶无毛或近无毛。 ··············· **鸡矢藤** *Paederia scandens*

1. 茎和叶被毛或近无毛。
··············· **毛鸡矢藤** *Paederia scandens* var. *tomentosa*

六月雪属 *Serissa*

1. 叶革质，卵形至倒披针形，长6-22毫米，宽3-6毫米，顶端短尖至长

尖；花单生或数朵丛生；花冠管比萼檐裂片长。 ··························
························· **六月雪** *Serissa japonica*

1. 叶薄纸质，倒卵形或倒披针形，长1.5—4厘米，宽0.7—1.3厘米，顶端
   短尖或近短尖；花通常数朵丛生；花冠管与萼檐裂片等长。 ············
   ····································· **白马骨** *Serissa serissoides*

虎刺属 *Damnacanthus*

注：下列种具有以下共同特征。托叶腋具针刺或起码顶叶托叶腋具残存退化
短刺；嫩枝被短粗毛或微毛。

1. 针刺长 (3—) 6—25毫米；叶上面中脉线状凸起。叶圆形、心形、卵形或
   椭圆状卵形，长不过4厘米。叶小，长不及3厘米，侧脉每边3 (—4)
   条；针刺长达20毫米。 ·················· **虎刺** *Damnacanthus indicus*

1. 针刺长1—4 (—6) 毫米或仅顶叶具残存退化短刺；叶上面中脉下部常
   凹陷。

   2. 叶卵形至长圆状卵形，罕长圆状披针形，长达8厘米，偶可看到小型
      叶；针刺长2—6毫米，不随新叶长出而碎落；嫩枝和叶柄下面常疏被
      短粗毛。 ·················· **浙皖虎刺** *Damnacanthus macrophyllus*

   2. 叶披针形或长圆状披针形，长达15厘米，无小型叶；通常仅顶叶托叶
      腋具残存退化刺，长1—2毫米，随新叶长出而碎落，很少不碎落；嫩
      枝和叶柄下面常疏被微毛。 ····· **短刺虎刺** *Damnacanthus giganteus*

巴戟天属 *Morinda*

藤本；花序2—18在枝顶呈伞形花序状或圆锥花序状排列；花4—5基数或
(2—) 3—4基数。侧脉每边3—7 (—9) 条；萼无齿或具1—3齿；果较小，直径通
常不及1.2厘米。除花序梗被微毛、叶柄有时有不明显短粗毛外，枝和叶两面光
滑无毛。托叶生叶柄间，膜质，合生成筒状；花序3—11呈伞状排于枝顶，无腋
生花序和无总花序梗；萼无齿。叶倒卵形，倒卵状长圆形、倒卵状披针形，干后
淡棕色或棕黑色；托叶长达6毫米；侧脉每边4—5条；花期6—7月。··········
···································· **羊角藤** *Morinda umbellata*

忍冬科 CAPRIFOLIACEAE

1. 花序由聚伞合成伞形式、伞房式或圆锥式；花柱短或近于无，柱头常2—3
   裂；花冠整齐，辐状、钟状或筒状，不具蜜腺；花药外向或内向；茎干

有皮孔。

  2. 子房 3–5 室，每室含能育和不育的胚珠各 1 颗；花药外向；叶为单数羽状复叶；核果具核 3–5 颗。 …………………… **接骨木属** *Sambucus*

  2. 子房 3 室，仅 1 室发育，含大形胚珠 1 颗；花药内向；叶为单叶；核果具核 1 颗。 ……………………………… **荚蒾属** *Viburnum*

1. 花序非上述情况，若为圆锥花序则花柱细长，柱头大多为头状，很少分裂；花冠整齐或不整齐，有蜜腺；花药内向；茎干不具皮孔，但常纵裂。

  3. 子房由能育和败育的心皮所构成，能育心皮各内含 1 胚珠；果实不开裂，具 1–3 颗种子。

    4. 轮伞花序集合成小头状，再组成开展的圆锥花序；叶具 3 出脉。
    ………………………………… **七子花属** *Heptacodium*

    4. 花单生或集合成聚伞花序；叶具羽状脉。相邻两个果实合生，外被长刺刚毛；萼裂片 5，花开后不增大；果实近圆形，萼筒超出子房部分缢缩而发育成细长的颈。 ……………… **猬实属** *Kolkwitzia*

  3. 子房的心皮全部能育，各心皮内含多数胚珠；果实开裂或不开裂，具若干至多数种子。

    5. 子房 2 室，每室含多数胚珠；果实为两瓣裂开的蒴果，圆柱形，具多数种子；花冠稍不整齐或近整齐，蜜腺棍棒状；花序聚伞状；对生两叶基部不连合。 ………………… **锦带花属** *Weigela*

    5. 子房 (5–) 3–2 室，每室含若干至多数胚珠；果实为不开裂的浆果，圆形、近圆形或长卵圆形，具若干至多数种子；花冠整齐至不整齐或明显两唇形，蜜腺非棍棒状；花序总状，极少头状；对生两叶有时基部连合。相邻两花的萼筒有时部分至全部连合，花冠整齐至不整齐或两唇形，基部常一侧肿大或具囊。 ………… **忍冬属** *Lonicera*

接骨木属 *Sambucus*

1. 多年生高大草本，茎基木质化；嫩枝具棱条；聚伞花序平散，伞形。具杯形不孕性花；小叶在叶轴上不具退化的托叶，侧生小叶片中部以下和基部有 1–2 对腺齿；根非红色。 ………… **接骨草** *Sambucus chinensis*

1. 灌木或小乔木；枝具明显的皮孔；聚伞花序圆锥形。枝髓部浅褐色；果实红色或黑色。小叶柄、小叶片下面及叶轴均光滑无毛。 …………………
………………………………………… **接骨木** *Sambucus williamsii*

英蒾属 *Viburnum*

1. 冬芽裸露；植物体被簇状毛而无鳞片；果实成熟时由红色转为黑色。
    2. 花序有总梗；果核有 2 条背沟和（1-）3 条腹沟，或有时背沟退化而不明显；胚乳坚实。叶临冬凋落，通常边缘有齿。
        3. 叶的侧脉近叶缘时虽分枝，但直达齿端而非互相网结，或至少大部分如此，叶的侧脉 6-11 对。萼筒被簇状毛；花冠裂片比筒长或几相等。叶卵形、宽卵形至卵状矩圆形，有时倒卵形至倒卵状矩圆形，长度为阔度的 2 倍或不到；雄蕊稍高出花冠；花冠直径 5-7 毫米。花序直径 3-10 厘米。
            4. 叶卵形至宽卵形，通常长不超过 10 厘米（很少达 15 厘米）；花序直径 3-6 厘米；果核长 5-7（-9）毫米。 ……………………………
            ……………………………………… **聚花英蒾** *Viburnum glomeratum*
            4. 叶大，卵状矩圆形至卵形，长 10-19 厘米；花序直径 8-10 厘米；果核长 9-11 毫米。 ……………………………………………
            ………… **壮大英蒾** *Viburnum glomeratum* subsp. *magnificum*
        3. 叶的侧脉近叶缘时互相网结而非直达齿端，或至少大部分如此。
        5. 花序有大型的不孕花。
        6. 花序全部由大型的不孕花组成。
            ………………………………… **绣球英蒾** *Viburnum macrocephalum*
        6. 花序仅周围有大型的不孕花。
            ………………………… **琼花** *Viburnum macrocephalum* f. *keteleeri*
        5. 花序全由两性花组成，无大型的不孕花。花冠辐状，筒比裂片短。二年生小枝灰褐色；叶顶端钝或圆形，稀稍尖；花大部生于花序的第三至第四级辐射枝上；果核背部凸起而无沟，长 6-8 毫米。萼筒无毛。 ………………………… **陕西英蒾** *Viburnum schensianum*
    2. 花序无总梗；果核有 1 条背沟和 1 条深腹沟；胚乳深嚼烂状。花序周围有大型的不孕花。 ………………………… **合轴英蒾** *Viburnum sympodiale*
1. 冬芽有 1-2 对（很少 3 对或多对）鳞片；果核不如上述；如为椭圆形则果核具 1 上宽下窄的深腹沟，或花序不如上述；果实成熟时红色，或由红色转为黑色或酱黑色，少有黄色。
    7. 冬芽有 1-2 对分离的鳞片；叶柄顶端或叶片基部无腺体。叶不分裂或规则至不规则 2-3 浅裂，大多具羽状脉，有时基部一对侧脉近似三出脉或离基三出脉。

8. 花序复伞形或伞形式，有大型的不孕花；果核腹面有 1 上宽下窄的沟，沟上端及背面下半部中央各有 1 明显隆起的脊。叶有 10 对以上侧脉，两面有明显的长方形格纹；总花梗的第一级辐射枝 6-8 条。

  9. 花序全部由大型的不孕花组成。

      ····························· **粉团（雪球）荚** *Viburnum plicatum*

  9. 仅花序周围有 4-6 朵大型的不孕花。

      ················· **蝴蝶戏珠花** *Viburnum plicatum* var. *tomentosum*

8. 花序种种，不具大型不孕花；果核通常不如上述。

  10. 花序为由穗状或总状花序组成的圆锥花序，或因圆锥花序的主轴缩短而近似伞房式，很少花序紧缩成近簇状；果核通常浑圆或稍扁，具 1 上宽下窄的深腹沟。

    11. 花冠漏斗形或高脚蝶形，很少辐状钟形，裂片短于筒。雄蕊着生于花冠筒顶端；花于叶后（极少与叶同时）开放；叶革质，近全缘或有波状钝锯齿或不规则粗钝牙齿。苞片长不到 1 厘米，宽不及 2 毫米，或不存在；果核长 6-7 毫米，通常倒卵圆形至倒卵状椭圆形。 ·····························

      ········· **日本珊瑚树** *Viburnum odoratissimum* var. *awabuki*

    11. 花冠辐状，裂片长于筒。叶厚纸质至革质，下面无红褐色腺点。则叶下面脉腋有趾蹼状小孔。叶的侧脉近叶缘时弯拱而互相网结，不直达齿端。叶革质；萼和花冠均无毛；果核卵圆形或卵状椭圆形，顶端常多少骤然收缩而带圆形，因而有肩。

      ························· **珊瑚树** *Viburnum odoratissimum*

  10. 花序复伞形式或稀可为由伞形花序组成的尖塔形圆锥花序；果核通常扁，有浅的背、腹沟，有时沟退化而不明显，很少无沟或在腹面深陷如杓状。冬芽有 2 对鳞片。

    12. 叶的侧脉 2-4 对，基部 1 对作离基或近离基三出脉状；如侧脉 5-6 对，则叶革质或亚革质；或叶纸质或厚纸质而下面在放大镜下同时可见具金黄色和红褐色至黑褐色两种腺点。幼枝四方形。

      13. 叶下面有金黄色和红褐色至黑褐色两种腺点，干后上面通常不变黑色。幼枝和叶柄无毛或近无毛；叶柄和花序疏被黄褐色短伏毛或近无毛；叶除下面脉腋有时具簇聚毛外，无毛。

        ························· **金腺荚蒾** *Viburnum chunii*

      13. 叶下面有黑色或栗褐色腺点（在放大镜下可见），干后上面变黑色。萼筒无毛；叶革质。幼枝、叶柄和花序均密被簇状短毛；果核背面略凸起，腹面略呈鹅毛扇状弯拱而 不明显凹陷，长约 7 毫米，宽约 6 毫米。 ··· **具毛（毛枝）常绿荚蒾**
Viburnum sempervirens var. *trichophorum*

12. 叶的侧脉 5 对以上，羽状，很少类似离基三出脉；叶纸质、厚纸质或薄革质，下面无腺点或有颜色纯一的腺点。果核通常带扁形，有时可因两侧边缘向腹面反卷而纵向凹陷，但不为构状。

14. 花冠外面无毛，极少蕾时有毛而花开后变秃净。

15. 花序或果序下垂；幼枝多少有棱角；芽及叶干后变黑色或浅灰黑色。

16. 果核两侧边缘不反卷，腹面扁平或略凹陷。
·················· **茶荚蒾 Viburnum setigerum**

16. 果核两侧边缘因向腹面反卷而明显地纵向凹陷。
········· **沟核茶荚蒾 Viburnum setigerum** var. *sulcatum*

15. 花序或果序不下垂。

17. 总花梗长 5.5–10（–12.5）厘米；叶有时顶端浅 3 裂或不规则分裂。 ······ **衡山荚蒾 Viburnum hengshanicum**

17. 总花梗通常长不超过 5 厘米；叶不分裂。叶下面仅中脉和侧脉被长伏毛或脉腋有集聚簇状毛。叶下面无透亮腺点。

18. 总花梗的第一级辐射枝通常 7 出；花生于第（3–）4–5（–6）级辐射枝上；果实成熟时红色。 ·················
·················· **桦叶荚蒾 Viburnum betulifolium**

18. 总花梗的第一级辐射枝通常 5 出；花生于第 2–4 级辐射枝上。果核多少呈浅构状，腹面中央有 1 纵向隆起的脊；叶为宽狭程度不同的倒卵形、近圆形或宽椭圆形，稀菱状椭圆形，顶端通常突然收缩成短渐尖；叶柄有或无托叶；果实成熟时酱黑色。 ·················
·················· **黑果荚蒾 Viburnum melanocarpum**

14. 花冠外面被疏或密的簇状短毛。

19. 叶下面在放大镜下有黄色或近无色的透亮腺点，叶柄长 5 毫米以上；叶下面脉腋有集聚簇状毛；雄蕊远高出花冠。幼枝、叶柄和花序均密被刚毛状糙毛，很少幼枝有时无毛或近无毛；叶干后不变灰黑色或黑色。 ⋯⋯⋯⋯

⋯⋯⋯⋯⋯⋯⋯⋯ **荚蒾 _Viburnum dilatatum_**

19. 叶下面无腺点。叶上面无腺点；总花梗明显。叶顶端短尖
至短渐尖，有 5–7（–9）对侧脉；托叶不存在；总花梗的
第一级辐射枝通常 5 条。花柱高出或略高出萼齿；花冠裂
片比筒长；雄蕊与花冠等长或略高出；果核长 6–7.5 毫米。

⋯⋯⋯⋯⋯⋯⋯⋯ **南方荚蒾 _Viburnum fordiae_**

7. 冬芽为 2 对合生的鳞片所包围；叶 3（2–4）裂；叶柄顶端或叶片基部
有 2–4 个明显的腺体。花序周围有大型的不孕花；叶通常 3 裂或有时
小枝上部同时存在不裂的叶；叶柄长 2–4 厘米。树皮厚，木栓质；花
药紫红色。小枝、叶柄和总花梗均无毛；叶下面仅脉腋有集聚簇状毛，
或有时脉上亦有少数柔毛。 ⋯⋯⋯⋯⋯⋯⋯⋯

⋯⋯⋯⋯⋯⋯ **鸡树条（天目琼花）_Viburnum opulus_ var. _calvescens_**

七子花属 _Heptacodium_

株高可达 7 米；幼枝略呈 4 棱形，红褐色，疏被短柔毛；茎干树皮灰白色，
片状剥落。叶厚纸质，卵形或矩圆状卵形，长 8–15 厘米，宽 4–8.5 厘米，顶端
长尾尖，基部钝圆或略呈心形，下面脉上有稀疏柔毛，具长 1–2 厘米的柄。圆锥
花序近塔形，长 8–15 厘米，宽 5–9 厘米，具 2–3 节；花序分枝开展，上部的长
约 1.5 厘米，下部的长 2.5–4 厘米；小花序头状，各对小苞片形状、大小不等，
最外一对有缺刻；花芳香；萼裂片长 2–2.5 毫米，与萼筒等长，密被刺刚毛；花
冠长 1–1.5 厘米，外面密生倒向短柔毛。果实长 1–1.5 厘米。 ⋯⋯⋯⋯

⋯⋯⋯⋯⋯⋯⋯⋯ **七子花 _Heptacodium miconioides_**

猬实属 _Kolkwitzia_

多分枝直立灌木，高达 3 米；幼枝红褐色，被短柔毛及糙毛，老枝光滑，茎
皮剥落。叶椭圆形至卵状椭圆形，长 3–8 厘米，宽 1.5–2.5 厘米，顶端尖或渐
尖，基部圆或阔楔形，全缘，少有浅齿状，上面深绿色，两面散生短毛，脉上和
边缘密被直柔毛和睫毛；叶柄长 1–2 毫米。伞房状聚伞花序具长 1–1.5 厘米的总
花梗，花梗几不存在；苞片披针形，紧贴子房基部；萼筒外面密生长刚毛，上部
缢缩似颈，裂片钻状披针形，长 0.5 厘米，有短柔毛；花冠淡红色，长 1.5–2.5
厘米，直径 1–1.5 厘米，基部甚狭，中部以上突然扩大，外有短柔毛，裂片不等。

⋯⋯⋯⋯⋯⋯⋯⋯ **猬实 _Kolkwitzia amabilis_**

六道木属 *Abelia*

1. 叶柄基部不扩大亦不连合；枝节不膨大；花冠钟形或钟状漏斗形。由多花集合成的聚伞花序生于小枝上部叶腋；萼裂片5枚；雄蕊和柱头明显地伸出花冠筒外。 ·············· **糯米条 *Abelia chinensis***

1. 叶柄基部扩大并连合；枝节膨大；花冠漏斗形，筒部圆柱形；雄蕊和花柱不伸出花冠外。萼裂片4枚；单花或双花以至多花生于侧枝的顶端或叶腋，有时密集成聚伞花序或伞房花序；叶全缘或具缺刻，长2-6厘米，宽1-2.5厘米。

   2. 无总花梗；花单生于叶腋。 ·············· **六道木 *Abelia biflora***

   2. 具总花梗。总花梗仅具2朵花。 ·············· **南方六道木 *Abelia dielsii***

忍冬属 *Lonicera*

1. 花双生于总花梗之顶，很少双花之一不发育而总花梗仅有1朵花；对生二叶的基部均不相连成盘状。

   2. 直立灌木，很少枝匍匐，但决非缠绕；如为匍匐灌木，则叶膜质而非革质。

     3. 小枝具白色、密实的髓。花冠筒基部多少一侧肿大或有明显的袋囊。

      4. 冬芽有数对至多对外芽鳞；小苞片分离或连合，有时缺失，如合生成杯状，则外面不具腺毛。

       5. 萼檐无下延的帽边状突起。

        6. 花冠具5枚近于相等的裂片；决不为唇形，比花冠筒短。花药顶端或整个超出花冠筒，有时高出花冠裂片。萼筒无毛。花药无毛；叶两面无毛或被稍弯的短糙伏毛或仅上面有毛。苞片宽大，叶状，长超过萼筒2-3倍或近相等。总花梗通常长1-2.5厘米；冬芽顶端渐尖或稍尖；叶两面被稍弯的糙伏毛，或仅上面有毛，很少两面无毛。 ·············· ·············· **袋花忍冬 *Lonicera saccata***

        6. 花冠唇形；冬芽具4棱角，否则内芽鳞在幼枝伸长时增大且常反折。

         7. 冬芽不具4棱角，内芽鳞在幼枝伸长时增大且常反折。双花的相邻两萼筒1/2或全部合生。小苞片合生成杯状，有4枚浅圆裂片；苞片非叶状，钻形，长3-5毫米；幼枝、叶柄和总花梗仅初时散生腺毛，后变无毛；总花梗较短，长

（5-）8-23 毫米。 ⋯⋯ **倒卵叶忍冬** *Lonicera hemsleyana*

7. 冬芽具 4 棱角，内芽鳞在小枝伸长后不十分增大。

8. 总花梗通常与叶柄等长或略较长；叶下面非粉白色，被短或长的柔毛，长 2-8.5 厘米；果实红色。萼筒上部有腺；花冠筒与唇瓣等长或略较短；幼枝、叶柄和总花梗密被短柔毛。

9. 叶下面全被短柔毛。⋯⋯ **下江忍冬** *Lonicera modesta*

9. 叶下面无毛或仅脉上散生短柔毛。

⋯⋯⋯⋯ **庐山忍冬** *Lonicera modesta* var. *lushanensis*

8. 总花梗明显地比叶柄长；果实黑色。双花的相邻两萼筒分离或合生至中部。叶两面有短柔毛或仅下面中脉两侧有白色髯毛；花淡紫色或紫红色。叶两面疏生短柔毛；总花梗较短，通常长 1.5 厘米以下。

10. 幼枝、叶柄、总花梗和花冠外面均被短柔毛，有时夹生微直毛。 ⋯⋯⋯⋯ **柳叶忍冬** *Lonicera lanceolata*

10. 幼枝无毛；叶柄、总花梗和花冠外面也常无毛。

⋯⋯ **光枝柳叶忍冬** *Lonicera lanceolata* var. *glabra*

5. 萼檐有下延的帽边状突起。叶纸质，长 5-10（-13.5）厘米，卵状披针形至条状披针形，顶端长渐尖，具锐尖头，下面近基部中脉两侧常密生白色长柔毛。 ⋯⋯⋯⋯⋯

⋯⋯⋯⋯⋯⋯⋯⋯ **蕊被忍冬** *Lonicera gynochlamydea*

4. 冬芽仅具 1 对外芽鳞；如有多对外芽鳞，则小苞片合成杯状，外面有多数腺毛。双花的相邻两萼筒连合至中部或全部连合。幼枝和叶柄无毛或疏生倒硬毛；叶通常长 3 厘米以上。

11. 叶无毛或仅下面中脉有少数刚伏毛，更或仅下面基部中脉两侧有稍弯短糙毛。⋯⋯⋯⋯ **郁香忍冬** *Lonicera fragrantissima*

11. 叶两面或至少下面中脉密被刚伏毛，有时夹杂短糙毛或短柔毛。

12. 叶下面被刚伏毛而无短柔毛，或有时中脉下部或基部两侧有短糙毛。 ⋯⋯⋯⋯⋯⋯⋯⋯⋯⋯⋯⋯⋯

⋯⋯⋯⋯ **苦糖果** *Lonicera fragrantissima* subsp. *standishii*

12. 叶下面除被刚伏毛外，还夹杂短柔毛或仅基部中脉两侧有短柔毛。 ⋯⋯⋯⋯⋯⋯⋯⋯⋯⋯⋯⋯⋯⋯⋯

⋯ **樱桃忍冬** *Lonicera fragrantissima* subsp. *phyllocarpa*

3. 小枝具黑褐色的髓，后因髓消失而变中空。直立灌木；叶长 2 厘米以上。

    13. 小苞片分离，长为萼筒的 1/4–1/2；总花梗通常长 1 厘米以上，远超过叶柄。冬芽大，卵状披针形，有 5–6 对外鳞，鳞片边缘密生白色长睫毛；萼筒具腺，有时被疏柔毛。

        14. 幼枝、叶柄和总花梗被开展的直糙毛和微糙毛；叶下面疏生直或稍弯的糙伏毛。 ················ **金花忍冬** *Lonicera chrysantha*

        14. 幼枝、叶柄和总花梗被多少弯曲的短柔毛；叶下面被绒状短柔毛至近无毛。 ················

            ·········· **须蕊忍冬** *Lonicera chrysantha* subsp. *koehneana*

    13. 小苞片基部多少连合，长为萼筒的 1/2 至几相等，顶端多少截状；总花梗长不到 1 厘米，很少超过叶柄。萼檐有 5 齿，齿宽三角形或披针形，顶端尖。

        15. 花冠先白色后转黄色；小苞片和幼叶绿色。

        ·················· **金银忍冬** *Lonicera maackii*

        15. 花冠、小苞片和幼叶均带淡紫红色。

        ·········· **红花金银忍冬** *Lonicera maackii* var. *erubescens*

2. 缠绕灌木；如为匍匐灌木，则叶革质。花冠筒无距；双花的相邻两萼筒分离；果实黑色或蓝黑色。缠绕藤本。植株被短柔毛或卷曲、贴伏或开展的糙毛，但决无刚毛，有时完全无毛。

    16. 叶下面无毛或被疏或密的糙毛、短柔毛或短糙毛，但不密集成毡毛，毛之间有空隙。花冠唇瓣长至少为花冠筒的 2/5。萼筒无毛。

        17. 苞片大，叶状，卵形，长达 3 厘米；总花梗明显；幼枝密被开展的直糙毛。

        18. 幼枝暗红褐色；花冠白色，后变黄白色。

        ················ **忍冬** *Lonicera japonica*

        18. 幼枝紫黑色；花冠外面紫红色，内面白色。

        ············· **红白忍冬** *Lonicera japonica* var. *chinensis*

        17. 苞片小，非叶状；如为叶状，则总花梗极短或几缺。苞片略短于萼筒或超过之。

        19. 花冠长 3 厘米以下。

          20. 总花梗长 5 毫米以上；萼齿无毛或仅有缘毛；花柱至少中部以下有毛。幼枝、叶柄和叶缘都有糙毛，或至少叶上面中脉有短糙伏毛。 ·········· **淡红忍冬** *Lonicera acuminata*

20. 总花梗较短，通常长 5 毫米以下，有时几缺；萼齿外面和边缘都有毛。

    21. 花柱全部有密毛；萼齿条状披针形或条形。

        …………………………… **毛萼忍冬** *Lonicera trichosepala*

    21. 花柱完全无毛。苞片长远超过萼齿，有时呈叶状；总花梗极短或几无；叶柄长 5 毫米以下；叶两面通常仅中脉有短糙毛；萼齿近三角形。 … **短柄忍冬** *Lonicera pampaninii*

  19. 花冠较长，长 3–14 厘米。叶下面有光柄或具极短柄的桔黄色或桔红色蘑菰状腺；幼枝密被灰黄色或灰白色短柔毛。花冠外面疏被倒生微伏毛，且常具腺。 …………………………

        …………………………… **菰腺忍冬** *Lonicera hypoglauca*

  16. 植物体的毛被通常呈灰白色；叶上面网脉不凹陷，下面因网脉明显隆起而呈蜂窝状。苞片无柄，非叶状，长 2–4 毫米；萼筒无毛；幼枝、叶柄和总花梗均密被薄绒状短糙毛。 …

        …………………… **灰绒（毡毛）忍冬** *Lonicera macranthoides*

1. 花单生，每 3–6 朵成 1 轮，1 至数轮生于小枝顶，有总花梗或无；花序下的 1–2 对叶基部相连成盘状，很少分离。花冠唇形；雄蕊着生于唇瓣基部。花冠长 5–9 厘米；叶下面被短糙毛或至少中脉下部两侧密生横出的髯毛状短糙毛。…………………… **盘叶忍冬** *Lonicera tragophylla*

锦带花属 *Weigela*

1. 萼檐裂至中部，萼齿披针形；种子无翅。 ……… **锦带花** *Weigela florida*
1. 萼檐裂至基部，萼齿条形；种子多少具翅。萼齿条形；叶卵状椭圆形。种子多少具翅。 ……… **半边月（水马桑）** *Weigela japonica* var. *sinica*

禾本科 GRAMINEAE

1. 植株的具花部分是续次发生的，其主轴及分枝不为延续性的；假小穗或假小穗簇均无柄或近于无柄，直接着生在花枝之各节，甚至着生于竿节。地下茎为单轴或复轴型，有地中横走的真鞭；地面竿散生或成为多丛，竿及大枝条均在有分枝的节间之一侧具纵沟槽（至少在节间的下部有之）；竿每节起初分 2 或 3 枝（倭竹属 *Shibataea* 可较多，但其枝条常不再分次级枝），以后可增多或否；叶片通常具显著的小横脉。

  2. 竿中部各节仅具 1 竿芽。

3. 竿每节分2枝，一粗一细，偶或具3枝，唯此时的中间枝实是粗枝基部所分出的次级枝，因而最细；竿与大枝条两者的节间在有分枝之一侧具贯串其全长的纵沟槽；竿髓为笛膜质，呈两端封闭的囊状，紧贴空腔内壁。 …………………………… **刚竹属 *Phyllostachys***

3. 竿每节分3枝（有时还可多出1或2枝），但均以中间的枝条为最粗，或在成长后由于次级枝的发生，可使竿各节似具多枝；竿与大枝两者的节间在有分枝之一侧仅于中下部具纵沟槽或稍扁平，而上部仍为圆筒形；竿髓多非笛膜质。竿的节间较短（长7-12厘米），每节所生的枝条亦均较短而彼此近等长；花枝的末级小枝之下方托有一组向上逐渐较大的苞片，起初能将紧密聚生的假小穗群之大部分加以包藏，以后始可全部露出，各苞片腋内具1先出叶；假小穗窄披针形，含3-7朵小花，其下方的具芽苞片所腋生之潜伏芽从不萌动。箨鞘脱落性，绿色，并有白色纵条纹。 ……………………
………………………………………………… **短穗竹属 *Brachystachyum***

2. 竿中部各节具2芽。竿矮小细瘦，以后能长出（3）5-7常不再分枝的枝条，其顶端通常仅生1或2叶（某些种可具叶较多），当为2叶时，因下方的叶鞘较长而超出上方的叶鞘，故有上方叶片反而低落在下的假象，当1叶时，其叶鞘紧裹，边缘愈合，有如小柄，亦易使人误认为是无叶鞘的，竿的节间在有分枝之一侧扁平，使其横切面略呈三角形。新竿在分枝处的腋间常残存白色近膜质的先出叶，以后则渐破裂为纤维状。 ………………………………… **倭竹属 *Shibataea***

1. 植株的具花部分是单次发生的，即其小穗生长在特定的轴性器官上而非直接着生在营养轴（竿包括各级枝条）的各节，其主轴（即花序轴）以及其分枝都为延续的而无明显节环，它们的内部结构均匀一致，且多为实心，在花序分枝处不具苞片或仅托附1微小的苞片，但在其腋内决无先出叶的存在。

4. 地下茎单轴或复轴型，均具在地中横走的真鞭；竿大都呈乔木状，大多生长于低海拔山地或平原的竹类。

5. 竿中部每节仅具1或2枝（竿上部节则可分较多枝），单枝时，此主枝的直径几约与竿同粗；叶片大型，较宽广，具多对次脉及显著的小横脉。圆锥花序着生在具叶小枝或根出萌发条的顶端。

6. 高海拔山岳地带亚灌木或灌木状竹类，其竹鞭的顶芽每届冬季会被冻死或枯萎，次年由鞭的侧芽替代继续向前生长，因此其竹鞭本身乃是合轴式的，竿节膨大或否，在节下方无锈色毛环。……

………………………………………………………………………… **赤竹属** *Sasa*

  6. 多为低海拔地区生长的灌木状或小乔木状竹类；地下茎单轴或复
    轴型，竹鞭本身并非是合轴式的；竿每节正常情况仅生 1 枝，枝
    与竿近同粗；竿节通常不膨大，在节的下方常具锈色毛环；竿壁
    横切面上的典型维管束为半开放型或开放型；雄蕊 3 枚。………

………………………………………………………………… **箬竹属** *Indocalamus*

  5. 竿每节具 3 枝乃至数枝，当为 3 枝时，其基部均不在竿面紧贴，而且
    主枝与两侧枝之间的夹角各约在 35° 以上；雄蕊 3–6；柱头 2 或 3。
    竿每节起初具 3（5）枝，但以后可增加成为较多枝；大型圆锥花序，
    由小穗多枚组成，如为较紧密缩短而为简单的总状花序时，则其小
    穗柄粗壮；外稃与其内稃等长或较之稍长，内稃先端有时有裂缺，
    成为 2 小尖头。雄蕊 3，箨环常留有箨鞘基部残留物，因而成为木栓
    质圆环；竿髓粉末状散布于节间内壁；花序多为侧生。…………

………………………………………………………………… **大明竹属** *Pleioblastus*

  4. 地下茎合轴型，但成长后其竿柄能延长以形成假鞭；其节间实心或可
    有空腔以及通气道，在地中横走较远。决无真鞭；竿大都为灌木状，
    全是生长在高海拔的高山竹类。 ………………… **玉山竹属** *Yushania*

刚竹属 *Phyllostachys*

1. 竿中、下部的箨鞘背部具有密聚或稀疏的大小不等的斑点（在生长不良
 的瘦小竿上者，其箨鞘可不现斑点）；箨片通常外翻或开展，笋期时在笋
 的上端为散开的，但亦可直立相互作覆瓦状排列成为笔头状；地下茎节
 间在横切面上无通气道或仅几个分布不均匀的通气道。

  2. 竿箨无箨耳及鞘口继毛；箨鞘背部无刺毛（或仅在上部于脉间具微小
   刺毛），偶可疏生刺毛。

   3. 竿的节间表面在 10 倍放大镜下可见到白色晶体状细颗粒或小凹穴，
    尤以节间的上部表面为密。竿环在竿下部不分枝的各节中不明显或
    低于其箨环（唯在瘦小竿则竿环可较高）；箨舌在鲜时其边缘生有淡
    绿色或白色的纤毛。 ………………… **金竹** *Phyllostachys sulphurea*

   3. 竿的节间表面无上述晶体状细颗粒或小凹穴，或仅在竿节的下方处
    可有之。

    4. 幼竿中部的各箨环以及箨鞘背部基底密生短柔毛或稀疏的长刺毛。

     5. 竿基部或稍上部的各节间极为短缩，常呈不规则的肿胀而畸型，

或节间正常，但在竿中下部各节间之上端仍有些膨大（此膨大部分之长度约为 1 厘米）。 ········· **人面竹** *Phyllostachys aurea*

5. 竿的各节间都正常，无畸型或膨大。

  6. 箨鞘的上部边缘在鲜时呈暗紫色；箨舌具长过箨舌高度的暗紫色长毛。············· **红边竹** *Phyllostachys rubromarginata*

  6. 箨鞘的上部边缘在鲜时不呈暗紫色；箨舌边缘生有短于箨舌高度的白色或近白色的纤毛。幼竿的各箨环以及箨鞘背部的基底均生有短柔毛。 ············ **毛环竹** *Phyllostachys meyeri*

4. 幼竿中部的各箨环以及箨鞘背部的基底均无毛。

  7. 箨舌较窄而高，其宽度不大于高的 5 倍，其基底与箨鞘连接处呈截形或上拱呈弧形，两侧不下延，当稀可下延时则箨鞘背面的上部在脉间生有微小刺毛；箨片通常平整，偶可波状起伏或微皱曲。

    8. 箨鞘背面的中上部在脉间具微小刺毛，抚摸之有糙涩感；幼竿节间有晕斑，尤以节间的上部为然。

      9. 叶片下表面在基部生有长柔毛；箨舌先端截形或隆起呈弧形，两侧有不明显的下延。 ······ **灰竹** *Phyllostachys nuda*

      9. 叶片下表面在基部无毛或稀可生有长柔毛；箨舌先端作山峰状强烈隆起，两侧或仅在一侧明显下延。 ·················
·················· **石绿竹** *Phyllostachys arcana*

    8. 箨鞘背面无微小刺毛或偶可在顶端的脉间有之，有时还可疏生刺毛；幼竿的节间无晕斑（老竿则可具紫斑）。

      10. 箨片披针形或线状披针形；箨舌淡褐色，先端上拱呈弧形。
·························· **早园竹** *Phyllostachys propinqua*

      10. 箨片呈带状或线状披针形；箨舌暗紫褐色或淡褐色，先端呈截形或微作拱形。

        11. 箨舌暗紫褐色；箨鞘鲜时淡紫褐色；幼竿被厚白粉。
························· **淡竹** *Phyllostachys glauca*

        11. 箨舌紫褐色至淡褐色；箨鞘鲜时绿褐色；幼竿微被白粉。箨舌边缘具长纤毛，后者新鲜时为深褐色或暗紫色，若为白色时则箨鞘在鲜时为乳白色。箨鞘边缘在上部不呈深紫色；箨片外翻，平直，先端不皱曲。

          12. 箨鞘鲜时为乳白色至淡黄色，箨舌边缘具细长的白色纤毛。 ················ **黄古竹** *Phyllostachys angusta*

12. 箨鞘鲜时所具的颜色较深而带褐色；箨舌边缘生有易断的粗长褐色纤毛。 ……………………………………………………………………… 曲竿竹 *Phyllostachys flexuosa*

7. 箨舌常较低矮而宽，有时亦可窄长，但其基底均为上拱的弧形，两侧显著下延或微下延，偶或不下延；箨片皱曲或偶可平直。

13. 箨舌弧形拱起，两侧微下延或不下延；箨鞘鲜时多少带紫色或紫红色。箨舌边缘不呈波状，新鲜时具紫红色长纤毛。

14. 幼竿被白粉，其节处不带紫色；箨舌边缘具长纤毛。 …………………………………………………… 红哺鸡竹 *Phyllostachys iridescens*

14. 幼竿无白粉，在节处带紫色；箨舌从背部伸出长纤毛。 …………………………………………………… 天目早竹 *Phyllostachys tianmuensis*

13. 箨舌强隆起或呈山峰状，两侧显著下延，若下延不明显时，则边缘具长达 5 毫米或更长的纤毛；箨鞘鲜时带绿色，但也可呈褐红色。箨舌所生的纤毛明显较上述为短。

15. 箨片平直或略呈波状起伏；箨鞘背部疏被刺毛。 …………………………………………………… 尖头青竹 *Phyllostachys acuta*

15. 箨片强烈皱曲；箨鞘背部无刺毛。

16. 竿中部的节间长达 25 厘米以上，幼时微被白粉，其节处不带紫色。 …………… 乌哺鸡竹 *Phyllostachys vivax*

16. 竿中部的节间长不超过 25 厘米，幼时厚被白粉，在节处呈紫色。 ………………… 早竹 *Phyllostachys praecox*

2. 竿箨有箨耳，耳缘生有繸毛。

17. 箨耳微小，如近于无箨耳时，则箨鞘具有较长的鞘口繸毛，偶可箨耳较大而呈镰形，此时其箨舌则密生有长达 8 毫米以上的纤毛。

18. 幼竿节间密被柔毛；竿环在不分枝的各节不明显或至少是低于其箨环（在实生苗上或由母竹繁殖而尚未充分成长的细竿，则竿环可明显）。下部至基部的节间逐节向下依次缩短，甚至还可畸型肿胀；叶片较小，长 4–11 厘米。 …………………………………………………………………………………………………… 龟甲竹 *Phyllostachys heterocycla*

＊竿高达 20 余米，粗者可达 20 余厘米，幼竿密被细柔毛及厚白粉，箨环有毛，老竿无毛，并由绿色渐变为绿黄色；基部节间甚短而向上则逐节较长，中部节间长达 40 厘米或更长，壁厚约 1 厘米。（毛竹从生物学的观点来看，应为原型，但受限于植物国际命名法规中优先律规定，毛竹只能作龟甲竹的栽培型处理，而龟

甲竹的学名反而成为原栽培型了）…………………………
……………… 毛竹 *Phyllostachys heterocycla* cv. Pubescens

18. 幼竿节间无毛或近于无毛；竿环在不分枝的各节也明显隆起，高
于其箨环或与之为同高。箨鞘背部有斑点，无乳白色或绿紫色条
纹；鞘口繸毛直立或呈放射状。幼竿无白粉或有不易察觉的极薄
的白粉；箨舌边缘的纤毛较短。箨鞘背部疏生刺毛乃至几不可
见；箨片平直或偶可在顶部皱曲；箨环无毛。…………………
……………………………… 桂竹 *Phyllostachys bambusoides*

17. 箨耳显著，通常呈镰形，如果无箨耳或为小形时，则箨鞘的质地硬
而脆，并在鞘背部被有极为稀疏的小斑点；箨舌边缘所生的纤毛
较短。

19. 幼竿节间被毛；箨片直立，有波状起伏或可皱曲，常在笋尖聚集
成笔头状。

20. 箨舌矮而宽，其宽度约为高的 10 倍，边缘较完整，不作撕裂
状；箨鞘革质，其质地硬而脆，上部边缘为紫色。…………
…………………………………… 美竹 *Phyllostachys mannii*

20. 箨舌较高，边缘常作撕裂状；箨鞘的边缘不为紫色。

21. 箨鞘新鲜时为淡红褐色或紫黄色，背部无乳白色或灰白色的
纵条纹。箨鞘背部被以较密的淡褐色小刺毛；箨舌强隆起成
弧形或作山峰状隆起。………… 紫竹 *Phyllostachys nigra*

21. 箨鞘新鲜时以绿色为底色，在背部有乳白色纵条纹，或在鞘
上部和边缘有灰白色纵条纹，稀可无条纹。箨鞘背部被毛，
在鞘的上部和边缘常具灰白色纵条纹；竿全部绿色，通直而
不作"之"字形曲折。竿中、下部的箨鞘都在背部被毛；箨
舌边缘生有粗的长纤毛。……………………………
………………………… 乌竹 *Phyllostachys varioauriculata*

19. 幼竿节间无毛；箨片常强烈皱曲，在笋尖散开。

22. 箨鞘鲜时不为淡黄色而是其他的颜色；箨耳不呈绿色，如为绿
色时则其箨鞘背部就有大小不等的斑点。箨鞘鲜时为褐红色，
背部具稀疏或稍紧密的小斑点，或在大笋中其背部上方的斑点
可聚合成斑块，鞘边缘的上部呈暗紫色。箨舌较宽（约为其高
度的 10 倍），边缘作拱形或截形；幼竿被白粉。…………
………………………… 灰水竹 *Phyllostachys platyglossa*

22. 箨鞘鲜时不为褐红色，背部常有较密但大小悬殊的斑点，偶或

仅具小斑点时，则其箨舌窄而高，鞘边缘在上部不呈暗紫色。

23. 箨片平直或微皱曲，竿中部的箨鞘之箨片较窄长而呈带状；箨耳易脱落或偶可无箨耳。 ……………………………………

…………………………… 桂竹 *Phyllostachys bambusoides*

23. 箨片明显有皱曲。箨舌较宽，边缘呈截形或拱形；箨鞘背部具较密聚乃至彼此汇合的大小不等之斑点或斑块。竿各节强烈隆起，其竿环远高于箨环。 ……………………………………

…………………………… 高节竹 *Phyllostachys prominens*

1. 竿中、下部的箨鞘背部无斑点；箨片直立，平整，笋期常在笋尖端自下而上相互作覆瓦状排列而呈笔头状；地下茎（竹鞭）节间在横切面上用肉眼即可见有一圈环列的通气道。

24. 竿箨有箨耳，后者呈三角形、镰形或卵形。

25. 箨舌窄而高，在标本上其宽度通常不超过高的 8 倍。

26. 箨鞘新鲜时背面至少在其上部或在两侧具有异色纵条纹；箨舌先端生粗长的纤毛。 ………… 乌竹 *Phyllostachys varioauriculata*

26. 箨鞘新鲜时背面不具纵条纹，如有条纹时亦不是乳白色或淡黄色的。箨鞘红褐色；箨舌强烈隆起成拱形或作山峰状。 …………

…………………………………………… 紫竹 *Phyllostachys nigra*

25. 箨舌宽而矮，宽度为其高的 8 倍以上，先端生短纤毛。

27. 箨耳较大，呈三角形或窄镰形；末级小枝具 1 或 2 叶；箨耳三角形，显然由箨片基部自其两侧向外延伸而成。 ……………………………………

…………………………… 篌竹 *Phyllostachys nidularia*

27. 箨耳小，呈卵形，若稀可较大而呈镰形时，则竿的箨环均无毛。

28. 箨鞘背部无纵条纹，亦无毛或近于无毛。

…………………………… 水竹 *Phyllostachys heteroclada*

28. 箨鞘背部有紫色纵条纹，也有刺毛。

…………………………… 漫竹 *Phyllostachys stimulosa*

24. 竿箨无箨耳或仅有点痕迹。

29. 箨舌边缘强下凹，呈"U"字形，淡绿色。

…………………………… 红后竹 *Phyllostachys rubicunda*

29. 箨舌边缘隆起呈弧形，或不突起而为截形。箨片平整而无皱曲；箨鞘背面的基部具细柔毛。 … 红边竹 *Phyllostachys rubromarginata*

刺竹属 Bambusa

箨耳极微小或不明显。 ···························· **孝顺竹 Bambusa multiplex**

*本变种与原变种的区分特征为竿实心，高1–3米，直径3–5毫米，小枝具13–23叶，且常下弯呈弓状，叶片较原变种小，长1.6–3.2厘米，宽2.6–6.5毫米。 ···························· **观音竹 Bambusa multiplex var. riviereorum**

*与观音竹相似，但植株较高大，高3–6米，竿中空，小枝稍下弯，具9–13叶，叶片长3.3–6.5厘米，宽4–7毫米等特征与之有别。 ························

···························· **凤尾竹 Bambusa multiplex cv. Fernleaf**

倭竹属 Shibataea

竿高约1米，直径1.5–4毫米，光滑无毛，淡黄色而有光泽；竿下部不分枝的节间为圆筒形，上部具分枝的节间则具沟槽而呈三棱形，中空小；竿环甚隆起；节内长2–4毫米；每节分3或4枝，每枝共有2–4节，其节间长0.5–1厘米，表面具稀疏之粗毛。 ···························· **休宁倭竹 Shibataea hispida**

华箬竹属 Sasa

1. 植株与花序轴均被白粉；箨鞘长于节间；箨耳与鞘口繸毛俱缺；竿节不隆起；主枝不很开展，与竿的夹角约为10°。箨鞘背部无毛或疏生易落的疣基刺毛，后者在鞘顶部或可宿存。竿箨和枝箨两者的箨鞘顶部均不皱曲；叶鞘无毛；枝在各节的下方疏生短毛。 ········· **华箬竹 Sasa sinica**
1. 植株与花序轴均无白粉；箨鞘短于节间；箨耳存在或无箨耳；竿节隆起；主枝较开展，与竿的夹角在20°以上。植株矮小；叶片较窄而短，叶片长6–15厘米。
    2. 此外叶片上还有明显的黄色至近于白色的纵条纹数道。宽8–14毫米，两面均具白色柔毛，尤以在下表面毛较密。 ······ **菲白竹 Sasa fortunei**
    2. 嫩叶纯黄色，具绿色条纹，老后叶片变为绿色。园林绿化彩叶地被、色块或做山石盆景栽观赏。地被竹种，秆高30–50厘米，径2–3毫米。 ···························· **菲黄竹 Sasa auricoma**

业平竹属 Semiarundinaria

竿散生，高达2.6米，幼竿被倒向的白色细毛，老竿则无毛；节间圆筒形，无沟槽，或在分枝一侧的节间下部有沟槽，长7–18.5厘米，在箨环下方具白粉，以后变为黑垢，竿壁厚约 3 毫米，髓作横片状；竿环隆起；节内长 1.5-2 毫米。
.... 短穗竹 *Semiarundinaria densiflora*

箬竹属 *Indocalamus*

1. 竿中部箨上的箨片为广三角形、长三角形或卵状披针形，直立而紧贴竿，基部向内收窄成为近圆弧形。箨耳存在。..............................
.... 箬叶竹 *Indocalamus longiauritus*

1. 竿中部箨上的箨片为窄披针形、线状披针形或狭三角状锥形，基部不向内收窄。植株不被白粉，以后亦无粉垢。箨耳不存在或稀可微弱发达。箨鞘的上部包竿较宽松，因而肿起。箨鞘近纸质；叶片在下表面沿中脉之两侧均无成为纵行的毛茸。 .... 阔叶箬竹 *Indocalamus latifolius*

苦竹属 *Pleioblastus*

注：下列种具有以下共同特征。叶片披针形；内稃顶端通常不分裂。

1. 箨鞘无显著的箨耳和鞘口繸毛，若存在时也极不明显，其繸毛仅 1 至数条。
  2. 箨鞘多少有些具光泽，其背部通常无毛无粉，亦无蜡质。箨鞘淡棕色，背部还有棕色斑点，无粉但有宛如涂油似的光泽，其基部在箨环着生处具 1 圈棕色毛环。 .... 斑苦竹 *Pleioblastus maculatus*
  2. 箨鞘无光泽，多少有些被粉、被蜡质或在背部生微毛。竿环不作球形膨大；笋期 4-7 月。箨舌边缘通常为截形，高 1-2 毫米。幼竿无毛，但被白粉，致使老竿上多少残留污垢色斑块；箨鞘无毛或背部微被刺毛。
.... 苦竹 *Pleioblastus amarus*
1. 箨鞘有着发达的箨耳，箨鞘除在基部被毛外，背部一般无毛。竿的节间长 20-28 厘米，近于为实心；箨鞘稍可迟落或在竿上仅宿存 1 年。 ......
.... 衢县苦竹 *Pleioblastus juxianensis*

玉山竹属 *Yushania*

竿每节仅分 1 枝，箨耳不存在。箨鞘背部被或疏或密的刺毛（至少在起初被小刺毛）。竿柄粗（2）4-7 毫米，竿高 1-2 米，直径 2-7（10）毫米；小枝具叶（2）3-5（6）枚。竿的节间为圆筒形，在有分枝之一侧并无沟槽。幼竿被白粉；箨环初时被黄色小刺毛；叶片宽 0.6-1.5（2.1）厘米，下面基部沿中脉（包括叶柄在内）被灰黄色短柔毛或微毛。 .... 鄂西玉山竹 *Yushania confusa*

棕榈科 PALMAE

注：下列种属具有以下共同特征。花被发育，6 片，于受精后膨大并包围着果实。

1. 叶掌状（扇状），羽状分裂者内向折叠；花单生或簇生，决不 3 朵（2 朵雄花中间有 1 朵雌花）聚生。花两性，雌雄异株或杂性异株；心皮 3，离生或各式合生，受精后分离成 1–3 个单独发育的光滑的浆果；叶掌状或羽状分裂，内向折叠。

  2. 叶羽状分裂，内向折叠，基部羽片变成刺状；雌雄异株，花单性，二形，花序由 1 个佛焰苞完全包着；心皮离生。 ⋯⋯⋯ **刺葵属 *Phoenix***

  2. 叶掌状分裂或全缘，内向折叠或外向折叠，无刺状叶；花两性或杂性异株，花序由几个或多个佛焰苞近完全包着或仅花序梗被包着。

    3. 心皮离生。

      4. 叶的裂片单折；果实（种子）通常肾形，种脊上有 1 大凹穴，或罕为长圆形，种脊面具沟。 ⋯⋯⋯⋯⋯ **棕榈属 *Trachycarpus***

      4. 叶的裂片单折至数折；果实或种子非肾形。叶的裂片数折、截状，内向折叠；茎较细长，圆柱形，叶鞘具网状纤维；每朵花有 1–3 心皮发育成果实；果球形或卵形；种子球形或近球形，在种脊附近有大的球形的海绵组织（珠被）侵入，胚近基生或侧生。⋯⋯
        ⋯⋯⋯⋯⋯⋯⋯⋯⋯ **棕竹属 *Rhapis***

    3. 心皮合生。心皮基部离生，仅在花柱部位合生。叶分裂成整齐的具单折（罕为数折）的裂片；内果皮骨质或木质；花丝下部合生成一肉质环，顶部短钻状，离生。 ⋯⋯⋯⋯⋯ **蒲葵属 *Livistona***

1. 叶羽状分裂，羽片通常外向折叠，但羽片具啮蚀状的尖；花单生或簇生，常为 3 朵聚生。花单性，罕为两性，雌雄同株或异株，3 朵聚生或由 3 朵变为成对着生或单生；心皮和果实不被鳞片，花的苞片退化，心皮 3，稍合生，子房 3–2–1 室；花序由 1 个至数个大的佛焰苞包着；叶羽状分裂，外向折叠或罕为内向折叠。

  5. 常为一次开花结实或多次开花结实，雌雄同株或罕为雌雄异株，花序两性或由 3 朵聚生退化为单性；花序由数个大的佛焰苞包着；雌蕊 3 室；果实具 1–3 颗种子；叶一回羽状或二回羽状分裂，内向折叠，羽片啮蚀状。花序着生两性花（即雌雄同株同序），胚乳嚼烂状；叶为二回羽状分裂。 ⋯⋯⋯⋯⋯⋯⋯⋯⋯ **鱼尾葵属 *Caryota***

5. 多次开花结实，决不一次开花结实，花序两性，罕为单性；花序由 1–3 个大的佛焰苞包着；雌蕊为假 1 室、1 胚珠，或 3 室 3 胚珠；果实具 1–3 颗或更多的种子；叶羽状分裂，外向折叠，羽片通常急尖或有时啮蚀状。雌蕊通常为假 1 室、1 胚珠，仅极罕见为 3 室 3 胚珠；果实通常具 1 颗种子（在具 3 胚珠的属中罕见 2–3 颗种子，则果实具裂片），具薄的或罕为厚的内果皮，有时基部具萌盖，但无明显的 3 孔。雌花花瓣离生，覆瓦状；退化雄蕊齿状，不形成杯状。

6. 雄花对称，圆形或小球形；花序通常生于叶腋，穗状或分枝达 4 级；雄蕊 6 或 3；雌蕊常为 3 室，但具 1 胚珠，柱头残留在果实基部；羽片先端几乎总是全缘的。雄蕊 6，花丝离生，钻状，在花蕾时直立或短内弯；雌蕊 1 室 1 胚珠，柱头 3，短，外弯；果实椭圆形或球形或陀螺形。 ·················· **散尾葵属 Chrysalidocarpus**

6. 雄花通常不对称或雄花不为圆形或小球形，雄花花丝内弯或不弯；柱头常残留在果实顶部。花序具 2 个大的佛焰苞，分枝达 2–3 级，扩展，有时下垂，小穗轴通常为明显之字形曲折，花螺旋状着生，当佛焰苞开放时，雄花仅稍大于雌花。雄蕊 12–13；果实球形至椭圆形，种子胚乳嚼烂状。 ·················· **假槟榔属 Archontophoenix**

刺葵属 Phoenix

1. 高 10–15 米，粗壮而有波状叶痕，雌雄异株，羽状复叶大型，浆果卵状球形，橙色。 ·················· **加那利海枣 Phoenix canariensis**

1. 高 2–4 米，细长，干面具突起状叶痕。羽状复叶小型，小叶线状长披针形，极柔软，叶柄具刺。背面叶脉被灰白色糠秕状鳞秕。 ··················
·················· （软叶刺葵）**江边刺葵 Phoenix roebelenii**

棕榈属 Trachycarpus

树干单生，乔木状；花序粗壮，多次分枝，从叶腋伸出。
·················· **棕榈 Trachycarpus fortunei**

棕竹属 Rhapis

1. 叶掌状深裂，阔线形，软垂，裂片数多，7–20 枚。
·················· **观音棕竹 Rhapis humilis**

1. 叶掌状深裂，裂片 3–7 枚，狭长舌形，先端截形，浅裂锯齿状。叶鞘基部有黑褐色网状纤维包被。 ·················· **棕竹 Rhapis excelsa**

蒲葵属 Livistona

1. 叶掌状中裂，圆扇形，裂片先端再 2 浅裂，软垂状；叶柄呈三角形，两侧具倒刺。肉穗花序，小花淡黄色。 ············ **蒲葵** *Livistona chinensis*
1. 掌状深裂，圆形，裂片 60－90 枚，仅先端稍下垂，叶柄具锐刺。肉穗花序鲜红色，花淡黄色。 ············ **圆叶蒲葵** *Livistona rotundifolia*

鱼尾葵属 Caryota

干丛生，高 5－7 米，二回羽状复叶，小叶鱼鳍形先端咬齿状，花序下垂，果实球形。············ **短穗鱼尾葵** *Caryota mitis*

假槟榔属 Archontophoenix

茎粗约 15 厘米，圆柱状，基部略膨大。叶羽状全裂，生于茎顶，长 2－3 米，羽片呈 2 列排列，线状披针形，长达 45 厘米，宽 1.2－2.5 厘米，先端渐尖，全缘或有缺刻，叶面绿色，叶背面被灰白色鳞秕状物。 ····························
························ **假槟榔** *Archontophoenix alexandrae*

散尾葵属 Chrysalidocarpus

干丛生，高 3～8 米，偶有分枝，羽状复叶，小叶线形，浆果金黄色至黑色。
···················· **散尾葵** *Chrysalidocarpus lutescens*

百合科 LILIACEAE

注：下列种属具有以下共同特征。植株具或长或短的根状茎，决不具鳞茎。叶散生。叶顶端不卷曲，也不具卷须。
1. 变态叶，叶状枝，长不超过 3 厘米，顶端具针刺，中脉上生上具花果。
··················· **假叶树属** *Ruscus*
1. 叶不为上述情况，叶较大，或多枚基生，或互生、对生、轮生于茎或枝条上；每个植株的叶几枚到几十枚，极少接近百枚。
  2. 叶具网状支脉；花单性，雌雄异株，通常排成伞形花序；一般为多分枝的或攀援的灌木，极少为草本。
  3. 花被片离生。 ··················· **菝葜属** *Smilax*
  3. 花被片合生成筒，筒口有几个小齿。 ···················
··················· **肖菝葜属** *Heterosmilax Kunth*

2. 叶通常具平行支脉，不具网状支脉；花两性，常排成总状花序、圆锥花序或其他花序，茎多少木质化，常能增粗，上有近环状的叶痕；叶通常聚生于茎的上部或顶端；一般为圆锥花序，少有总状花序。

    4. 叶坚挺，顶端有明显变成黑色的刺；花大，花被片离生，长 3-4 厘米（从国外引种）。 •••••••••••••••••••••••••••••••••• **丝兰属 *Yucca***

    4. 叶一般顶端不具明显变成黑色的刺；花较小，花被片不同程度的合生，全长 5-25 毫米。

        5. 叶柄长 1-6 厘米或不明显；子房每室具 1-2 颗胚珠。

        •••••••••••••••••••••••••••••••• **龙血树属 *Dracaena* Vand**

        5. 叶柄长 10-30 厘米或更长；子房每室具多颗胚珠。••••••••••••
        •••••••••••••••••••••••••••••••••• **朱蕉属 *Codyline***

假叶树属 *Ruscus*

根状茎横走，粗厚。茎多分枝，有纵棱，深绿色，高 20-80 厘米。叶状枝卵形，长 1.5-3.5 厘米，宽 1-2.5 厘米，先端渐尖而成为长 1-2 毫米的针刺，基部渐狭成短柄，且常扭转，全缘，有中脉和多条侧脉。花白色，1-2 朵生于叶状枝表面中脉的下部。•••••••••••••••••••••••• **假叶树 *Ruscus aculeata***

菝葜属 *Smilax*

注：下列种具有以下共同特征。伞形花序，单生于叶腋（或苞片腋部），花序着生点上方不再具 1 枚与叶柄相对的鳞片；总花梗上不具关节。

1. 叶脱落点位于叶柄中部至上部，而不在基部，因而在叶片脱落时带着一段叶柄，花中等大，直径 5-10 毫米，具长 4-8 毫米的花被片；雄蕊较长，达到花被片长的 1/2-2/3 或近等长。

  2. 茎和分枝密生刺；刺细长，针状，长 4-5 毫米，总花梗短于叶柄；刺一般黑色；叶草质。••••••••••••• **短梗菝葜 *Smilax scobinicaulis***

  2. 茎和分枝疏生刺或近无刺，有时具疣状突起。

    3. 叶柄上都有翅状鞘，鞘近半圆形或卵形，宽 3-5 毫米（一侧）；叶片基部心形。••••••••••••••• **托柄菝葜 *Smilax discotis***

    3. 叶柄无鞘或仅占全长的一部分有鞘，鞘一般较狭；叶片基部圆形至楔形，极少浅心形。叶背无毛，茎和分枝不具疣状突起。

      4. 叶背绿色，非苍白色。

        5. 花序生于叶已完全长成的小枝上；果实成熟后紫黑色；植物如有刺，则多数刺呈针状，基部不骤然变粗（少有例外），常稍带黑色；叶柄一般具卷须。

6. 总花梗长于叶柄或近等长，至少长于叶柄长度的一半；雌花具 6 枚退化雄蕊。 ⋯⋯⋯⋯⋯ **华东菝葜** *Smilax sieboldii*

6. 总花梗短于叶柄，通常不到叶柄长度的一半；雌花具 3 枚退化雄蕊。 ⋯⋯⋯⋯⋯ **短梗菝葜** *Smilax scobinicaulis*

5. 花序生于叶尚幼嫩或刚抽出的小枝上；果实成熟时红色，但只有少数叶柄具卷须可以区别；植物如有刺，则刺基部骤然变粗。

7. 叶柄上的鞘耳状，一侧宽 2–4 毫米，明显比叶柄宽；卷须较纤细而短；雌花具 3 枚退化雄蕊。 ⋯⋯⋯⋯

⋯⋯⋯⋯⋯⋯⋯ **小果菝葜** *Smilax davidiana*

7. 叶柄上的鞘较狭，一侧宽 0.5–1 毫米，与叶柄近等宽；卷须较粗长；雌花具 6 枚退化雄蕊。 ⋯⋯⋯⋯ **菝葜** *Smilax china*

4. 叶背多少苍白色或具粉霜。

8. 果实成熟时紫黑色；叶柄脱落点位于卷须着生点上方 2–3 毫米处，因而在叶片脱落后，卷须着生点上方尚残留 2–3 毫米的叶柄，叶椭圆形；叶鞘约占叶柄全长的 1/2；雌花与雄花近等大。

⋯⋯⋯⋯⋯⋯⋯ **黑果菝葜** *Smilax glaucochina*

8. 果实成熟时红色；叶柄脱落点位于靠近卷须着生点（即鞘的上端），在叶片脱落后，卷须着生点或鞘上端几不残留叶柄，或至多残留 0.5–1 毫米的叶柄。

9. 花序具 1–2 朵或 3–5 朵花，后者花极疏离，排成总状花序；总花梗长 3–7 毫米；叶小，长 2–5 厘米。 ⋯⋯⋯

⋯⋯⋯⋯⋯⋯⋯ **三脉菝葜** *Smilax trinervula*

9. 花序通常具 6 至多花，花密集或稍疏离；总花梗长于 1 厘米；叶较大，长（3–）5–16 厘米，叶纸质或革质；雄蕊长约为花被片的 2/3 或更长，叶干后通常红褐色或近古铜色，少有绿黄色，一般圆形、卵形或宽卵形，背面粉霜多少可以抹掉；叶柄几乎全部具卷须，或可见卷须断落后残留的突起，少有例外；花序托通常近球形，很少稍延长。 ⋯⋯⋯⋯

⋯⋯⋯⋯⋯⋯⋯⋯⋯ **菝葜** *Smilax china*

1. 叶脱落点通常位于叶柄近顶端处（即近叶片基部），因而叶片脱落时完全或几乎完全不带一段叶柄，叶和花序干后为其他颜色，不为黑色，叶柄长于 5 毫米。

10. 叶柄基部（或中部以下）两侧边缘无鞘或具狭鞘，有时鞘向两侧（即与叶柄垂直的方向）延伸，而形成半圆形或弧形的耳，但决不为上述披针形的耳，攀援灌木，叶下面绿色，叶革质，上面中肋区不凹陷；花药一般条形，弯曲，通常比花丝长或近等长。 ⋯⋯⋯⋯⋯⋯⋯

⋯⋯⋯⋯⋯⋯⋯⋯⋯⋯ **缘脉菝葜** *Smilax nervomarginata*

   10. 叶柄基部两侧边缘的鞘向前（即与叶柄近于平行的方向）延伸为一对离生的披针形耳；叶下面稍苍白色；植物无刺。直立或披散灌木，极少攀援状，但叶柄决无卷须或其痕迹，叶下面无毛，也无乳突或粉尘状附属物，落叶灌木，直立或披散；果梗伸直，雄蕊的花丝离生。

⋯⋯⋯⋯⋯⋯⋯⋯⋯⋯⋯⋯⋯⋯ **鞘柄菝葜** *Smilax stans*

肖菝葜属 *Heterosmilax*

    攀援灌木，无毛；小枝有钝棱。叶纸质，卵形、卵状披针形或近心形，长6–20厘米，宽2.5–12厘米，先端渐尖或短渐尖，有短尖头，基部近心形，主脉5–7条，边缘2条到顶端与叶缘汇合，支脉网状。 ⋯⋯⋯⋯⋯⋯⋯⋯⋯

⋯⋯⋯⋯⋯⋯⋯⋯⋯⋯ **肖菝葜** *Heterosmilax japonica*

丝兰属 *Yucca*

1. 茎基部不明显膨大。
  2. 叶缘平滑，无锯齿。
    3. 叶缘具丝状剥落。 ⋯⋯⋯⋯⋯⋯⋯⋯ **丝兰** *Yucca smalliana*
    3. 叶缘几无丝状剥落。 ⋯⋯⋯⋯⋯⋯ **凤尾丝兰** *Yucca gloriosa*
  2. 叶缘粗糙，有刺状细齿。 ⋯⋯⋯⋯⋯⋯⋯ **王兰** *Yucca aloifolia*
1. 茎基部明显膨大。 ⋯⋯⋯⋯⋯⋯ **象脚王兰** *Yucca elephantipes*

龙血树属 *Dracaena*

1. 中网状脉，叶面上具浸润状斑点。 ⋯⋯⋯⋯⋯ **油点木** *Dracaena surculosa*
1. 叶具平行脉。
  2. 叶宽在3厘米以下。 ⋯⋯⋯⋯⋯⋯⋯ **红边龙血树** *Dracaena concinna*
  2. 叶宽在3厘米以上。
    3. 茎不明显。 ⋯⋯⋯⋯⋯⋯⋯⋯⋯ **竹蕉** *Dracaena deremensis*
    3. 具明显茎。
      4. 叶条状披针形。 ⋯⋯⋯⋯⋯⋯⋯⋯ **龙血树** *Dracaena draco*
      4. 叶条形。
        5. 叶端直伸，叶片要略长。 ⋯⋯⋯⋯⋯ **也门铁** *Draceana arborea*

5. 叶端披散下垂，叶片略短。 ······ **香龙血树** *Dracaena fragrans*

朱蕉属 *Cordylie*

灌木状，直立，高 1–3 米。茎粗 1–3 厘米，有时稍分枝。叶聚生于茎或枝的上端，矩圆形至矩圆状披针形，长 25–50 厘米，宽 5–10 厘米，绿色或带紫红色，叶柄有槽，长 10–30 厘米，基部变宽，抱茎。 ········ **朱蕉** *Cordyline fruticosa*

图书在版编目(CIP)数据

安徽木本植物属种检索表/叶书有,宋曰钦主编.—合肥:合肥工业大学出版社,2016.8
ISBN 978－7－5650－2924－0

Ⅰ.①安… Ⅱ.①叶…②宋… Ⅲ.①木本植物—目录索引—安徽 Ⅳ.①S717.254

中国版本图书馆 CIP 数据核字(2016)第 196242 号

安徽木本植物属种检索表

叶书有 宋曰钦 主编

责任编辑	张择瑞	
出版发行	合肥工业大学出版社	
地　　址	(230009)合肥市屯溪路 193 号	
网　　址	www.hfutpress.com.cn	
电　　话	理工教材编辑部:0551-62903204	
	市 场 营 销 部:0551-62903198	
开　　本	710 毫米×1010 毫米　1/16	
印　　张	15.25	
字　　数	279 千字	
版　　次	2016 年 8 月第 1 版	
印　　次	2016 年 11 月第 1 次印刷	
印　　刷	合肥现代印务有限公司	
书　　号	ISBN 978－7－5650－2924－0	
定　　价	28.00 元	

如果有影响阅读的印装质量问题,请与出版社市场营销部联系调换。